华 章 图 书

一本打开的书，一扇开启的门，

通向科学殿堂的阶梯，托起一流人才的基石。

互联网的设计和演化

[美] 大卫·D. 克拉克（David D. Clark） 著
麻省理工学院
朱利 译
西安交通大学

Designing an Internet

机械工业出版社
China Machine Press

图书在版编目（CIP）数据

互联网的设计和演化 /（美）大卫 · D. 克拉克（David D. Clark）著；朱利译 . —北京：机械工业出版社，2020.8
（计算机科学丛书）
书名原文：Designing an Internet

ISBN 978-7-111-66380-5

I. 互… II. ① 大… ② 朱… III. ①互联网络 - 网络设计 ②互联网络 - 发展 IV. TP393.4

中国版本图书馆 CIP 数据核字（2020）第 156898 号

本书版权登记号：图字 01-2018-8495

互联网的设计和演化

出版发行：机械工业出版社（北京市西城区百万庄大街 22 号 邮政编码：100037）

责任编辑：曲 熠	责任校对：殷 虹
印 刷：中国电影出版社印刷厂	版 次：2020 年 9 月第 1 版第 1 次印刷
开 本：185mm × 260mm 1/16	印 张：18
书 号：ISBN 978-7-111-66380-5	定 价：119.00 元

客服电话：（010）88361066 88379833 68326294　投稿热线：（010）88379604
华章网站：www.hzbook.com　读者信箱：hzit@hzbook.com

文艺复兴以来，源远流长的科学精神和逐步形成的学术规范，使西方国家在自然科学的各个领域取得了垄断性的优势；也正是这样的优势，使美国在信息技术发展的六十多年间名家辈出、独领风骚。在商业化的进程中，美国的产业界与教育界越来越紧密地结合，计算机学科中的许多泰山北斗同时身处科研和教学的最前线，由此而产生的经典科学著作，不仅擘划了研究的范畴，还揭示了学术的源变，既遵循学术规范，又自有学者个性，其价值并不会因年月的流逝而减退。

近年，在全球信息化大潮的推动下，我国的计算机产业发展迅猛，对专业人才的需求日益迫切。这对计算机教育界和出版界都既是机遇，也是挑战；而专业教材的建设在教育战略上显得举足轻重。在我国信息技术发展时间较短的现状下，美国等发达国家在其计算机科学发展的几十年间积淀和发展的经典教材仍有许多值得借鉴之处。因此，引进一批国外优秀计算机教材将对我国计算机教育事业的发展起到积极的推动作用，也是与世界接轨、建设真正的世界一流大学的必由之路。

机械工业出版社华章公司较早意识到“出版要为教育服务”。自 1998 年开始，我们就将工作重点放在了遴选、移译国外优秀教材上。经过多年的不懈努力，我们与 Pearson、McGraw-Hill、Elsevier、MIT、John Wiley & Sons、Cengage 等世界著名出版公司建立了良好的合作关系，从它们现有的数百种教材中甄选出 Andrew S. Tanenbaum、Bjarne Stroustrup、Brian W. Kernighan、Dennis Ritchie、Jim Gray、Afred V. Aho、John E. Hopcroft、Jeffrey D. Ullman、Abraham Silberschatz、William Stallings、Donald E. Knuth、John L. Hennessy、Larry L. Peterson 等大师名家的一批经典作品，以“计算机科学丛书”为总称出版，供读者学习、研究及珍藏。大理石纹理的封面，也正体现了这套丛书的品位和格调。

“计算机科学丛书”的出版工作得到了国内外学者的鼎力相助，国内的专家不仅提供了中肯的选题指导，还不辞劳苦地担任了翻译和审校的工作；而原书的作者也相当关注其作品在中国的传播，有的还专门为其书的中译本作序。迄今，“计算机科学丛书”已经出版了近 500 个品种，这些书籍在读者中树立了良好的口碑，并被许多高校采用为正式教材和参考书籍。其影印版“经典原版书库”作为姊妹篇也被越来越多实施双语教学的学校所采用。

权威的作者、经典的教材、一流的译者、严格的审校、精细的编辑，这些因素使我们的图书有了质量的保证。随着计算机科学与技术专业学科建设的不断完善和教材改革的逐渐深化，教育界对国外计算机教材的需求和应用都将步入一个新的阶段，我们的目标是尽善尽美，而反馈的意见正是我们达到这一终极目标的重要帮助。华章公司欢迎老师和读者对我们的工作提出建议或给予指正，我们的联系方法如下：

华章网站：www.hzbook.com
电子邮件：hzjsj@hzbook.com
联系电话：（010）88379604
联系地址：北京市西城区百万庄南街 1 号
邮政编码：100037

华章科技图书出版中心

译者序

这是一本描述如何设计未来互联网的书，关注的是全球性的、通用的网络互连思想，它不只描述了今天我们拥有的因特网，还讨论了曾经设计过或者未来要设计的网络。本书作者大卫·D. 克拉克在20世纪80年代担任因特网架构组主席，随后长期致力于因特网加强机制和未来互联网技术的研究。与一般的计算机网络书籍不同，这本书没有陷入具体的技术或协议细节中，而是强调未来互联网的设计原则——作者将这些设计原则称为架构。所以，这是一本比较容易读懂的书，它告诉我们如何设计未来的互联网，以及设计未来的互联网时应该考虑哪些因素。

全书包含15章和一个附录。书中首先介绍目前因特网的基础知识以及架构和设计的内涵；然后描述未来互联网的设计需求、架构、功能、命名和地址技术；接着阐述未来互联网设计要考虑的重要因素，包括寿命、安全性、可用性和经济性；最后讨论网络管理与控制的思想以及满足社会需求的思想。附录介绍了地址技术与转发技术。因此，本书的内容非常全面，对未来的互联网设计师有很好的指导作用。

我长期从事“计算机网络”和“高等计算机网络与通信”的双语教学和网络应用项目的研发工作，对本书的内容较为熟悉。为了保持译文风格的前后一致性和较好的翻译质量，我历经一年半时间独立完成了本书的翻译。在翻译过程中，避免生硬直译，力求一方面尊重作者的原意，另一方面尽量符合国内读者的阅读习惯。全书翻译完成之后，分章让我的博士生和硕士生进行了通读，从读者的角度对译文进行审核，并标出不太符合阅读习惯的句子，然后我再重新翻译这些句子。翻译中，对原文存在的几处小错误也进行了校正。

本书并不是一本纯技术书籍，其中还包含很多历史、文化、经济和政策方面的内容，翻译起来并不是很容易，译文中难免会存在这样或那样的错误，诚恳欢迎广大读者批评指正，以便能及时纠正。

朱　利

2020年5月

承认因特网是一个社会技术系统是一回事，把社会和技术两方面充分结合到网络及网络应用的决策中是另一回事。我们先不谈政治，对于那些与信息和通信政策打交道的人来说，今天面临的最大挑战是：在普通的场景中如何将技术领域和法律领域结合在一起。有些技术方面的决定，是在不了解或无视可能或将要产生的法律限制和政策问题的情况下做出的；而政策制定者则常常对要监管的技术知之甚少，他们制定的某些法规或条例是不可能实施的，并且完全不了解所关注的系统实际上是如何运转的。我们面临的挑战是多方面的，因为思维方式、语言以及必须解决的具体焦点问题的类型（还有它们是如何构成的）在多个层面上都各不相同。

对于在处理社会技术政策问题时寻求从社会和技术两个角度进行思考的人来说，本书是一本基础性的著作。作者克拉克对因特网设计过程的理解，差不多经历了 50 年，从 20 世纪 70 年代初所涉及的技术工作开始，一直到最近他所领导的美国国家科学基金资助的工作（最近的这些工作主要研究未来可能要使用的其他网络设计方法）。这本书不仅适用于那些一直在从事因特网设计的人，也适用于法规制定者、政策倡导者、活动家、企业家以及任何思考因特网本质（什么价值观在起作用，它们之间如何相互矛盾，我们从这里可能走向何方）的人。本书写得既漂亮又易懂，而且内容丰富，很多读者将会发现它值得多次阅读，也值得作为参考书保存在书架上。

书中讨论了 20 多个方案，这些方案是作为各种因特网功能的替代方案，以及为加快因特网的发展而提出的。作者解释了为达到目标而必须考虑的那些设计问题，具体包括可持续性、安全性、可访问性、经济可行性、可管理性以及满足广泛的社会需求。其中特别关注经济、社会和政治因素，这些因素提供了构建和运行网络的环境，将会决定网络架构的任一给定组件能否随着时间的推移而真正成功。

那些正在努力解决现代问题（如网络中立性）的人将会发现，作者对因特网设计的解释具有启发性。从设计的角度来看，网络中立性（我们继续使用这个例子）的根本存在于这样一个基本问题中，即网络流里的任何东西是否都是已知的，或者是否“比特只是比特”。正是因为我们“知道”，限制、阻碍或违反网络中立性的可能才会出现；如果不是这样，就不可能按内容、服务或商家来分离知识。技术问题，如路由器是否能看到数据包的内容，不仅会影响监管的潜力，而且会影响内容提供商和第三方中介的利益，这就是经济问题。如果你正在思考国家性质和治理方式发生的变化，相信你也会欣赏本书针对非计算机科学家而揭示的、隐藏在技术语言中的内容。虽然国际法律和政治体系是由地缘政治公认的国家组成的，但就因特网而言，它是由自治系统构成的（在编写本书时，包含5.9万个自治系统）。面对因特网的扩展问题，计算机科学家通常会用分层的方式来思考，而律师、政治家和政治学者则可能不会这么想。

对于因特网技术层面和社会层面之间的这些差别以及其他差别，作者有着深入的了解，这意味着，这本著作可以和法律学者弗雷德里克·肖尔的《依规则游戏：对法律与生活中规则裁判的哲学考察》（Frederick Schauer，1991），以及其他研究各种结构治理的最基本要素的著作一起阅读。作者对包头表达能力的概念化，与伊恩·博戈斯特（Ian Bogost，2007）的程序修辞表示是共鸣的，尽管其运作于社会技术这一整体的不同层面上。他对因特网具体“实现”的论述，令人想起了斯达和卢赫勒德（Star and Ruhleder，1996）关于“全球基础设施始终并最终以特定的本地表现形式存在的方式”的论述。当社会学家研究使用技术和使用信息及通信流的“效果”时，通过区别每跳行为的单一步骤和实际功能所需的多个步骤，他们也将受益。学习可以双向进行，在网络中产生信任的“了解你”的过程是从社会世界里学到的。

在纯社会的视角下，对于那些试图考虑技术的人来说，存在一些来自理论方面的挑衅。更进一步说，作者正在思考尚未理论化的通信过程或生产链的某些方面，因为仅从社会角度考虑通信时，比如网络可用性理论，我们并没有什么动机去将其理论化。

本书带给我们的礼物是一段简明有时也很有趣的因特网设计史。作者将架构定义为一个过程、一个结果和一门学科，对设计过程的本质进行了引人入胜的讨论。如果为了系统正常工作需要对某个问题进行约定，有些东西就被视为“架构”。对一个问题进行约定是很方便的，这个问题定义了系统的基本功能模块或功能依赖；或者有关问题随时间推移是稳定的，这一点很重要。关于架构的核心决策会影响具有重大社会意义的事件，如监管和问责之间的平衡，匿名行为和隐私之间的平衡。作者还为我们解答了其他一些基本概念，比如，书中指出，平台实际上就是我们所能看到的那一层之下一层的东西。

因特网正在运行，并在全球范围内得到越来越多的使用，但仍有许多要做的选择，有待于进一步发展。政策制定者的问题是，如何考虑法律发展、网络架构、物理网络管理、社会过程和政策原则之间的相互作用。社会学家利·斯达（Leigh Star，1998）介绍了“Durkheim测试”的思想，有别于图灵测试，它评价技术决策是否对人类有意义。作者对此表示赞同，认为我们需要“面对现在，考虑未来”，并进行“社会健壮性设计”。

对于计算机科学家来说，可以立即将本书用于实践，将当前正在因特网工程任务组以及其他技术决策和设计场所中讨论的问题置于上下文关系中来理解，并提升其抽象级别。对于政策制定者、社会学家和公民来说，这本书也是非常有价值的。作者成功地提供了一组概念和一种思维方式，让法律界和技术界能就因特网监管展开一场共同的讨论。

桑德拉·布拉曼

MIT 出版社信息策略丛书主编

致谢

Designing an Internet

这本书已经写了很长一段时间，在写作过程中，许多个人和群体都给予过我帮助。我欠了很多人的债：过去40多年致力于因特网事业的人，那些塑造了我的职业生涯的人，以及那些在很多方面为本书做出贡献的人。

起初，罗伯特·卡恩和温顿·瑟夫撰写了最初的论文，提出了因特网设计。他们开始了整场冒险，随着因特网的成长，两人继续塑造着因特网。没有他们，我们所做的这一切都不会发生。温顿主持了最初的设计组，正是由于他，我在20世纪80年代接任了IAB主席的职位。他的支持和鼓励对我而言是非常宝贵的。

我现在已记不起组成最初设计团队的所有人的名字了，但他们是光荣时代里极好的合作者。那时，我们正进入一个未知的领域，几乎没有路标，我们制定了基本的设计决策——现在这些决策定义了因特网的内核。我感谢他们为创建因特网所做的一切。那是令人愉快的时光。

在20世纪90年代，我们中的一些人着手扩展因特网的服务模型，以提供明确的服务质量保证。这一努力虽然只在一定程度上取得了成功，但却教会了我很多。和一些非常聪明的人一起工作，我从中受益良多，这些人包括斯科特·申克、张丽霞、德博拉·埃斯特林和莎莉·弗洛伊德。

这本书中的一些思想首先在DARPA资助的NewArch项目中形成。该项目的主要合作者包括约翰·沃罗克拉夫斯基、卡伦·索林斯、罗伯特·布拉登、泰德·费伯、亚伦·福尔克、马克·汉德利和诺埃尔·恰帕。我们进行了一些精彩的谈话，既愉快又深刻。

在职业生涯伊始，我和很多人一样专注于技术。20世纪90年代，我意识到技术人员不再主宰因特网的未来。我的职业生涯在那个时候发生了转变，因为我意识到与来自其他学科的人一起工作的价值，他们为因特网的形成带来了自己有价值的观点。马乔里·布卢门塔尔向我展示了跨学科工作的价值，并改变了我进行研究的方式。她对这本书的影响是间接而深远的。

必须要赞扬一下NSF各类未来因特网架构项目中的主要研究人员，他们是：张丽霞、范·雅各布森、彼得·斯泰恩基斯特、大卫·安德森、乔纳森·史密斯、迪潘卡尔（雷）·雷沙杜里、阿伦·文卡塔拉尼、蒂曼·伍尔夫和肯·卡尔弗特。这本书中的许多思想是根据FIA研究员会议上的讨论形成的。作为未来因特网架构项目的一部分，海伦·尼森鲍姆组织了一群来自不同学科的社会科学家参加我们的会议，给我们的讨论增加了一个非技术的维度，也给这项工作做出了出色的贡献。

如果没有资助机构里专职项目官员的努力，研究也不可能进行，他们监督着研究经费，并为研究界设立了愿景。必须要特别感谢 NSF 的达林·费希尔为网络研究界所做的工作，特别是对未来因特网架构项目的支持，感谢她多年来对网络技术领域的贡献。她一直支持和鼓励我在 FIA 的工作，我也非常喜欢和她一起工作。格鲁·帕鲁卡也在启动这个项目方面发挥了重要作用。他很早就预见到未来因特网架构项目的潜力，并向我伸出了援助之手，对此我很感激。在早期阶段，维克多·弗罗斯特的大力推进使计划得以启动。包括彼得·弗里曼和泰布·兹纳提在内的 NSF 的领导，对项目的早期成功也是至关重要的。NSF 的许多其他人也帮助培育了这个项目。

除了来自 NSF 的资助外，海军研究办公室（ONR）的拉尔夫·瓦赫特在本项目关键的早期阶段也为我提供了资助。有几章的初稿是在 ONR 的资助下编写的。DARPA 的玛丽·梅达为 NewArch 项目提供了资助，这是一种很有投机意味的拨款，她愿意冒这个风险，为这项工作的启动提供了有力的支持。我们非常感谢来自各位项目官员的支持和鼓励。

在写这本书的早期阶段，我从与约翰·沃罗克拉夫斯基的谈话中获益匪浅，我在正文中记下了那些地方，即他的思想对塑造我的思维影响重大的地方。卡伦·索林斯、约瑟芬·沃尔夫、雪莉·洪、史蒂夫·鲍尔、威廉·莱尔和纳兹利·朱克利也提供了很多有价值的见解。

我收到了许多评审者对这本书的有益评论和建议，包括乔恩·克劳克罗夫特、温顿·瑟夫和马乔里·布卢门塔尔。很多人愿意读这本书的草稿，包括卡伦·索林斯、约翰·沃罗克拉夫斯基、史蒂夫·鲍尔、巴特勒·兰普森和张丽霞。特别感谢金伯利·克拉菲——她不仅是第 14 章的合著者，而且读了两遍手稿，给了我很有价值的评论。她具备许多美德，其中之一就是愿意看我写的东西，并且完全明白我的所思所想。有了她的努力，这本书的质量提升了很多。MIT 出版社的丛书编辑桑德拉·布拉曼也给了我涉及多方面且十分详细的评论，这大大改善了本书内容。感谢所有这些人的努力。

在完美的世界里，每当有人说了什么精彩和深刻的内容时，我都会拿出本子，写下他们所说的，并记下是谁说的。现实世界不是这样的，对于所有的重要思想，我再也无法一一追溯其源，我对此感到苦恼。我所知道的大部分都是别人告诉我的。我知道，有些名字应该在这里重点提及，而我却找不到了。

这里所报告的研究与这本书的准备工作，得到了 NSF 0836555 协议和海军研究办公室 N00014-08-1-0898 合同的支持。如往常一样，这里所包含的意见是作者的意见，并不反映支持机构的意见。

目 录

Designing an Internet

出版者的话

译者序

推荐序

致谢

第1章 引言 …… 1

第2章 因特网基础 …… 4

第3章 架构与设计 …… 23

第4章 需求 …… 29

第5章 因特网架构——历史视角 …… 37

第6章 架构与功能 …… 60

第7章 其他网络架构 …… 77

第8章 命名与地址技术 …… 112

第9章 寿命 …… 124

第10章 安全性 …… 138

第11章 可用性 …… 167

第12章 经济性 …… 174

第13章 网络管理与控制 …… 190

第14章 满足社会需求 …… 209

第15章 展望未来 …… 219

附录 地址技术与转发技术 …… 239

术语表 …… 257

缩写词汇表 …… 262

参考文献 …… 265

第1章 Designing an Internet

引　言

这是一本关于如何设计互联网的书。我把它叫作*互联网*（internet）而不是*因特网*（Internet），因为这本书不只讨论今天我们拥有的因特网，还讨论其他可能的互联网概念——先前我们或许曾设计过的网络或者将来要考虑的网络。我使用*互联网*这个词来描述通用的、全球性的网络互连，旨在促进计算机之间和使用这些计算机的人之间的交流。这本书关注的是全球性的内涵、通用性的内涵，以及这样一个网络必须满足的其他要求；但本书并没有把当前的因特网作为一种既定的东西——我试图从当今的因特网中学到一些东西，同时一并探讨其他互联网建议方案，从而得出一些关于网络的一般性结论和设计原则。

我把这些设计原则称为*架构*（architecture），所以这是一本关于互联网架构及其具体细节的书。许多微小的设计决策塑造了今天的因特网，不过，即便当初做出了不同的决策，我们今天仍然会拥有互联网。定义设计框架的是基本设计决策，后续更具体的决策基于这些基本设计决策。我关心的问题是，设计的本质是什么，或者说，什么定义了一个成功的框架。

这是一本很有个性的书——有点自以为是，我毫不犹豫地以第一人称写作。它是一篇像书一样长的关于立场的论文——站在设计的视点上。我从很多人那里汲取了很多见解，但这些人或许不会完全同意我所有的结论。从某种意义上说，这本书反映了工程的现实，工程师希望他们的工作能够基于合理又科学的原则。工程也是一门设计学科，而设计在一定程度上又取决于品位。因此，在一定程度上这本书所谈的内容也是品位问题，并且如果我能说服读者认可我的品位或立场，那就更好了。

这本书的灵感来源于NSF资助的未来因特网架构项目及其前身，即未来因特网设计（FIND）项目和网络科学与工程（NetSE）项目。这些项目向网络研究界提出了挑战，要求研究人员设想15或20年后的互联网可能是什么样子，并不受当今因特网的限制。我完整地参与了这个项目，并有机会听了几个优秀的研究小组讨论设计互联网的不同方法。这些讨论在聚焦互联网真正根本的东西是什么方面很有帮助。在世界上的其他地区，特别是欧洲，也有类似的项目，这些对我的理解均有所帮助。正如人们可能通过学习一门外语来更好地理解自己的语言一样，人们也可以通过学习其他方法来更好地理解因特网。第7章对这些项目进行了介绍。

因特网深深地根植于较大的社会、政治和文化背景中。假设我们渴望建立一个未来的全球互连网络，必须承认，世界上不同的地区将呈现不同的背景关系，技术必须适应这些关系。因此，这本书不仅仅考虑技术。事实上，技术往往并不是舞台的中心。本书的大部分内容都集中在更大的问题上：经济、社会和政治方面的考虑，这些因素将决定这样一个系统的成败，并因此将其融入了更大的世界里。技术界如何解释这种更大的设计约束集？如果你觉得本书对此提供了一定的见解，在我看来，这就是本书的成功。

我希望本书对关心网络设计的技术专家，以及更广泛的、关注因特网特性的读者都是有用的。我希望这本书能传达出关于以下问题的不同观点：因特网是什么，它是如何工作的，以及一系列潜在的相互冲突的需求如何塑造了它的特性。本书详细介绍了当今因特网的一些关键方面，包括安全性和经济性，但更深层次的目的是表达开发人员如何思考设计。网络是计算机科学领域的一个分支学科，它对设计和构造解决方案有自己的思考方式。我试图回避（否则就要解释）一些工程师在谈论因特网时使用的术语，但理解其中一些术语和概念还是有用的，因为它们开始（通常是错误地）用在因特网方面的非技术讨论中——政策方面的讨论、因特网在社会中的位置以及连通产生的全球影响。

我自己的职业历史和因特网的历史是一致的。我于1973年获得麻省理工学院的博士学位，也是在这一年，因特网的两个原创型发明者罗伯特·卡恩和温顿·瑟夫撰写了他们提出因特网的开创性论文。大约两年后，我开始因特网方面的工作，在20世纪80年代担任因特网架构组主席，20世纪90年代致力于加强因特网机制的研究。在新千年的第一个十年里，我更为关注因特网更大的社会技术环境，并继续在因特网所处的技术和更大的社会环境两方面做研究。这本书就是我40年来所学知识的部分结晶。

从第2章开始，我简要介绍了当前的因特网，并回顾了它从20世纪70年代开始到今天的历史。因为计算机科学界已经采纳了架构（也称体系结构）这个词，所以我将讨论网络设计师使用这个词时意味着什么。第3章谈一谈需求——像因特网这样的网络应当做什么。这个问题的表面答案可能看起来很明显，就是点对点传送数据。然而，还有许多决定其最初设计的其他考虑因素，随后这些因素发生了演变。

当开发运行系统时，我们这些设计原始因特网的人正在解决一些基本的设计方法。1988年，我写了一篇论文，试图捕捉我们当时所理解的东西。为了弄明白这一领域的思想（或至少是我的思想）是如何演变的，我在第5章中重新给出这篇论文，对于这些差不多30年前所说的话，我将站在今天的时间点上做出广泛的评注。

第6章讨论如何设计网络来执行其功能。一些教材专注于因特网如何工作，但过于专注细节，有时会为了树木而失去森林，除非读者已经掌握了相关技术知识。对于理解本书要点来说，那样的详细程度是不必要的；我对网络如何工作的讨论会更抽象一点，适用于广泛的网络设计，而不仅仅是因特网。

以第 6 章为背景，第 7 章讨论了关于如何设计互联网的 25 个备选方案。这些方案差别很大，驱动方案的需求集和相应的设计方法都不一样。我试图以一种既能抓住设计要点，又不涉及太多细节的方式来展现它们，这无疑会使我的朋友们失望，他们精心设计了这些方案，但我的目标是捕捉设计的精髓，以便可以对不同的方法进行比较。

回顾完这些备选的设计方案之后，接下来的几章详细介绍我为互联网确定的每一项重要要求：寿命、安全性、可用性、经济可行性、管理与控制以及满足社会需求。在最后一章里，我冒着风险从这些备选方案和不同的需求中提炼出：如果从头开始，今天我应该如何设计互联网。我没有幻想任何人都能那么做，但我的希望是，通过构想一个美好的未来，我们可以朝着它前进。

附录中更深入地讨论了网络的核心功能——如何获取数据并将其传送到预定的目的地。对于那些希望更详细地了解因特网上寻址和转发的历史，以及自因特网标准化以来提出的其他建议的读者来说，附录可能是一个起点。虽然其他文献中存在对先前著作的更为完整的引用，但我没有办法引用网络研究界在过去 40 年中撰写的所有著作。在此向那些没有提到的优秀人才道歉。

前进……

第 2 章

Designing an Internet

因特网基础

对于那些技术背景较少的人来说，这一章为本书的其余部分奠定了基础。本章简要描述了因特网的结构和功能，给出了从 20 世纪 60 年代至今因特网的发展历史。历史表明，因特网不是一种静态的东西，而是一个经过几十年的演变而发展并成熟起来的系统，是由不断变化的需求塑造而成的。

基础

因特网是一种通信设施，旨在将计算机连接在一起，以便它们能够交换数字信息。通过因特网传送的数据被组织成包，这些包是独立的数据单元，在包的第一部分或包头中配有传送指令。因特网提供基本通信服务，将这些包从源计算机传送到一个或多个目的计算机。此外，因特网还提供支持服务，如给所连的计算机命名（域名系统，DNS）。很多应用都是使用这个基本的通信服务设计并实现的，具体包括：万维网（WWW）、电子邮件、新闻组、音频和视频信息的分发、游戏、文件传输和远程登录到远程计算机。因特网的一个核心目的就是随着时间的推移支持各种各样的新应用。

在计算机上，应用程序将数据传送到另一台计算机时，会调用打包软件（将数据拆分为一定数量的包），并将这些包串行传送到因特网上。许多应用支撑业务通过执行这个功能为应用程序提供帮助，最常见的支撑业务是传输控制协议（TCP）。

因特网用户倾向于使用“ Internet”这个术语来描述整个体验，侧重于应用程序；但对于网络工程师来说，因特网就是由一组实体（因特网服务提供商，ISP）提供的分组（包）传输服务，应用程序运行在这个服务之上。任何有这种技能和爱好的人，都可以为因特网开发一个新的应用程序。将因特网包转发机制和运行在该机制之上的应用程序区别开是非常重要的。将因特网和支持因特网的技术区别开也很重要，因为因特网并不是一种特定的、像光纤或无线那样的通信技术。为了将包从一个地方传送到另一个地方，它充分利用了这些技术和其他技术。因特网设计师的一个目标就是允许尽可能多的通信技术在网上使用，并且随着新技术的发明，也能够吸纳这些新技术。

因特网本身的核心思想是使用简单的服务模型，允许各种应用利用各种通信技术，来开发因特网基本分组传输服务。定义包传输服务的通用标准将应用程序的细节与通信技术的细节分离开来，这样每个应用程序都可以独立设计。应用程序的设计人员不需要知道每种技术的细节，而只需要了解这种基本通信服务的规范。每种技术的设计者必须支持这种服务，但不需要了解各个应用。有一种方法将这种结构想象为沙漏，如图 2.1 所示。沙漏顶端的宽度标志着互联网所能支持的应用的多样性，底部的宽度意味着可以运行的通信技术的多样性。窄窄的腰部表示公共约定，它将多种应用与多种通信技术隔离开来。

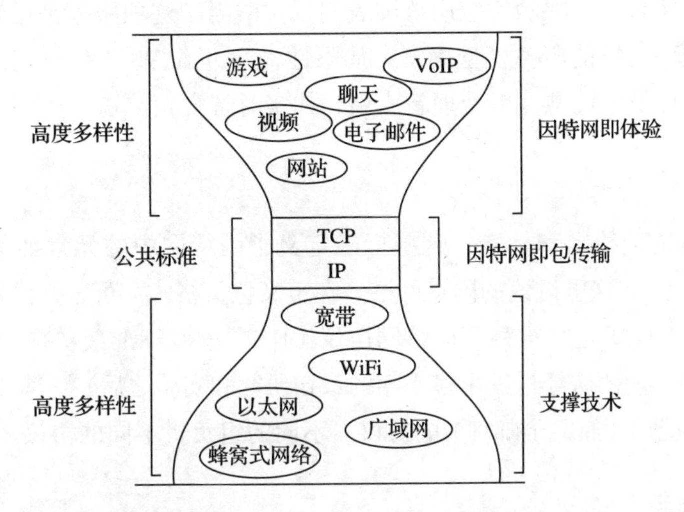

图 2.1　因特网结构的沙漏模型，注重应用和技术的多样性，通过 IP（因特网协议）和 TCP 标准的公共约定关联起来。根据“实现信息未来”（National Research Council，1994，53）改编

因特网的基本通信模型

包传送的服务模型包括两个部分：第一部分是地址，标识连接到因特网上的计算机；第二部分是传送协议，描述网络在接收要传送的数据包时将做什么。为了实现寻址，因特网具有标识端节点的号码，有点类似电话系统，发送者使用这些号码来识别数据包的目的地。传送协议描述了当发送端处理好一个包交给因特网传送时，它能期待什么。因特网最初的传送协议是，网络将其收到的、要传送的包尽力传送到目的节点，但不保证数据率、传输延迟，也不保证丢包率。这种服务被称为“尽力而为”的传送模型。

网络设计师和运营商对因特网的好服务是什么有着透彻的理解——可接受的丢包率、延迟等——但没有硬性规定。在早期设计师的心目中，原因是显而易见的：糟糕的服务总比没有好。网络设计师和运营商对网络性能应该坚持高标准，但在某些情况下，“尽力而为”并不是很好。应用设计人员必须要处理这一薄弱的规范，并决定付出多少努力，来适应和补偿“尽力而为”不尽如人意的情况。对于像实时语音这样的应用，要求较低的丢包率和延迟，在数据包转发功能不佳时，它们本身可能无法工作，或者只是试图去工作。然而对于像电子邮件这样的应用，即使大部分数据包在传输过程中丢失了，它也能艰难地运行。应用（或代其行事的 TCP）只是一直在重新发送，直到数据最终到达。

这种无限期的、不确定的传送协议既有优点也有风险。优点是几乎任何底层技术都可以实现它。这种模糊协议的风险在于，某些应用可能无法在其之上成功运行。然而，在互联网上展示的应用范围表明，实践当中这项服务是足够的。正如我所讨论的，这种简单的服务模型确实有局限性，20 世纪 90 年代早期的一个研究主题就是扩展这种服务模型，以处理新应用，如实时音视频传送。

协议

协议一词是指约定和标准，这些标准定义了因特网中的元素如何进行通信以实现特定的服务[1]。这里讨论的因特网层，在定义包头格式、可发送的控制报文等的文档中有描述。这组定义被称为因特网协议（IP）。这些标准最初是 1981 年制定的（设计因特网的早期团队经过差不多十年的最初研究和实验之后）[2]。早期的研究团队也开发了早期应用（如电子邮件）的协议。不同的组负责不同的协议。

路由器的角色

因特网是由一系列通信链路组成的，这些链路通过被称为路由器的一些中继节点连接在一起。可以有多种通信链路——唯一的要求是链路能够将数据包从一个路由器传输到另一个路由器。每当一个路由器接收到数据包时，都要检查包头里的传输信息，并根据目的地址来决定接下来将这个包发送到哪儿。包的处理和转发是因特网通信服务的基本组成部分。

通常，路由器就是一台计算机，可以是通用计算机，也可以是专门为该角色设计的计算机，具有实现转发功能的软件和硬件。在因特网内部使用的高性能路由器可能是一种昂贵而复杂的设备，而在小型企业或网络边缘附近的其他地方使用的路由器，则可能是一个花费不到 100 美元的小设备。无论价格和性能如何，所有路由器都执行转发数据包的基本通信功能。

---

[1] “协议”一词是根据其在外交方面的使用而选择的，在外交领域，它描述了正式的和被禁止的交互模式。而这个词的词源则给出了另一种说法。这个词来源于希腊语 prōtokollon，意思是“第一页”，来自 prōto“第一”+ kolla“胶水”。当书卷完成后，希腊人把目录粘在书卷的开头，而我们则把包头放在（不是字面上的“粘在”）每个包的前面。无论最先选择这个词的因特网研究者是否接受过良好的古典教育，我确信他们确实研究过这个词的词源。

[2] 互联网的各种标准（以及其他相关材料）发表在一系列被称为 RFC（Requests for Comment，请求评论）的文档中，其标题正应了这样一种观点，即 RFC 的作者应该对建议和改变持开放态度。这些 RFC 可参见 https://tools.ietf.org/html/。IP 规范是 RFC 791。

这一过程的一个合理类比是邮局或商业包裹处理机处理邮件的过程。每一封邮件都带有一个目的地址，并使用不同的技术（例如卡车、飞机或邮递员），经过一系列的“跳”（hop）前行。地址信息在信封之外，内容（应用期望发送的数据）在信封之内。邮局（有一定的局限性）对信封里的东西漠不关心。每一跳都检查地址以确定要去往的下一跳。

在因特网中，当异常情况出现时，从发送端到接收端路径上的路由器可以将一个带有控制信息的包，发回数据包的原始发送端。再次做个类比，如果信件上的地址有误，邮局可能会在信封上写明“无法投递：返回寄件人”并将其发回，因此，寄件人可以尝试对这种情况进行补救。为了强调因特网和邮政转发之间的这种类比，因特网上的传递过程有时被称为数据报传递[⊖]。

路由器不提供具体应用的服务。路由器根据包头转发数据包，而不是包内的应用级数据。因为因特网中的路由器不考虑是什么应用发送了数据包，我将使用*应用不可知*这个术语来描述路由器的功能。这种对因特网如何工作的理想化描述在早期是真实的，但现在就不那么真实了，因为现在路由器试图窥视数据包的内容，从而相应地改变它们的行为。这种行为叫作“深度数据包检查”（Deep Packet Inspection，DPI）。提倡网络中立的人谴责这种做法。对数据包内容进行加密阻碍了这种做法，这一层次的细节是以后的章节所讨论的问题。

包转发的另一个重要方面是路由器并不跟踪它们所转发的数据包。邮局通常也不详细记录它所转发的信件，除非寄件人支付了一大笔跟踪费。然而现在，在这个大规模监视的时代，邮局和因特网都在记录和记忆更多的信息。目前的邮政系统包含一个名为“邮件隔离和跟踪系统”的方案，该系统拍摄所转发的每一封信的正面（Nixon，2013）。

关于“状态”一词的题外话。计算机科学以一种专门的方式使用*状态*这个词来描绘这样一种想法，即设备（取决于它如何设计）可以基于存储的信息而处于不同的状态——这些信息可以反映过去发生过的事情。如果路由器没有保存它所转发包的任何记录，则被描述为*无状态的*（或*无记忆的*）。给定同样的输入（例如，要转发的数据包），处于不同状态的系统可能会以不同的方式来处理这个相同的输入。无状态系统总是以相同的方式来响应相同的输入。定义系统状态所存储的信息被称为系统的*状态变量*，在整本书中，我将不时地谈论组件的状态变量（或者说该组件是无状态的，或者说它没有状态变量），解释组件为什么能或者不能实现某个功能。一般来说，无状态系统很容易构建，但只能实现简单的操作，而具有状态的系统则更复杂，因此可以实现更多的功能。

⊖ 数据报听起来更像是电报，而不太像是邮政服务。我认为像邮政更好一些，但我没有选用这个词。

端节点上的应用支撑服务

因特网的传输协议十分简单：尽力而为的服务尽力传送发送端所给的数据包，但没有任何保证，也就是说，它可以丢包、重复传送包、乱序传送包，或者无法预料地延迟包。许多应用程序发现这种服务很难处理，因为有太多的错误需要检测和校正。出于这个原因，因特网协议包括一个运行在基本因特网服务之上的传输服务，试图检测和校正这些错误，并为应用提供一个更为简单的网络行为模型。这种传输服务被称为传输控制协议（TCP）。它提供这样一种服务：发送应用将数据送给 TCP，TCP 将数据有序地、准确地送达接收端一次。TCP 软件负责将数据拆分为数据包，对数据包进行编号以检测丢失、重新排序、重传丢失的数据包，直到其最终到达，并将数据按序传递给应用。这种服务通常比基本的因特网通信服务更容易使用。

责任划分

路由器实现了两个通信链路之间的中继节点，它的作用与连接到因特网的计算机或端节点有很大的不同。在因特网上，路由器只关心将数据包转发到通往目的节点的下一跳上。端节点具有更复杂的一组职责，这组职责与向应用提供服务密切相关。尤其是端节点，它提供额外的服务，例如，TCP 使得应用（如万维网）更容易使用因特网的基本包传输服务。

TCP 实现在端节点上，而不在路由器的包转发软件内。原则上，路由器在转发数据包时只能看到 IP 信息，例如目的地址。只有终端节点查看数据包中的 TCP 信息。这种责任划分与因特网的设计目标是一致的，是分层设计的一个重要实例。

TCP 提供了一种大多数高级应用都很容易使用的简单服务，但是有些应用（如实时流应用）并不能很好地匹配 TCP 的服务模型。如果 TCP 实现在路由器上，那么高级别的服务将更难绕过它，使用不同的传输服务也更难。因此，因特网的设计原则是尽可能地将一些功能从网络中去掉，只在终端节点上实现。这种设计方法称为“端到端的观点”（end-to-end argument），是由萨尔兹、里德和克拉克（Saltzer, Reed, and Clark，1984）给出的。在不需要修改路由器的情况下创建新应用或新支撑服务的能力，是因特网可以快速发展的另一种方法。

路由技术和转发技术

还有一些功能实现在路由器上，而不是端节点上。当每个包到达时，路由器必须决定如何转发，这需要一个转发表，为每个目的地址（或地址群）指定通向该目的地的首选路由。为了构建这个表，路由器除了转发数据包外，还要不断地计算到网络中所有地址的最佳路径。这一过程要求路由器向其他路由器发送报文，描述因特网中哪些链路当前正在工作，它们连接了哪些路由器。这种交换使总体决策（路由计算）成为可能，以选择整体上最优的路由。路由器转发数据包的同时在后台执行这个任务。如果通信链路故障或安装了新链路，这一路由计算将根据情况构造新的路由。这种自适应性提高了因特网发生故障时的健壮性。研究者已经定义并部署了许多路由协议，用于实现路由计算[⊖]。

转发表的这种分散计算是最初因特网中的设计方法。最近，有一种趋势是在因特网的一个区域内使用一个集中控制器，来为该区域内的路由器计算正确的路由信息，并根据需要将该信息下载到路由器中。这种方法叫作"软件定义网络技术"，我将在第13章对其进行讨论。

终端节点不参与路由计算，它们只知道一个路由器或附近路由器的身份。要发送数据包时，它们只需将其传递给第一个路由器，然后由这个路由器决定接下来要发送到哪儿，以此类推。这种责任划分使得替换一个路由协议（在因特网的生命中，这发生过几次）而不必改变端节点上的软件成为可能，对于因特网上数百万的端节点来说，这实际上也不可能协调一致地完成。

因特网的区域

因特网是由路由器组成的，但是每个路由器都是一些独立操作的自治系统（AS）的一部分。每个AS都是由某个实体来管理的，可以是商业ISP、公司、大学或其他实体。截至2017年，全球大约有5.9万个AS。最初的因特网使用了一种全局路由协议，但随着因特网规模的扩大，设计者意识到至少需要两层路由：运行在每个AS内并在该AS内的路由器和端节点之间提供路由的方法，以及将所有的AS连接在一起的路由协议。当前定义这个全球功能的协议被称为边界网关协议（BGP）。它用来告诉因特网中的每一个AS如何到达其他AS，以及每个AS内部的目的地址是什么。

出于特别简化（正如我在本书中经常做的那样）的目的，BGP的工作如下所述。想象一下位于因特网边缘的一个AS，例如代表麻省理工学院（MIT）那部分因特网的AS。为了让MIT能够访问因特网的其余部分，它与某个提供因特网接入的ISP达成商业协议，一旦商业协议（以及连到该服务商的连接电路）准备就绪，位于MIT的边界路由器（协议名称的由来）就向该ISP发送一个BGP报文，说"这儿就是MIT连接的地方"。该ISP（称为ISP A）现在知道MIT连接在哪里，它告诉邻居AS（例如，ISP B）："如果你想到达MIT，只需将数据包发送到A。"ISP B现

⊖ 我在前面提到过，在引入状态和状态变量的概念时，路由器没有状态变量来跟踪它们转发的不同数据包。然而，转发表显然是路由器中状态的一个例子。

在告诉它的邻居（例如，ISP C）：“如果你想去 MIT，就把你的包发送到 B，它会把它们发送给 A，后者会把它们发送到 MIT。”这些报文（称为路径矢量）在整个因特网上传播，从原理上说，一直到每一个 AS 都知道，为了将数据包送达因特网上的任一其他 AS 而将其转发到哪儿。

因此，因特网具有嵌套的路由结构。BGP 用于将数据包传送到正确的 AS，而 AS 内的路由协议（在今天的因特网内，AS 内的路由协议不止一种）用来将数据包传送到该 AS 内所期望的端节点上。

域名系统

因特网路由器使用包头中的目的地址来选择转发路径，但是这些地址对用户来说并不容易记住或使用。进一步说，如果服务从一台机器移动到另一台机器，则用户必须知道该服务的新地址。为了缓解这些问题，因特网有一个为服务和端节点提供名字的系统，这些名字比目的地址更便于用户使用。跟踪这些名字并根据需要将它们转换为地址的系统称为域名系统（DNS）。我们称之为“域”，是因为这些名称通常与命名域（如 MIT）有关。DNS 中的名字是分层的，顶级名字用于某种类型的组织（如“com”用于某些商业站点，“edu”用于大学，等等），每个顶级名字内的第二级名字（如 mit.edu）命名各个机构。DNS 是通过服务器来实现的，这些服务器分层组织，反映名字的结构：有顶级或“根”服务器，为顶级名字提供名称转换；也有为名字的下一元素提供名称转换的服务器，以此类推。例如，为了解析名字 www.mit.edu，第一个查询将送给根服务器，以查找知道“edu”域的服务器的地址；下一个查询将送给那些服务器中的一个服务器，以查找知道“mit”域的服务器的地址；第三个查询是对（由 MIT 管理的）那些服务器进行查询，以查找在“mit”域中具有“www”名称的计算机的地址。

应用设计

因特网本身作为一个由链路和路由器构成的实体，关注的是数据报的传送。应用运行在因特网的基本通信服务之上，通常是在 TCP 之上。

以万维网为例

万维网是由一组协议描述的，这些协议允许 Web 客户端（通常称为浏览器）连接到 Web 服务器[⊖]。Web 服务器（连接到因特网的一种特定类型的端节点）存储网页，并根据请求提供网页检索。这些页面所具有的名字称为 URL（统一资源定位

⊖ 描述万维网的协议主要是由 MIT 计算机科学和人工智能实验室的万维网联盟（W3C）开发的。W3C 旨在成为一个中立的机构，鼓励不同的利益相关者就网络（Web）的未来发表他们的观点。

器）。URL 的第一部分实际上是 DNS 名字，浏览器使用 DNS 系统将该名字转换为所期望的 Web 服务器的地址。然后浏览器向该 Web 服务器发送一个报文，请求该页面。URL 以各种方式传播，以便潜在的读者能够发现它们。它们也构成了交叉访问或从一个网页链接到另一个网页的基础，当用户将鼠标放置在链接上并点击时，浏览器将使用匹配的 URL 检索所标识的页面。第 8 章对 URL 进行了较详细的讨论。

Web 的运行依赖于许多协议，Web 的描述说明了因特网设计的分层特性。这个协议叫作超文本传输协议（HTTP），它提供了请求 Web 页面时报文的规则和格式。在服务器上，实现 HTTP 的软件看到请求的内容，返回所请求的网页。但是，这个协议并没有指定页面本身的格式或含义。页面可以是传统的 Web 页面、图像、音乐或其他内容。

Web 页面最常见的表示形式是 HTML，HTML 表示超文本标记语言。所有浏览器都包含用于理解 HTML 的软件，这样浏览器就可以在屏幕上解释和显示页面。HTML 并不是唯一的页面格式。例如，图像以许多不同方式编码，并采用标准的名称标识，包括 GIF、JPEG 以及其他格式。这些是用于安排 Web 内容版面的其他格式。任何格式都是可以的，只要浏览器包含的软件知道如何解释该格式。

HTTP 使用 TCP 来传送请求和应答。TCP 软件接受一个数据单元（一个文件、一个 Web 页面请求，或者无论什么），作为一系列数据包将其在互联网上传送。它不检查数据以确定其含义；事实上，数据可能是加密的。最后，利用 IP 协议传输 TCP 格式的数据包，IP 协议指定了数据包的目的节点。

电子邮件

万维网的通信模式是浏览器与服务器之间直接传输。并不是所有的应用都这样工作，电子邮件（email）就是另一种具有不同传送模式的应用设计的例子。由于许多用户不是全天候连接在因特网上，如果电子邮件直接从发送端传送到目的端，则只有在双方碰巧同时上网的偶然时段才能成功传送。为了避免这一问题，在连接到网上之前，几乎所有的电子邮件收件人都使用服务器接收和保存邮件，然后再从服务器上提取所有邮件。其概念就是电子邮件服务器始终是连在网上而且可用的，因此任何人都可以在任何时候向它发送邮件，接收者可以随时从服务器上提取邮件。这就消除了发送方和接收方同时连接到网上的必要性。实际上大多数邮件传送都分为三个步骤：从发送节点到服务该发件人的邮件服务器，然后到接收方的邮件服务器，之后到最终的端节点。

不同的应用是有差别的

正如这两个例子所说明的，不同的应用有不同的设计。邮件分发模式与网页检索模式并不一样。电子邮件的发送依赖于分布在因特网上的服务器，但是这些服务器与应用不可知的路由器不同，它们是应用可知的。邮件服务器在设计上是作为特定应用的一部分进行工作的，并提供支持该应用的一些服务。

今天的因特网上有很多应用：电子邮件、网站、游戏、IP 语音（VoIP，互联网电话服务）、视频流，等等。列全这些应用需要几乎无穷无尽长的表单（事实上也不存在这样的表——人们不需要对创建的新应用进行注册，只管创建就行）。因特网分组传输服务的部分力量在于它是一个开放的通用平台，使任何具有良好技能和创新精神的人都有可能设计和编写新的应用程序。

因特网的简略时间线

在这本书中，我将讨论因特网出现过程中的一些事件，因特网的发展简史会有助于将事件置于历史背景之中。我喜欢按十年的期限来思考因特网的历史，只有极个别的地方需要对十年的期限做点调整[一]。

20 世纪 60 年代

20 世纪 60 年代是发明和憧憬的十年。60 年代初期，有着不同动机的三位发明家独立构想了分组交换技术。兰德公司的保罗·巴兰希望建立一个足够健壮的网络，即使在核攻击之后也能提供核导弹的发射控制，以确保第二次打击的能力。他认为这是确保相互摧毁的一个重要方面，也是对全球稳定的贡献（他的观点是，一旦这一计划生效，我们应该与俄罗斯分享，一定程度上是为了防止意外发射）。英国国家物理实验室的唐纳德·戴维斯的目标是，通过发明用户友好的商业应用来振兴英国计算机产业。他认为远程数据处理、销售点交易、数据库查询、机器远程控制和在线投注都是潜在的应用。人们普遍认为他创造了包这个术语。莱昂纳德·克莱因洛克独立构想了分组交换的威力，但更关心的不是具体的应用，而是这个想法能否在实践中发挥作用。令人担心的是，来自多个源的数据包的细粒度交织将导致一个不稳定的系统，其流量负载的波动是难以处理的。莱昂纳德·克莱因洛克早期对分组交换的数学分析使人们相信，这种想法在实践中是可行的，在此过程中激励了大量关于网络排队论的工作。

到了 20 世纪 60 年代后期，分组交换作为一种将计算机连接在一起，从而通过计算将人们连接在一起的方法，其潜能是一种强大的愿景。美国国防部高级研究计划局（ARPA）[二]设立了一个项目来构建一个名为 ARPAnet 的广域分组交换网。J. C.

[一] 这一历史综述是简略的，因此必然是有选择性的，它确实反映了我个人的观点。有许多书都记录了因特网发展的不同阶段，就早期历史而言，可以先看（Abbate，2000）和（Hafner，1998）这两本书。

[二] ARPA 现在被称为 DARPA，在缩写词中添加了代表防御的“D”。

R. 利克莱德和罗伯特·泰勒（J. C. R. Licklider and Robert Taylor, 1968）撰写了一篇论文，在论文中他们预测了分组交换网络将计算机和人连接在一起的广泛应用[㊀]。他们写道：

里面会发生什么？最终，每一项具有充分结果的信息交易都足以保证成本。可以想象，每台秘书的打字机、每台数据采集仪器甚至每个听写话筒，都会接入网络。

你将不会再去发信或发电报，你只需要确定哪些人的文件应该链接到你的文件，以及他们应该链接到哪些部分——也许还可以指定一个紧急系数。你将很少打电话，你会要求网络把你的控制台连接在一起。

你很少会做一次纯粹的商务旅行，因为连接的控制台的效率会高很多。当你去拜访另一个人以进行思想交流时，你和他会坐在控制台两边，通过它就跟面对面地互动一样。

他们还把网络看作广泛获取信息的基础。他们写道：

网络内可用的东西包括你经常订购的功能和服务，以及在有需要时调用的其他服务。前者会是投资指导、税务咨询、选择性地宣传你专业领域的信息，通告适合你兴趣的文化、体育和娱乐活动，等等。后者将包括字典、百科全书、索引、目录、编辑程序、教学程序、测试程序、编程系统、数据库，以及最重要的——通信、显示和建模程序。

总之，他们对联网计算机影响力的评估是乐观的。在总结中，他们写道：

当人们“在终端前”和“通过网络”做信息方面的工作时，远程通信将会和今日的面对面交流一样自然。这一事实及其对社交过程的显著促进将会对个人和整个社会产生深远的影响。

第一，对于在线的个人来说，生活会更快乐，因为人与人之间的关系更加紧密，彼此因相同的兴趣和目标走到一起，而非因偶然的相遇。第二，交流将更加高效和富有成效，因此也更加愉悦。第三，许多交流和互动会使用程序和编程模型，这些交互的特点包括：反应高度灵敏；弥补了一个人本身的能力，而不是使其显得更具竞争力；能够表示越来越复杂的思想，而不必同时显示其结构的所有层次。因此，这既会带来挑战又会带

㊀ 利克莱德和泰勒在早期分组交换的发展中都起到了重要作用，在 ARPA 中以不同的角色支持了 ARPAnet 的开发。泰勒继续经营着施乐公司的 PARC 研究实验室，该实验室开发了可能是第一台真正的个人计算机（Alto）和第一个局域网（以太网）。

> 来收益。第四，对于每个（能买得起终端的）人来说，都有足够多的机会去找到自己所需的一切，整个信息世界以及所有的领域和学科都会对他敞开大门，计算机程序也将会准备好带领他们去探寻未知的世界。
>
> 对社会来说，影响是好还是坏主要取决于这样一个问题：“上网”是一种特权还是一种权利？如果只有受到优待的群体才有机会享受“智力提升”的好处，那么，网络可能加剧“智力提升”机会的不平等性。
>
> 另一方面，如果网络理念能够为教育带来少数人希望中（如果不是在具体的详细计划中）所设想的效果，如果所有人都能积极响应，那么对人类的好处肯定是无法估量的。
>
> 考虑到使网络软件适应所有新一代计算机这一任务的规模，失业问题将永远从地球上消失。紧追前辈们的目标，失业问题将离我们越来越遥远，直到世界上所有的人都沉浸在无限的、越来越多的在线交互调试中。

虽然他们的最后一段可能反映了对计算机现实状况的曲解，但总的愿景是积极的、具有前瞻性的。他们预先考虑到出现数字鸿沟的可能性，并把工作转移到能做得最好的地方，这可能预示着离岸外包。这篇文章确实指出，安全和隐私问题是人们积极关注的问题，并开始得到应有的关注，这也是对可能毫无根据的乐观程度的回应。

1969 年，也就是那份报告发表后的第一年，ARPAnet 最早的一些节点开始运行，将加州大学洛杉矶分校（克兰罗克的实验室）与 SRI 连接起来。这展示了分组交换，一代技术人员继续执行使其实用化的任务。那段时间，有远见的科学家已经完成了工作，资助机构为工程师下达了进入下一个十年的命令。

20 世纪 70 年代

20 世纪 70 年代是工程学和概念证明的十年。在这个十年的早期，科学家建立或构想了许多分组交换网，包括：ARPAnet（地面分组交换网络将 ARPA 资助的不同的大学和研究实验室的计算机连接在一起），一个国际卫星网络（SATnet），以及一个移动扩频分组无线网络（PRnet）。面对将这些不同的网络连接在一起的挑战，温顿·瑟夫和罗伯特·卡恩（Vinton Cerf and Robert Kahn，1974）提出了因特网的核心理念。虽然因特网的许多细节是在 20 世纪 70 年代演变的，但那篇论文中的基本设计方法为我们今天所拥有的因特网奠定了永久的基础。ARPA 组织了一群来自几个机构的工程师，由瑟夫直接领导；该小组开发了 IP 和 TCP 标准，并在一系列计算机上实现了这些协议。我是那个团队的一员，实现了 MIT 参与开发的大型分时系统（名为 Multics）的协议。在这个十年的后期，因特网开始运行，1981 年发布了 IP 和 TCP 标准。

在这个十年的末期，最初的设计团队清楚地认识到，我们错误地估计了因特网最终将要发展的规模。有趣的是，我注意到 1978 年时丹尼·科恩和我写道：“因此，我们应该为因特网上有超过 256 个网络的那一天做好准备”㊀。这并不是说这个团队在 20 世纪 70 年代缺乏远见，我们希望把世界上所有的计算机连接在一起，只是误解了可能有多少台计算机。70 年代是大型计算机时代。当时，施乐公司（Xerox PARC）正在展示个人电脑的理念，但这种创新的重要性直到 80 年代初 IBM PC 出现才真正变得清晰起来。

20 世纪 80 年代

20 世纪 80 年代是看到互联网开始大量使用的十年：这是成长的十年，也是争相定义互联网标准的竞争的十年。在这个十年的早期，随着 IBM PC 的出现以及从大型机分时计算到个人计算的转变，因特网设计团队意识到，因特网应该能够将数百万台计算机（我们现在看到的数字是数十亿，也许是一万亿台计算机）连在一起。

由于最初的设计团队考虑到需要将因特网的规模扩大，比我们最早设想的要大很多，所以它也面临着自身团队规模的挑战。随着越来越多的组织开始对因特网感兴趣，参加设计会议的人数也越来越多，有时候那些会议就没什么效果了。瑟夫领导的最初的设计团队意识到，需要创建一个小型的指导小组，与工作组一起解决具体问题。瑟夫的想法是，要创建一个更小的群体，不再是每个人都吵闹着要加入，我们应该给它起一个乏味的名字。我们称它为因特网配置控制委员会（ICCB），以使它听起来尽可能无趣。这个小组后来转变为因特网顾问委员会，然后是因特网活动委员会，最后是因特网架构委员会（所有这些小组都使用首字母缩写的 IAB）。我在 20 世纪 80 年代主持这个小组。

第一个工作组是网关算法和数据结构（GADS）工作组，由大卫·米尔斯主持。IAB 的设立是为了解决这样的问题，即如何将因特网的路由方案扩展到我们现在所设想的规模。研究界在这个十年初期开始开发的路由方法（Rosen，1982）是一种分层的自治系统方案，结合了 AS 之间的路由方案（今天是 BGP）和每个区域内的单独路由方案。

GADS 工作组表明了让不同小组关注特定设计问题的重要性，同时 IAB 认为，随着工作组数目的增加，将需要某种管理结构。这导致了因特网工程任务组（IETF）的成立，其第一个工作组就是 GADS。今天，IETF 有许多领域，每个领域都有对应的工作组。IETF 今天仍然是因特网标准的制定机构。

20 世纪 80 年代的重要开发之一是 DNS，我在前文中对此做了描述。最初，因

㊀ 因特网的初始寻址方案将网络数目限制在 256。在这份文档中，我们呼吁认可因特网将是分区域的，这些区域中包含多个网络。

特网上的机器使用简单的名字，比如“MIT-1”。南加州大学信息科学研究所（ISI）的乔恩·波斯特保存了一个文件，它将名字映射为IP地址，任何人都可以根据需要下载。如果要注册一个新名字，就需要给乔恩发一封电子邮件。这种方法不能将因特网扩展到数百万台机器。ISI在保罗·莫卡皮特里斯和波斯特尔的领导下，开发了一个DNS方案。由于DNS是分层结构，不再需要去乔恩·波斯特那里注册新的名称，取而代之的是相关域名的注册员（后来称为域名注册服务商）。例如，注册一个像xyz.mit.edu这样的名字，只需与MIT的一个人联系就可以了。虽然DNS的管理结构变得更加复杂了，但该方案更容易扩展大量的终端节点，是当今因特网上使用的方案[⊖]。

在这些故事中存在一种模式。面对可扩展性的挑战，计算机科学家倾向于采用分层方案。在20世纪80年代，研究团体（现在已变得更大）为自己设计了分层路由、分层命名和分层管理的方案。

20世纪80年代的一个重要事件是，对部署的因特网的支持从DARPA移到了美国国家科学基金会（NSF）。DARPA认为这项研究得出了结论，并决定让运行成本很高的ARPAnet退役。NSF对将其超级计算机中心连在一起并可以从其他研究站点访问这些中心很感兴趣，因此它支持NSFnet的开发和部署，该网络利用因特网协议将美国各地的学术网站连接了起来。随着NSFnet的发展跟上了需求，存在几种版本的技术和通信链路，最后的版本使用了容量为45mbps的链路（当时速度很快）。

20世纪80年代的另一个特点是作为互联网基础的其他协议套件之间的竞争。存在一些公司的提案，如施乐网络系统（XNS），这在局域网（LAN）应用中很受欢迎。也许最重要的是国际标准化组织（ISO）的努力，它开发了开放系统互连（OSI）协议套件。ISO作为一个标准制定机构，有来自国家标准机构的正式代表，声称它有权定义全球网络互连标准。部分美国政府机构，如国家标准和技术研究所（NIST），认为有必要支持OSI的工作，这样就把政府拆分为支持OSI的机构和支持IP的专门机构。在经历了一段竞争期之后（持续到80年代末），在DARPA和NSF的推动下，市场转向了IP标准，而OSI的工作也逐渐消逝了。

因特网协议套件更为重要的一个竞争对手是异步传输模式（ATM），贝尔实验室的研究成果反映了一种与电话系统历史相一致的设计偏好，同时利用了交换小数据单元（称为信元）的想法，而不是像电话系统以前做的那样建立固定电路。20世纪90年代，ATM是市场份额的重要竞争者，但最终未能在市场上取得成功。其中

⊖ 乔恩·波斯特最初履行的职能于1998年移交给了一个组织，名为“分配名字和号码的因特网公司”（ICANN）。ICANN为不同的域名和大量顶级域名创建了相互竞争的域名注册服务商，从使用不同的字符集到商标这些问题上都存在竞争。在这本书中，我故意不讨论这些问题，因为它们与因特网监管有关，而和因特网架构关系不大。关于当前因特网监管的紧张局势，有许多好书，如DeNardis（2015）。

一些思想被纳入技术选项中（如多协议标记交换（MPLS）），这些技术如今被用来传输 IP 包。我将在附录中讨论 ATM、MPLS 以及相关问题。

20 世纪 80 年代的应用是电子邮件，而当用户说他们“在因特网上”时，这就意味着他们有一个电子邮件地址。对许多用户来说，因特网就等于电子邮件，这种态度一直持续到下一个十年的开始。

在 20 世纪 80 年代的大部分时间里，我最初作为 ICCB 的主席并最终成为 IAB 的主席。在这个十年的末期，我辞去了主席职务，转向了一项特定的研究，这是由于 ATM 的出现，以及认识到因特网将被用来传输语音和视频流。我和我的合作者着手提出和开发新的协议，这些协议将以新的传输模式来增强因特网最初尽力而为的服务，这些新的传输模式更加适合要求更高的应用需求，例如实时语音（因特网电话，或因特网上的语音（VoIP））或流媒体视频。

20 世纪 90 年代

20 世纪 90 年代是商业化和万维网的十年。也是这样一个十年：人们重新审视通信的未来，重新审视以计算机为中介的信息及社交的能量和效用。还是这样一个十年：光纤技术的出现降低了数据传输的成本。

20 世纪 90 年代初，因特网的骨干网（将各个区域连接在一起的远距离能力）是 NSFnet。到这个十年的中期，商业通信提供商清楚地认识到，民间机构提供因特网连接具有可行的商业前景，而 NSF 在业界的推动下进行了一次迁移：NSFnet 退役，取而代之的是商业网络提供商的网络。这次迁移的效果之一是，去除了能够通过因特网发送的业务类型的残留限制。“NSF 可接受的使用政策”名义上对 NSFnet 的使用进行了限制，广义上仅限于学术界和研究界。然而这一限制实际上并未妨碍广大用户使用电子邮件和其他应用，向商业骨干网的迁移为因特网打开了更广泛的用途和目的，包括纯粹的商业和娱乐。在这十年里，许多用户第一次体验到流媒体音频，这既包括“因特网广播”，也包括存储式音乐网站。因此，20 世纪 90 年代，音乐行业开始担心其较为稳定的商业模式可能会受到破坏，这种担忧是完全有道理的。亚马逊带着其电子商务的愿景，成立于 1994 年，同样震惊了那些精通零售图书业务和其他业务的人。因此，因特网本身被商业化了，并且商业也来到了因特网上。

万维网（或仅仅用“Web”一词）是 1990 年由当时任职于欧洲核研究组织（CERN）的蒂姆·伯纳斯－李发明的，作为物理学界之间协作和信息共享的工具。在这十年的前半期，Web 一直与其他信息共享方法竞争，如广域信息服务（WAIS）、Gopher 和 Archie，这些方法现在只存在于少数人的记忆里了。到 1993 年或 1994 年，Web 已经获得了占主导地位的市场份额（或“品牌知名度”），部分原因是

1993年开发了“马赛克”(Mosaic)，这是第一个允许页面既包括图形又包括文本的网站浏览器。马赛克是在伊利诺伊大学厄巴纳－香槟分校由NSF支持的国家超级计算应用中心（NCSA）开发的，在20世纪90年代，它成为定义大多数用户网站体验的浏览器。它的图形功能对大部分应用都至关重要，包括商业产品的销售。

1991年，当时的参议员阿尔·戈尔提出了国家信息基础设施（NII）计划，这一愿景有时被称为信息高速公路。这是一个高速的、无处不在的网络，它将向公共和私营部门提供大量信息，并向公民提供广泛的服务。受这一愿景的部分驱动，国家研究理事会的计算机科学和电信委员会发布了两份关于因特网的报告：《实现信息的未来》（National Research Council，1994）和《不可预测的确定性》（National Research Council，1996）。我有幸帮助撰写了这两份报告，他们为当时的思考提供了一个美妙的时间胶囊。起先，电信工业委员会成员不允许报告使用“因特网”一词来描述国家未来的网络基础设施。他们的观点是，一批松散的研究人员没有资格设计国家真正需要的网络，电话公司会及时设计真实的网络。他们要求报告文本以中立的方式将这个未来的网络称为“包承载服务”。到了1996年，使用因特网这个名字变得可以接受了，到了这个十年的末期，很明显，无论NII是什么，它都将基于因特网。

光纤技术是20世纪80年代兴起的一种商业电信技术。斯普林特（Sprint）公司在20世纪80年代中期宣布了它的全光网络，但实际上是在90年代，光导纤维以比铜导线更低的成本承载巨大流量的潜力才得以实现。NSFnet最快版本的链路是45mbps。今天，光纤链路的传输速度达到100gbps，速度快了2000倍。正是光纤使因特网以合理的成本增长，传输由网站提供的数据以及流媒体内容——首先是音频，这个十年的后期是高质量的视频。光纤技术“只是”一种低级技术，但它的开发和部署所带来的经济影响可能是因特网增长和成功的一项重要因素。

20世纪90年代的另一项活动是IETF和研究界为加强和改进因特网的寻址结构所做的大量努力。在20世纪80年代，因特网上的每个端节点都有一个不同的地址。然而，早在80年代中期，因特网设计者就已经清楚地认识到，因特网上最终会有更多的端点，要多于只有32位长的地址所能表示的节点数[⊖]。为了处理地址耗尽问题，IETF举行了一次务虚会，讨论了未来的挑战，我们一组人写了一份宣言，标题为“走向未来的因特网架构”（Clark et al.，1991）。该文件讨论了IP和OSI工作之间的紧张关系，以及地址耗尽、安全性和一系列其他问题。作者们大胆地声

⊖ 32位长只能识别大约40亿端点，由于地址是按块分配的，以便于路由并允许将来扩展，因此每个数字都使用是不切实际的。目前，大约有15亿地址在使用，其余的大部分都被分配到因特网的各个地区用于将来的节点扩展。

明，因特网必须能够容纳10亿个网络[1]。为了解决地址耗尽的问题，小组提出了两个计划。一个计划是改变因特网的包格式，使其具有更长的地址域。这项提议促生了一项工作，产生了今天所谓的IPv6[2]。25年后，IPv6现在正慢慢地在因特网上使用。另一个计划是指定一个新的网络部件，叫作网络地址变换（NAT）设备。使用网络地址变换，很多端节点可以聚集在单一接入链路之后，这条链路连接到因特网上。然后给这些节点分配只具有本地意义的地址。NAT设备被赋予一个或少数可全局路由的因特网地址，当数据包离开机群时，NAT设备重写它们中的地址。通过这种方式，许多终端设备可以共享一个地址。如今，大多数拥有宽带因特网的家庭都有一台家用路由器，它既是防火墙（增强安全性），也是NAT设备。如果今天的现代家庭中每一台电脑都有自己的全球地址，那么因特网早就没有地址了。在世界上分配地址较少的地区，ISP正在将更多的用户组（也许是整个城镇）放在一台NAT设备的后面。

20世纪90年代初提出的对因特网寻址的另一个改进是多播的概念。在因特网的最初设计中，地址标识一个数据包应发送的端节点的特定连接点。史蒂夫·德林当时是斯坦福大学的研究生，他提出了一种新的地址，该地址可以识别一组目的节点——如果数据包被发送到该地址，因特网将尽力将数据包路由到所有这些目的节点（Cheriton and Deering，1985；Deering and Cheriton，1990）。德林提出的多播为多路电信会议提供了有效的支持，并向潜在的大量观众提供流媒体内容（如音频和视频）的传输。研究界在多播技术方面投入了大量的精力，它被应用在许多场合，诸如电信会议、远程参加IETF会议以及1994年滚石音乐会的多播（在此之前，不太知名的“严重轮胎损坏”乐队在1993年进行了音乐会的多播）（Strauss，1994）。今天，在基于IP的私有网络中，多播被用来支持流媒体视频，但正如我将在第12章中讨论的，由于经济原因，它在公共因特网上并不成功。

到20世纪90年代末，约有一半的美国人上网（Horrigan，2000）。其中，约85%的人使用电子邮件，但根据霍里根的记录，基于Web的服务也有了激增。Web的使用在不断扩大和变化，如他的报告中所说：“今天的因特网用户也不同于几年前典型的网站冲浪者。”

21世纪00年代

这是消费者享受宽带的十年，因特网的全球爆炸式增长以及移动因特网接入扩张的十年。安全问题成为人们关注的焦点，各国政府也开始考虑有必要对因特网进行监管。

---

[1] 是10亿个网络，而不是10亿台主机。我们厌倦了低估最终的挑战。

[2] 当前的格式实际上是IPv4，之前的格式是实验性的，IPv5也是如此。

在这个十年的开端，大多数住宅用户通过拨号的调制解调器连接到因特网上，这项技术已得到改善，可以提供56kbps的吞吐率。成千上万的大型和小型因特网服务提供商提供了拨号接入服务。到这个十年末期，三分之二的美国人通过宽带接入因特网（Smith，2010），少数拥有家庭物理连接的电话和有线电视提供商（而不是数以千计的小型拨号ISP）提供了宽带服务。宽带以其数兆比特的速度促生了流媒体视频之类的应用再次爆炸性增长，其影响只有在下一个十年才能充分感受到。

这种市场结构向少数宽带提供商的转变（以及潜在市场力量的集中），可能是自20世纪90年代中期转向商业化以来因特网生态系统最重要的转变。我们今天的因特网就处于这一小组参与者的控制之下。关于因特网的业务如何传送到消费者，这些公司有潜在的能力对其进行控制和扰乱，对此的担忧首次引起了诸如美国联邦通信委员会（FCC）这样的监管机构的高度关注。2005年，FCC发表了其“四项原则”的政策声明，声明因特网用户应该能够使用他们选择的应用、访问他们选择的内容、连接他们选择的设备，并在有竞争力的服务提供商之间进行选择。这是在“网络中立”的口号下，一场正在进行的斗争的第一轮，以确定是政府（特别是通过FCC）在制定影响因特网未来的政策时具有发言权，还是由构建它的私营机构的决策方来定义因特网的未来。

虽然因特网在其历史早期就扩展到了美国以外的地方，但正是在新千年的第一个十年里，因特网向全球公民的规模性普及才发生。根据国际电信联盟（ITU，2016）的数据，到2010年，因特网用户超过20亿，其中大多数来自发展中国家。

很难说我在本书后面详细讨论的网络安全问题是什么时候开始引起人们注意的。最初的设计师从一开始就明白，互联网以其全球范围和开放接入，将引发安全问题。然而，在新千年即将开始的时候，由于两种计算机病毒的释放，这两件事大大提高了人们对安全问题的认识。病毒意味着程序从计算机传播到计算机，在到达每台机器时进行破坏活动。1999年的Melissa病毒和2000年的ILOVEYOU病毒（导致因特网电子邮件系统的许多部分被关闭，以进行防御），揭示了恶意人员在因特网上造成伤害的可能性，这给了我们非常明显的警告[⊖]。

我也不确定在哪个十年里出现了另一变革事件：移动智能手机。DARPA资助了从1973年开始的移动技术（无线分组无线电网络）的开发，尽管那些无线电设备（比今天智能手机的功能少）和啤酒冰箱一样大，必须用卡车运输。在日本，

⊖ 计算机病毒由于多种原因而拥有可爱的名字。名字通常是由病毒的发现者创造的，但通常来自病毒本身的内容。ILOVEYOU病毒是以其传播的电子邮件的附件命名的，名为Love-letter-for-you.txt。许多人打开了附件，空留后悔。

NTT DoCoMo 公司于 1999 年发布了一款智能手机，实现了大规模普及。然而这种设备被认为不能开放接入因特网，而是一种设计更好和更有壁垒的体验。在这个十年的早期，各种个人数字助理（如黑莓）出现了，但仍不是一种开放接入因特网的方法。在我看来，2007 年第一部苹果手机 iPhone 和 2008 年第一部安卓手机的发布，标志着这样一个时刻到来：因特网上的任何用户都可以在移动环境中广泛使用网络应用。

在这十年里，基于 Web 的新应用继续增长。电子商务的成长是这十年的一个重要方面。Facebook 成立于 2004 年，但其最初的关注对象是大学生，这掩盖了它最终的规模和影响力。Twitter 开始于 2006 年，同样，在下一个十年中它的影响将被充分感受到。

千禧年的第一个十年也是这本书起源的十年。在研究界许多成员的鼓励下，NSF 询问因特网的特定设计（我称之为架构）是否带来了某些问题和挑战，在这十年中它们变得如此明显。他们询问，不同的设计方法是否可以减少一些安全问题，减少围绕网络中立性的争论，或者更好地处理信息检索或设备移动问题。他们启动了一个三期计划，最初资助小型的探索性研究项目，然后资助四个大项目，来开发关于因特网可能是什么的其他概念，也许是 15 年后未来因特网的概念。NSF 鼓励他们思考新的设计方法，而不受当前因特网的限制。第一次资助获得者会议是在 2006 年，该项目（称为未来因特网架构（FIA）项目）刚刚结束。作为这个项目的一部分，我得到了国家科学基金会的资助，成为研究团体的协调员，任务是纵览所有的项目，看看所吸取的一般教训是什么，并针对各种研究成果给出一个综合意见。那项工作的其中一个成果就是这本书。

21 世纪 10 年代

在这十年里，应用情形再次发生了变化，这一次是流媒体视频和社交媒体引起的变化。

Netflix 作为较为传统内容的代表、YouTube 作为其他广泛内容的代表（从专业的到非常业余的），流媒体视频在因特网上的出现是这个十年的主导方面。在 Netflix 从通过邮寄 DVD 租赁视频向通过因特网传输流媒体的转变过程中，成败关键在于深度部署有效的用户宽带接入和在线数据传输成本的下降[⊖]。当 Netflix 通过因特网发送视频的成本降至邮寄和返还 DVD 的邮资以下时，转向在线传送几乎是不可避免的。今天，来自 Netflix 和 YouTube 的流量占北美因特网总流量的一半以上，而且所有的流媒体音频和视频加起来超过了因特网流量的 70%（Sandvine,

⊖ 还有一个问题：内容是如何授权给 Netflix 的。Netflix 拥有邮寄 DVD 的权利并不等于它被授权通过因特网传输内容，这是一个商业问题，但从网络架构中去除了。

2016）。

对于用户来说，他们对因特网的概念一直是与体验联系在一起的，而不是与技术或架构联系在一起。在 20 世纪 80 年代，因特网就是电子邮件。在 20 世纪 90 年代，因特网就是网站。对于今天这一代的用户来说，因特网就是 Facebook、Netflix、YouTube 以及其他社交媒体和内容共享网站。这一现实同样对关心因特网设计的人提出了挑战：如何平衡一般性和高效性。如果视频业务在今天的因特网中占据主导地位，那么因特网是应该发展成专门承载这类业务的，还是应该保持其一般性，以方便接下来发生的任何变化？这是一个反复出现的问题，我会再谈一下。

既然已经提到了幻想家激励和鼓舞的力量，我将在结束这个讨论时，对一些我最喜欢的幻想家、科幻故事讲述者表示赞许。他们的未来可能有点黯淡，这与利克莱德和泰勒的乐观愿景相反，但在全盛时期他们还是非常有洞察力的。我们从威廉·吉布森 1984 年写的小说《神经漫游者》中得到了虚拟空间（cyberspace）这个术语。这一日期出现在 Web 之前，由于一些原因引起了部分人的共鸣，当时最初的因特网设计团队正在努力解决规模方面的基本问题。1975 年出版的约翰·布伦纳的小说《震荡波骑士》中包含了“蠕虫”的概念，这是一种通过网络传播的计算机病毒，窃取秘密信息并将其公之于众，从而揭露可怕的政府行为。最终，没有秘密也没有隐私。布伦纳的设想比爱德华·斯诺登的揭露早了近 30 年。如果你不介意用反乌托邦的眼光看待未来，可以随意将这本书放下，去读一些好的科幻小说。

前进

在这样的背景下，现在是时候开始研究这本书真正的重点了：研究因特网的基本设计原则（我称之为“架构”），这些原则与因特网应满足的需求（技术和社会需求）如何关联，因特网的其他概念如何更好地满足这些需求，或者关注当今设计师认为更重要的不同需求。

第3章 Designing an Internet

架构与设计

这是一本关于架构的书，所以，为了能正确起步，理解这个词的意思是十分重要的。它可能被过度使用，并且使用在各种环境中。如果作者与读者之间缺少一致的理解，将会有交流失败的风险。那么架构这个词到底是什么意思呢？

什么是架构？

架构是一个过程、一个结果和一门学科。作为一个过程，它涉及将组件与设计元素结合，以此来形成一个有目的的实体。作为一个结果，它描述了由其形式所定义的一系列实体。对于我们熟知的“哥特式大教堂”这种架构形式，它的特点是一系列公认的设计元素与方法，目的可能是构建一个礼拜场所，但“哥特式大教堂”实际上意味着更多。最后，作为一门学科，架构就是架构师接受训练要掌握的本领。计算机科学领域从设计物理实物的学科中借用了这个术语，例如建筑物和城市，其中包含广受认可的培训与认证过程。架构的三个方面都适用于“真实的建筑”与计算机科学。

作为一个过程。我的定义有两个重要的方面：将组件整合在一起并应用于某个目的。

- 将组件整合在一起：这是计算机科学家在考虑模块、接口、依赖、分层、抽象以及组件复用等问题时所做的工作。这些都是设计模式，计算机科学家接受了相关的训练，在思量设计挑战时需要考虑这些设计模式[1]。
- 应用于某个目的：设计过程必须按照工件的预期目的来塑造，例如，是一所医院而不是一座监狱，是一个低功率处理器而不是超级计算机，是汽车中将刹车踏板挂在刹车上的网络而不是因特网[2]。作为架构的一部分，设计师必须解决系统不能做什么（或者做得很好）与将要做什么。在计算机科学中，系统设计存在着一种危险，这是众所周知的，它被称为第二系统综合征，即首先构建一个或许把一些事做得很好的系统，然后再提出一个试图把所有事情都做得很好的替代方案的趋势。

---

[1] 术语“设计模式”是由克里斯托弗·亚历山大引入架构中的，他还影响了软件开发界。网络界需要为应用开发人员开发设计模式，我在网络环境中使用这个术语的灵感来自于他的工作。

[2] 在我看来，它们不应该被关联在一起。由于设计错误，将先进的通信技术添加到吉普车切诺基中，安全研究人员得以在汽车行驶途中远程控制汽车（Greenberg，2015）。有时候，把世界上的一切联系在一起并不是个好主意。

作为一个结果。在建筑设计实践中，设计通常会产生一份结果。也有一些例外，例如排房，其中一个设计会建造很多次，但大多数建筑物都只有一座。在描述结果时，架构这个术语通常意味着一类设计，以其最显著的特征为代表（例如飞拱）。这个术语适用于这个抽象类，尽管架构师必须在建筑团队接管之前将建筑描述到非常精细的程度。

当计算机科学家重新使用架构这个术语时，他们稍微重新定义了一下。关于因特网，有很多不同的网络都是基于同样的设计：我们称之为“因特网”的公共全球网络，属于企业、军队等的私有网络，以及金融网络等特殊用途的网络。在这种环境下，架构一词仅描述所构建的部分内容，给定示例的大部分设计过程都发生在之后的环节中，可能由不同的组来描述。

作为一门学科。“真正的”建筑师——那些设计楼房的人——去学校里学习这一行业。作为外行，了解他们的培养方式对于我们也是有教育意义的。架构（相对于结构工程）不是建立在基础科学与工程原理之上的设计学科。建筑师通常不关心结构工程等问题，并将这些留给别人。当然，技术考虑可能需要尽早进入设计过程，因为建筑师要处理诸如能源效率或抗震等问题，但是建筑师主要是在设计过程中训练出来的。他们学的不是工程而是建筑。他们通过案例研究来学习，需要观察大量的建筑物，看它们有多适合（或不适合），看它们是否满足用户的需求，在视觉上是否有吸引力，如何处理设计权衡，等等。

在计算机科学中，我们往往希望设计能基于强大的工程基础、具有限制性的理论以及优先的设计选项等，但（至少在过去）系统架构的大部分业务都更类似于建筑师的业务（例如，从以前的设计中学习，问问什么运转良好、什么效果不佳，问问这个设计是否与目标相符合）。我们在理论和实践方面对计算机科学家进行训练，但往往不赞成研究以前的设计，我们认为它们“不科学”或“未基于基本原理”。不客气地说，这本书是对设计的研究，而不是一本以具有可量化基础的学科为中心的书，比如排队论或最优化。我个人对试图使架构更加严谨而感到兴奋，但是不应该用“凭直觉”设计这样的短语来反对我们今天所做的事情。我们的学科是一门设计学科，就像建筑架构一样，我们应该努力超越它，而不是摒弃它。

因此，如果因特网的架构不是完整的规范，而只是该规范的一部分，那么架构中包含哪些内容呢？我们可以说说不包括什么。看看基于因特网技术的所有不同网络的例子，或者全球因特网的不同区域，试着发现它们的不同之处。我们看到它们在性能、弹性、对移动性的容忍、对安全性的关注等方面存在差异。这个级别的设计决策构建在核心架构之上，但是没有被核心架构指定。那么，我们应该在这个核心架构中看到什么呢？

网络架构的要素

我确定了可以决定某个特定问题是否上升到架构级别的几个标准：对于系统的正常工作，是否需要就该问题达成一致；就该问题达成一致是否方便；该问题是否定义了系统的基本模块性或功能依赖；或者该问题随着时间的推移是稳定的这一点是否重要。

对于系统的正常工作，我们必须一致同意的问题。例如，因特网架构是基于包的使用，以及假设包头总是具有相同的格式（不同的设计可能允许在不同的区域使用不同的格式，在这种情况下，架构可能会选择描述为所需的转换提供什么样的架构支持）。

另一个例子是，当我们第一次设计因特网时，认为设计依赖于单一的全球地址空间。现在很显然这种假设是不必要的，不需要就地址的统一含义达成全球一致。网络地址转换设备或"NAT 箱"（参见第 2 章），允许因特网边缘的区域使用私有地址空间，并仅在数据包向外传输到公共因特网时才将这些地址转换为全局路由地址。有趣的是，一旦因特网设计师意识到他们可以使用具有不同地址空间的区域来构建网络，就不需要急于扩展架构来对不相交地址空间是如何互连的提供任何支持或指导[⊖]。

还有其他几点需要达成全球共识。关于如何在自治系统（AS）之间对数据包进行路由，因特网的 AS 使用边界网关协议（BGP）交换信息（参见第 2 章）。在某种程度上，所有的 AS 都必须同意使用 BGP，或者至少同意跨 AS 之间接口交换的数据包的含义。即使有的网络地区没有使用 BGP 进行互连，可能也需要同意一定数量的 AS 的存在及意义。在全球因特网内核的地址空间内，有必要就某些特定地址类的含义达成一致，如多播（见第 2 章）。值得注意的是，在最初的设计中，多播地址和自治系统数量都没有被概念化为因特网的一部分，而是后来设计的。在某种意义上，它们已经赢得了被认为就是核心架构的一部分的权利，因为足够多的设计师已经同意依赖它们。最初的设计者认为是强制性的东西，比如全球地址空间，结果却不是强制性的，而他们没有考虑的其他东西已经悄悄进入，并获得了"我们必须都同意"的地位。

便于达成一致的问题。我们没有要求应用使用域名系统（DNS），但由于基本上所有应用设计人员都使用它，因此它已经强制成为因特网的一部分，尽管如我在第 2 章中所讨论的，DNS 不是最初设计的一部分。类似地，尽管通信应用没有

[⊖] 当然，很多人认为这种状况是可悲的，因为它妨碍了轻松地部署某些类型的应用，IETF 最近考虑采用标准化方法来处理网络地址转换问题。例如，参考 RFC 6887 中的端口控制协议。另一方面，架构纯粹主义者和那些推动部署 IPv6 的人一直积极抵制 NAT 思想，并试图减轻其局限性。NAT 工作得越好，转换到 IPv6 的动机就越低。

必要使用TCP，但是许多应用都依赖于它，以至于它也成为因特网的强制组成部分。

系统的基本模块性。计算机科学使用*模块*这个词来描述系统的子组件：一个模块有一个特定的*接口*，通过这个接口可以连接到系统的其他部分，而接口下面的模块内部结构是隐藏的，不能从模块外部访问。模块的设计人员通常会保持接口规范不变，因为其他模块可能依赖于该接口，但是可以自由更改模块的内部结构，因为这些是模块的私有结构。因特网协议（IP）的规范定义了三个模块接口。它定义了两层接口：*服务接口*（在其上构建更高级别的服务）和IP层下的技术接口。它还（隐式地和部分地）定义了AS*接口*：因特网中不同AS之间的接口。服务接口是因特网的*尽力而为*包级的传送模型：如果端节点发送一个数据包，并在数据包中使用有效的目的地IP地址，就目前的网络能力而言，因特网的路由器将把数据包转发到由该IP地址定义的目的接口。服务接口隐藏了如何使用特定技术在因特网内提供通信路径的所有细节。因此，这个服务接口定义了网络和端节点之间的抽象接口。该接口的技术细节依赖于用于连接到端节点的特定网络技术，并根据技术的具体情况而有所不同，因此这些细节*不属于*架构规范的一部分。

功能依赖。架构的一个方面是明确设计的*功能依赖*。我将用因特网来说明这意味着什么。因特网的基本操作很简单。路由器在后台计算路由表，这样它们就知道到因特网所有部分的路由。当收到数据包时，它们会查找最佳的路由，并将数据包发送到该路由上。虽然在因特网内有很多东西在运行，但在内核上，它所做的就是这个。因特网的正常运行必然取决于路由器的正常运行。但是因特网还需要什么来提供服务呢？事实上，因特网的早期设计师试图限制使用的服务或要运行的组件的数量，以确保数据包流动。早期的设计目标如下："如果有两台计算机挂到网络上，并且每台计算机都知道另一台计算机的地址，那么它们应该能够通信。不应当再需要其他任何东西"[⊖]。这种设计偏好可以表示为"最少功能依赖"的目标。在第7章中讨论的一些互联网设计建议具有更多的功能依赖——它们依赖于更多的服务来启动和运行，从而使基本通信成功。在出错时，它们正在用（或许）更弱的弹性来换取功能。

系统中被视为持久不变的方面。在像因特网这样的系统中，我们知道很多东西将会改变。事实上，变化、升级和替换系统某些方面的能力，是成功长寿的关键（参见第9章关于寿命的详细讨论）。但是在某种程度上，有些方面看起来像是持久

⊖ 1987年，思想深刻的著名计算机科学家莱斯利·兰波特发送了一封邮件，他提供了以下意见："分布式系统是这样一种系统，你甚至不知道计算机故障的存在，就能使你自己的计算机变得不可用。"这是因特网设计师试图避免的一种状况。参见http://research.microsoft.com/en-us/um/people/lamport/pubs/distributed-system.txt。

不变的，将它们指定为设计的一部分可以提供稳定的点，系统的其他部分可以围绕这些点向前演化。

接口的作用

接口是模块如何互连以组成整个系统的规范。接口成为架构中的固定点，这些固定点很难更改，因为许多模块都依赖于它们。基施纳和格哈特（Kirschner and Gerhart，1998）提出了将接口作为“解约束的约束”的思想：接口是将模块分离的固定功能点，这样模块就可以独立发展，而不是纠缠在一起。他们的工作是在进化生物学的背景下开展的，但似乎也适用于人造系统。设计者是否够聪明，从一开始就得到正确的接口，或者，接口是否也在这种情况下发展进化，以反映这样的观点：稳定是有益的，而其他地方的演化也是有益的[⊖]。

分层

分层是一种特殊的模块化，其中存在一种不对称的依赖性。一个系统是分层的，或者更具体地说，两个模块具有分层关系，如果下层模块的正确功能不依赖于高层模块的正确功能。操作系统显示出分层结构：设计目标是，如果系统上运行的应用崩溃，系统本身不会受到损害或中断。类似地，因特网是以分层的方式设计的，目标是运行在包转发服务之上的应用不应该影响它。

依赖不对称的概念可能有助于系统的整体概念，但在实践中往往不太准确。一个问题是性能——不同的应用可以交互，因为它们争夺资源。在网络技术中，我们在分布式拒绝服务（DDoS）攻击中看到了极端的例子。在这种攻击中，一个恶意行为者试图发送足够的业务，以至于网络上的主机或网络本身的某个区域没有足够的剩余能力转发合法的数据包。针对 DDoS 攻击的现实，一种回应是分层设计，如果某一层确实不依赖于上面的模块所做的事情，那么这一层的设计必须包含一些机制来保护自己不受恶意应用的攻击，并将不同的应用隔离开来。当然，简单的因特网服务模型在其架构中没有这样的保护。在第 7 章中，我将讨论缓解 DDoS 攻击的潜在方法。

总结：关于架构的思考

对于我所说的架构这个词，我已经有了一个基本的概念。在我看来（正如我在前言中所警告的，本书只是我个人的观点），一个关键的原则是架构的极简性。在计算机科学的背景下，系统的架构不应该试图描述系统的每个方面。这种架构的概

⊖ 感谢约翰·道尔提醒我注意这项工作。

念似乎与建筑物的架构有所不同。当楼房建筑师把设计图交给建造者时，规范就会完整到细节——不仅仅是形状和结构，还有电源插座的位置。但是我不认为大部分决策是架构性的。就像我之前说的，建筑物的架构和像因特网这样的人工制品的架构之间的区别之一是，有很多网络是使用相同的因特网技术构建的，而不仅仅是一个。如果可以在不同的环境中使用因特网技术，则会有明显的好处：商业产品更便宜，也可能更成熟，几乎所有计算机系统都有相关的软件，等等。然而，对于安全性、弹性以及其他方面，这些网络可能没有完全相同的要求，所以架构的力量不在于定义了如何构建网络（就像建筑规划描述如何建造楼房一样），而在于允许这些需求得到满足，或许在不同的环境中以不同的方式来满足这些需求。

改述一下爱因斯坦的话，我认为架构应该尽可能小，但不要过小。有人可能会说，正如我所描述的，因特网架构最基本的方面是其偏好极简性。考虑到这一观点，给定架构所要解决的需求，我们认为的网络系统架构的范围，应该只包括那些属于我在这里列出的框架内的那些方面。

理解如何定义因特网的下一步是回到本章的第一点，即架构是为了某个目的而将组件组合在一起。我们必须问问互联网的目的是什么。那是下一章的主题。

需　　求

在上一章中，我抽象地讨论了架构和互联网的架构。假设对互联网实际做什么，我们有一些共同的理解。但是，如果我们想要做到既具体又精确，就需要从理解规范开始：互联网应该做什么。在本章中，我将回顾因特网（或互联网）可能的设计需求，这将为接下来的章节打下基础[㊀]。

适用性——网络是做什么的?

互联网的第一个需求是提供有用的服务。原始因特网的服务模型，虽然可能从来没有仔细地写过，但很简单：尽可能地将数据包（具有一定的容量上限）从任何源发送到IP地址指定的目的地。该规范容忍传送故障，实际上，这是一个相当明确的决定，没有在该规范中包含任何关于故障率的限定。如果网络正在尽力而为，那就这样吧，用户可以决定这项服务是否比没有好。IP地址的含义不是规范的一部分，它只是路由器中作为转发算法输入的一个字段。这种对我们设计高度可伸缩转发算法的能力限制，对IP地址的使用施加了软约束——更可取的做法是，应该这样分配它们，使其聚合成路由协议能处理的块，而不是让路由和转发机制单独处理每个地址[㊁]。但是没有完全禁止路由协议为单个目标地址计算不同的路由。

正如我将在第5章中详细介绍的那样，对因特网要做什么这种相当薄弱的规范，存在着充分的理由。如果最初的设计人员向自己提出了一个更具约束性的规范，该规范对丢包率、吞吐率和其他参数进行了限制，那么网络可能永远不会在一开始就成功地构建起来。然而，正如我将在第10章中讨论的那样，这个对网络不应该做什么保持沉默的弱规范，为我们今天在因特网上看到的恶意行为打开了大门。

网络应该做得更多吗?

关于思考新互联网的部分要求，在于设计新服务的挑战，这些新服务将使网络

㊀ 我将在第7章中讨论的NewArch项目（Clark et al.，2004），花费了大量的精力试图理解一套成功的未来架构必须满足的需求。最后报告中讨论的需求清单，包括经济可行性和工业结构、安全性、处理争执、支持非技术用户（与期望用户授权的平衡）、新应用和新技术的需求以及一般性。此表与本章中将要讨论的一组需求有一些共同之处，这不是偶然。NewArch的工作为我以后的许多思考奠定了基础。虽然NewArch项目的确提出了一些独特的机制，但对需求的讨论也许是它对新机制探索的重要贡献。

㊁ 凯撒等人（Caesar et al.，2006）提供了放松该约束的实用性的评估，结论并不乐观。进一步讨论参见第7章。

变得更有用。新的服务可能使设计应用变得更容易，有可能服务更广泛的应用，或者使网络能够在更广泛的环境中运行。向网络中添加更复杂的功能，可能会便于部署新类型的应用，但显然会增加网络本身的复杂性。因此，在网络应该做什么，以及网络之上的服务层能为某类应用做什么，两者之间存在一种权衡。这种权衡在系统设计中反复出现——在操作系统的早期历史中，功能最初是由应用实现的，然后随着它们的价值得到证明而迁移到内核中[1]。因此，今天的几个网络研究主题，正在探索向网络添加新功能。

随着时间的推移，因特网研究和开发界在因特网规范中添加了新的服务。IP 地址最初是指与特定机器上的网络接口相关联的单一目的端，然而，IP 地址现在以不同的方式使用。任播的概念是多个目的端可以具有相同的 IP 地址，路由协议将把数据包引导到“最近的”一个。第 2 章讨论的多播的概念是多个目的端可以有相同的 IP 地址，路由协议将多份数据包直接发送到所有的 IP 地址。多播的独特之处在于它需要在系统中实现一组不同的路由和转发算法。另一个服务目标是网络可以根据应用的需求定制传送参数。这个概念今天通常称为服务质量（QoS），在转发机制或更复杂的路由机制中需要更复杂的调度。这里不讨论多播或 QoS 转发的优点，我只注意它们对整个网络设计的影响——如果不同的数据包接受不同的处理，那么必须有一些信号，要么在数据包中，要么作为状态存储在路由器中，以指示每个数据包得到哪种处理。关于 QoS，因特网的原始设计人员考虑了这种方案，并在 IP 包头中定义了服务字段的类型，以触发不同的服务。对于最初没有考虑的多播，后来留出了一组不同的 IP 地址，来触发所期望的行为[2]。

在最初的因特网规范中，隐含的意思是路由器只能转发或丢弃数据包。由于 20 世纪 70 年代内存的不足，存储数据包的想法几乎没有被讨论过，并且不言而喻的假设是，因特网的目标是快速传送——早期一个重要的应用是远程登录，随后（在 NSF 时代）在超级计算机之间进行分布式计算。如果不能立即转发数据包，则在网络中临时存储数据包会增加网络的复杂性（规范是否应该定义存储数据包的时间，以及在什么情况下？），也会给应用所看到的行为增加复杂性。然而，允许存储作为网络的部分功能，或许能直接在网络上设计新型的应用，而不要求部署存储服务器来作为较高级应用支持服务的一部分[3]。

对于未来的互联网，一种更具创新性的方法是重新思考基本服务目标，拒绝这种思想：服务传送数据包到由地址指定的目的端。另一种选择是，数据包应该被传

[1] IBM 1620 上的操作系统（我在 20 世纪 60 年代中期遇到的第一台计算机）不包括对文件系统的支持，而是将磁盘管理留给应用程序。如果磁盘在运行期间关闭，系统将继续运行。

[2] 该机制类似于使用电话系统对区域代码为 800 的电话号码进行不同处理的方式。

[3] “延迟 / 中断容忍网络界”和“移动优先 FIA 项目”代表这种方法的两个例子，参见第 7 章。

送到一个更抽象的目的概念，即服务。这个建议是我前面提到的任播概念的泛化，为了实现这一点，必须对路由和转发方案进行扩展，以处理大量此类地址（在当前的任播机制中，此类地址是例外，数量很少）。另一种选择是，网络应该向请求者传送一个内容包，不需要请求者知道内容的位置。这个概念被称为“以信息为中心的网络”（ICN），对网络和应用都有深远的影响。网络必须能够根据所需内容的名称而不是目的地址转发数据包。

在讨论网络设计师应该如何推断网络可能有效提供给更高层的服务范围时，我将回到第 6 章的这个设计问题。我将讨论在包头中提供通用性（网络的语法）来触发一系列行为（网络的语义）。在第 7 章中，我将回到 ICN 的设计问题。

通用性

因特网成功的原因之一是它的设计目标是通用性。事实上，因特网体现的通用性有两个重要方面：运行在其上的应用的通用性和可以构建它的各种通信技术的通用性。

目的通用性

因特网是一个通用网络，适用于电子邮件、视频、计算机游戏、Web 和各种其他应用。这种通用性似乎是将计算机连接在一起来构建网络的一种自然方式：许多计算机都是通用设备，由于因特网将计算机连接在一起，所以它也是通用的[⊖]。然而，在因特网的早期，这种对通用性的偏好并没有被一致接受。事实上，这个想法对当时为电话公司工作的通信工程师来说是相当陌生的。他们问了一个很显然的问题：如果不知道它是做什么的，你怎么进行设计？电话系统是为一个已知的目的而设计的，这个目的就是传送语音呼叫。这个目的所隐含的要求，驱动了电话系统的所有设计决策，来自电话系统的工程师被设计一个系统却不知道它的应用是什么的想法搞糊涂了。人们可以通过留意因特网是由谁设计的来了解因特网的早期历史，这些人具有计算机背景，而不是传统的网络（电话）背景。大多数计算机在设计时并不知道它们是用来做什么的，这种思维定式决定了因特网的设计。

但这种通用性是有代价的。对于任何特定的应用，一般网络提供的服务几乎肯定不是最佳的。优化性能的设计与通用性的设计并不相同（因此，在通用性、最优性、极简性等设计偏好之间可能存在着矛盾，我将不时地对此进行讨论）。可以花费更多的努力来设计每个应用，而不是针对该应用量身定做网络。在因特网发展的

⊖ 今天，一些计算设备正变得更加专业化，用于实现一些固定的功能，如感知或驱动。这类设备现在被称为物联网（IoT）。然而，虽然每个设备都可以实现一种固定的功能，但这些设备有许多不同的种类，因此因特网的通用性仍然很重要。

几十年里，出现了一系列占主导地位的应用。在因特网的早期，应用是电子邮件。电子邮件是一个不需要太多支持的应用，如果因特网太过倾向于只支持这个应用（在某种程度上是这样），Web 可能就不会出现。但是 Web 成功了，这个新应用的出现提醒人们通用性的价值。现在，这个循环又重复了一遍，流媒体音频和视频的出现测试了因特网的通用性，因特网已经演变成一种假设，即 Web 是“应用”而非电子邮件是“应用”。现在驱动因特网不断重构的应用是流媒体，即高质量的视频，这里再一次简单地假设我们知道因特网是用来做什么的，并对它进行流媒体视频的优化。在我看来，因特网设计界应该时刻保持警惕，保护因特网的通用性，在面对现在时考虑未来。

技术通用性

从历史上看，通用性对因特网成功至关重要的另一个方面是，其结构使得它可以在广泛的通信技术中工作。早期的因特网将三种通信技术互连在一起：最初的 ARPAnet、SATnet（宽带实验多点大西洋卫星网络）和扩频移动分组无线网（PRnet）。由于目标是尽可能广泛地选择技术来运行，架构对这些技术能做什么做了最低限度的假设。如果设计的目标是已知的通信技术，就可能利用该技术的特定特性（例如，某些无线系统本身就是广播的），从而产生更有效的结果。但是，架构师做出了这样的决策：因特网可以运行在任何东西上，允许新技术出现时能够加进来。例如，局域网（LAN）是在因特网设计之后出现的。今天，我们看到通用性和优化之间的这种矛盾关系在不断重复，范围有限的网络（例如汽车内部的网络），可以使用允许更多跨层优化的特定网络技术。一些无线网络设计者认为，这些网络的特点也有很大的不同，它们将受益于为这种环境设计的架构。

寿命

衡量因特网成功与否的一个标准是，它的设计能维持多久。想必，任何关于网络架构的建议都应该追求持久性。一种观点认为，一个长期存在的网络必须是可进化的，它必须具有适应性和灵活性，以便在保持架构一致性的同时处理不断变化的需求。随着时间的推移，演变的目标与在不同区域以不同方式运行的目标密切相关，以响应区域需求（如安全）。另一方面，有助于延长寿命的一个因素是系统的稳定性：系统提供平台的能力，这种平台在破坏性方式下也不改变。在第 9 章中，我将探讨关于如何设计一个长寿系统的不同理论。

对于像因特网这样的架构来说，若随着时间的推移仍能生存，需要满足几个次要需求。

支持未来的计算。因特网作为一种将计算机连接在一起的技术而兴起，随着计算机的发展，因特网也应该随之发展。10 年后，数量最多的计算设备将不是 PC，甚至不是智能手机或平板电脑，而最有可能的是充当传感器或驱动器的小型嵌入式处理器，即今天的物联网（IoT）。与此同时，高端处理技术将继续发展，包括大型服务器农场、云计算等。一定程度上，任何未来的因特网都必须考虑到这种广泛的计算范围。一种观点认为，从高性能到低成本的普适连通性，这种广泛的需求无法通过一种传输和互连方法来满足。在这种情况下，我们将看到不止出现一种网络架构：今天的单一因特网架构将被在这个设计级别上的一系列其他方案所取代，每个方案都针对一个设备子集，并且只在较高层上进行互连。相反，有可能存在一套标准可以很好地跨越这个需求范围。

利用未来的网络。至少有两种通信技术将成为未来网络的基础：无线和光学。无线（和移动）意味着其他类型的路由技术（例如广播）、间歇连通的容忍度，以及处理大量丢包问题。先进的光网络不仅能带来巨大的传输能力，还可以提供网络连接图的快速重配置，这对路由和业务流工程也有很大的影响。关于因特网的一种观点是，无线网络的出现需要更多的跨层优化来有效利用无线技术，未来互联网架构应该允许在实现功能方面有更多的变化。这种变化将带来不同方法之间互连方面的挑战，但对互操作的要求并不意味着互联网必须处处基于相同的设计。可以在不同的层实现互操作。关于未来架构的一个争论将是，在多大程度上需要更多的功能设计变化，来处理技术的多样性。

在架构和技术之间存在一个有趣的相互作用。在因特网的早期，网络利用了为不同目的（例如电话线路）而设计的通信技术。因特网的早期目标之一是在任何通信技术的基础上工作，因为这种方法似乎是快速、广泛部署的唯一途径。但是，随着互联网的成熟及成功，网络技术的发展为它提供了有效的支持。从长期来看，可以期望技术遵循架构，而不是架构必须改变自身以适应为其他目的设计的技术。短期部署和长期有效之间的矛盾，对于任何架构设计都是一个挑战。对架构的仔细设计也可以促进或阻碍有用的技术异构性的出现。

支持未来的应用。今天的因特网在支持一系列应用方面已被证明是多功能的和灵活的。如果有一些重要的应用由于当前的因特网而无法出现，那么人们很少会注意到它们的存在。然而，今天和明天的应用提出了未来互联网应该考虑的要求。其中包括一系列安全性和隐私要求、对高可用性应用的支持、实时服务、新类型的命名等。

安全性

当今的因特网存在许多严重的安全问题，包括对主机攻击的薄弱防御、试图中断通信的攻击、对可用性的攻击（拒绝服务（DoS）攻击）以及对应用的正确操作的攻击。理想情况下，互联网架构应该具有一致的安全框架，该框架清楚地说明网络、应用、端节点和其他组件在启用和维护良好安全性方面的作用。我将在第10章中探讨因特网安全问题，以及架构和由此产生的安全属性之间的关系。

可用性和弹性

这两个目标有时被合并到安全性中，但是我将其单独列出，因为它们很重要，而且当今因特网中出现的可用性问题与安全攻击无关。提高可用性需要注意安全性、良好的网络管理和防止操作员的错误，以及良好的故障检测和恢复。我们需要的是可用性理论。虽然今天的因特网会处理特定类型的故障和组件故障（丢失的包、链接和失败的路由器），但研究界没有可用性的架构视图。我将在第11章中回到这个话题。

管理

管理从一开始就是当前因特网的一个薄弱环节，很大程度上是因为管理问题的形态和性质在设计初期并不明确。早期人们并不清楚（目前仍不清楚）网络操作的哪些方面将（或应该）涉及人工操作员，以及如果可能的话，哪些方面最好是自动化的。另外，与转发数据的核心目标相比，网络管理只是一个配角，研究人员当然喜欢研究重要问题，而不是配角。正如我将在第13章中讨论的那样，管理可能不是一个统一的问题，正如定义安全性的问题不是一个统一的问题一样。安全性和管理的关键都是将问题分解为更基本的部分，并在不引用安全性和管理这样的术语的情况下解决它们。

经济可行性

当前因特网的一个基本事实是，构建它的许多物理资产——远程和家庭接入链路、网络内核处的大型路由器、无线发射塔等——都很昂贵。这些资产通常统称为设备，只有在某些行为者选择对其进行投资时才会配置。第12章探讨了系统设计（以及系统模块化等核心设计方法）与产业结构之间的关系。为了证明系统作为一个现实世界的产品是可行的，设计者必须描述架构隐含的实体组（例如，商业公司），并论证每个实体都有动机扮演架构为其定义的角色。以当前因特网为例，其核心价值——开放平台质量——与投资者最大化投资回报的愿望之间存在矛盾。在第6章中，我引入了术语*争斗*，来描述因特网生态系统中不同参与者没有一致的激励或动机的情况，我将解决开放式架构与将基础设施货币化的期望之间的矛盾，这被称为*根本争斗*。任何关于网络设计的建议几乎肯定会在这个空间中采取一种立场，即使是含蓄的。

满足社会需求

网络设计在现实世界中是不会成功的，除非拥有一个有用的目的。因特网不仅是连接计算机的技术产物，也是社会产物，连接着深置于社会的人们。用户不直接观察系统的核心架构，而是通过使用在其上设计的应用来参与系统。正如我所指出的，衡量成功网络的一个标准是它支持广泛的应用，包括当今和未来的应用。另一方面，网络设计可能会强加约定并提供跨越应用的特性，随着网络层支持更多的功能，其结果将对用户更加可见。今天的因特网提供了一种简单的服务，有人可能会说，互联网的许多变体也会取得同样的成功。但核心设计将影响一些重要社会考量的结果，如监控与问责、匿名行为与隐私之间的平衡。用户想要这样一个网络，在那里他们可以做自己喜欢的事情，在应用和活动中做出选择，但是，罪犯没有能力有效地进行活动。他们想要一个可靠和值得信赖的网络，但不希望私营部门或政府监视他们的所作所为。第 14 章探讨了这些重要的社会权衡，并考虑核心架构是否定义了这种平衡，以及在何种程度上定义了这种平衡，或者构建在网络之上的应用本身是否决定了这种平衡。

超越需求

前几节的主题都是高级的。它们不像提出的那样可行；当我们思考设计时，它们是一种需要、一种备忘录。从其中的任何一个需求到特定机制的设计，都是一个巨大的飞跃，这是个大问题。如果设计界有一个基于原则和理论的过程，那就太好了，但并没有成熟的设计方法来帮助我们实现从需求到机制和架构的过程。

当我们从高级需求转向特定的架构和机制时，可能会发生一些事情。一种是在试图减少抽象的概念，例如实践中的安全性，我们发现潜伏在需求内部的是子目标，它们彼此相互矛盾，或者与其他需求之间相互矛盾。设计不是沿着单一维度进行优化，而是不同优先级的一种平衡。其中一些可能是可量化的（例如，性能需求），但是大多数最终将成为定性的目标，这使得平衡更加困难。计算机科学界有一种倾向，即倾向于优化可量化的因素，例如性能（尽管当前因特网上没有规定性能目标），但如果互联网要在现实世界中是相关的，我们就必须面对棘手的挑战——评估其他安全方法或经济可行性。

更进一步的问题是，当我们超越像因特网这样的系统的高级需求时，所产生的设计问题几乎肯定会变得过于庞大，以至于一个团队都无法从整体上进行考虑，因此设计过程本身可能需要模块化。由于设立各种委员会是为了处理系统的不同部分，委员会结构的模块化很可能反映在系统本身的模块化上。这意味着在模块化设计过程本身之前，最好指定系统的基本模块性，以便模块性决定设计过程，而不是其他方法。

需求与架构

接下来的几章致力于更深入地探索我在这里所讨论的需求，并对它们进行改进，使它们成为可操作的，但是有一个高级问题贯穿了所有这些需求，那就是它们如何与架构相关联？我们是否应该查看网络的架构，以了解如何满足这些需求？我在第3章中以一种最简要的方式描述了架构：那些我们必须同意的问题，非常便于达成一致的问题，系统的基本模块性、功能依赖关系，或者系统中期望持久不变的那些方面。考虑到这种对架构极简性的偏好，结果会是，架构本身并不直接指定满足这些需求的系统。相反，它所做的就是提供一个框架，在这个框架中可以设计满足这些需求的系统。为了使这种思考方式更加具体，在第5章中，我以现有的因特网为例，回到以前的尝试，列出因特网要满足的需求及架构如何解决这些需求。

因特网架构——历史视角

第 3 章对架构的介绍是抽象的，在本章中，我把当前因特网的架构用作一个更具体的例子。1988 年，我写了一篇论文，题目为"DARPA 因特网协议的设计理念"（Clark，1988），试图捕捉影响因特网设计的需求，以及在满足这些需求时做出的基本设计决策——我现在可以称之为架构，但那时候叫设计理念。这篇论文发表至今已超过 25 年了，回顾这篇论文，我们可以从一个不那么抽象、更具体的网络架构的例子开始。

以下是 1988 年首次发表的那篇原始论文，我从 2017 年的角度对其做了大量的注解。

DARPA 因特网协议的设计理念

大卫·D. 克拉克
麻省理工学院
计算机科学实验室（现在名为 CSAIL）
剑桥，马萨诸塞州，02139

这篇论文最初发表于 1988 年的 ACM SIGCOMM'88 学术会议文集上。最初的工作部分得到了国防高级研究计划局（DARPA）的支持，合同编号为 NOOOIJ-83-K-0125。2017 年，我利用这些文本框对其做了大量的注解。原文格式也做了调整，但别的地方没有变化，只有几处拼写校正。

摘要

因特网协议套件 TCP/IP 是在 15 年前首次提出的。它是由 DARPA 开发的，在军事和商业系统中得到了广泛的应用。虽然有一些论文和规范描述了协议是如何工作的，但有时很难从这些文件和规范中推断出为什么协议是这样的。例如，因特网协议基于无连接或数据报的服务模式。这样做的动机被极大地误解了。本文试图捕捉形成因特网协议的一些早期论证。

引言

在过去的 15 年中 [1]，DARPA 一直在为分组交换网开发一套协议。这些协议包括因特网协议（IP）和传输控制协议（TCP），现在是美国国防部的网络互连标准，在商业网络环境中得到了广泛的应用。这项工作所开发出来的理念也影响了其他协议套件，最重要的是ISO中的无连接配置协议 [2，3，4]。

虽然国防部协议的具体信息很容易得到 [5，6，7]，但有时也很难确定导致这种设计的动机和理由。

事实上，设计理念已经从最初的建议相当快速地发展为目前的标准。例如，数据报或无连接服务的思想在第一篇论文中没有得到特别强调，但却成为协议的定义特征。另一个例子是将架构分层，分为IP层和TCP层。这似乎是设计的基础，但也不是原始建议的内容。因特网设计中的这些变化，是通过形成标准之前反复地实现和测试这种模式产生的。

因特网架构还在发展。有时，一个新的扩展会挑战其中的某个设计原理，但是无论如何，对设计历史的理解为当前的设计扩展提供了必要的背景。ISO协议的无连接配置协议也深受因特网历史的影响，因此，理解因特网设计理念，对在ISO工作的人可能会有帮助。

本文从一种角度对因特网架构的最初目标进行了分类，讨论了这些目标与协议的重要特征之间的关系。

> 本文对因特网架构和运行网络的具体实现进行了区分。今天，正如后面所讨论的，我要区分三个观点[⊖]：
>
> 1. 架构的核心原理和基本设计决策。
>
> 2. 机制设计的第二个层次，它充实了架构，使其成为完整的实现。
>
> 3. 与部署相关的一组决策（例如，路径上的多样性程度），这些决策促生了一个可运行的网络。

根本目标

DARPA因特网架构的顶级目标是开发一种有效的技术，来复用现有的互连起来的网络。有些阐述是合适的，可以明确这一目标的含义。因特网的组件是网络，这些网络要相互连接起来，以提供更大的服务。最初的目标是将原来的ARPAnet[8]与ARPA分组无线网络连接起来 [9，10]，以便使分组无线电网络上的用户能够访问ARPAnet上的大型服务机器。当时认为将有其他类型的网络相互连接起来，尽管那时局域网尚未出现。

⊖ 感谢约翰·沃罗克拉夫斯基，他提出了导致这次修订的建议，同时让我认识到有三个概念要加以区分，而不是两个概念。

> 这一段暗示但没有明确指出因特网建立在ARPAnet的基础上，并扩展了它的根本目标，即在异构机器之间提供有用的互连。也许，即使在1988年，这一点也很好理解，似乎不需要说明。
>
> 还有一个隐含的假设，即网络连接的端节点是机器。这个假设在当时似乎是显而易见的，但现在却受到质疑，针对架构方面的建议涉及那些指向服务或信息对象的地址。

连接现有网络的另一种方法是设计一个统一的系统，该系统包含多种不同的传输介质，即多介质（multi-media）网络。

> 也许“多介质”这个词在1988年并没有得到很好的定义。当然，它现在有着不同的含义。

虽然这可能允许更高程度的集成，从而提高性能，但有人认为，如果要使因特网在实际意义上有用，就必须合并到当时已有的网络架构中。更进一步说，网络表示控制的行政管理边界，这个项目的目标之一就是解决这样一个问题：将多个单独管理的实体集成为一个共同的公用工具。

> 这最后一条声明实际上是一个目标，也许应该被列为目标，尽管它可以被视为后面目标4的一个方面。

为复用所选择的技术是分组交换。

> 有效地复用昂贵的资源（例如，通信链路）是另一个高级目标，虽然没有明确提到，但在当时是非常重要的，也是被充分理解的。

也可能考虑了另一选项，例如电路交换，但支持的应用（例如远程登录）本质上是由分组交换模式提供的，而在本项目中要集成在一起的网络就是分组交换网络。因此，分组交换被认为是因特网架构的一个基本组成部分。这一基本目标的最后一个方面是采取特定技术来连接这些网络。正如以前的DARPA项目ARPAnet说明的那样，由于存储和转发分组交换技术得到了很好的理解，最高级的假设是网络将通过一层称为网关的因特网分组交换机互连起来。

这些假设产生了因特网的基本结构：一种分组交换通信设施，其中许多不同的网络使用称为网关的分组通信处理机连接在一起，该处理机实现了存储和转发式的分组转发算法。

> 回顾一下过去，上一节可能会更清楚一些。它既讨论了目标，也讨论了对目标的基本架构响应，并没有将这些理念分开。网关不是目标，而是对目标的设计响应。
>
> 我们本可以采用不同的网络互连方法，例如，在更高的层上提供互操作——也许在传输协议层，或者在更高的服务/命名层。查看这样一项建议并根据这些标准对其进行评价，会是一项有趣的练习。

第二级目标

上一节所述的顶级目标包含“有效的”一词，但没有给出关于有效互连必须达到的目标的任何定义。针对建立因特网架构，下面的列表概括了一组更详细的目标。

1. 如果丢失了网络或网关，因特网通信必须继续进行。
2. 因特网必须支持多种类型的通信服务。
3. 因特网架构必须包容各种网络。
4. 因特网架构必须允许分布式管理其资源。
5. 因特网架构必须具有成本效益。
6. 因特网架构必须使主机很容易接入。
7. 因特网架构使用的资源必须是可计量的。

这组目标似乎不过是所有理想网络特性的一份清单。重要的是理解这些目标是按重要性排列的，如果改变这个顺序，就会产生完全不同的网络架构。例如，由于这一网络的设计是在军事环境中运行的，就意味着有可能出现敌对情况，因此将生存性作为第一个目标，将可计量性作为最后一个目标。战争期间，人们往往不太关心具体使用了多少资源，而是关心聚集所有可用的资源并以可运行的方式快速部署。虽然因特网设计师注意到了可计量问题，但在设计的早期阶段，这个问题很少受到关注，直到现在才得到考虑。对于主要用于商业部署的架构，明显会把这些目标放在表的另一端。

类似地，架构具有成本效益的目标显然在列表中，但低于某些其他目标，例如分布式管理或支持多种网络。其他协议套件，包括一些比较流行的商业架构，已经被优化成特定类型的网络，例如由中速电话线构建的长途存储和转发网络，在这种情况下就提供了一个非常符合成本效益的解决方案，但处理其他类型网络（例如局域网）的能力有点差。

读者应该仔细思考上面列出的目标，要认识到这不是一个“婆婆妈妈”的清单，而是一组对因特网架构中的设计决策有强烈影响的优先事项。下面几节讨论这个表与因特网特性之间的关系。

在 NSF 未来因特网设计（FIND）项目的开始，大约在 2008 年，我提出了一个新架构可能要考虑的需求表。为了和 1988 年论文里的早期列表做比较，这里给出我 2008 年提出的列表：

1. 安全性
2. 可用性和弹性
3. 经济可行性
4. 更好的管理水平
5. 满足社会需求
6. 寿命
7. 支持未来的计算
8. 利用未来的网络
9. 支持未来的应用
10. 与目标相符合（起作用吗？）

1988 年的列表没有提到安全性一词。1988 年的第一项要求是，尽管丢失了网络或网关，但网络必须继续运作，这可以被看作一种特定的安全子情况，但原始论文的下一节甚至没有提示故障可能是恶意行为造成的。回想起来，很难重构我们写这篇论文时的想法（这篇论文是在 1988 年之前的几年里写的）。到了 20 世纪 90 年代初期，安全是一个重要但尚未解决的目标。这篇论文甚至没有提到这个词，这似乎有点奇怪。

现代的列表呼唤不同于一般安全类别的可用性和弹性，凭我的感觉，这一区别的动机是这组目标特别重要，不应被埋藏在更广泛的类别中。因此，1988 年表中的目标 1 与 2008 年表中的目标 2 之间存在一定的对应关系。

2008 年列表的第三个目标是经济可行性，尽管没有明确提到资源使用的核算。正如我早些时候指出的那样，1988 年的文件讨论了“将若干单独管理的实体合并成一个共同的公用工具的问题”，这似乎是承认网络是由各部分组成的一种具体表现。但论文的一个含义是，当时的设计界未能充分理解经济可行性问题。

面对故障时的生存能力

表中最重要的目标是，即使网络和网关正在发生故障，因特网也应该继续支持通信服务。特别地，这一目标是这样解释的：如果两个实体正通过因特网进行通信，而一些故障导致因特网暂时中断并重新配置以重建服务，那么实体通信应该能够继续进行，而不必重新建立或重新设置其会话的高层状态。更具体地说，在传输层的服务接口上，这个架构不提供与传输服务的客户端通信的能力，也就是说，发送端和接收端之间的同步可以丢失。在这种架构中，一个假设是，除非没有物理路径可以实现任何类型的通信，否则同步永远不会丢失。换句话说，在传输层之上，只有一个故障，那就是完全断开。这种架构是要完全屏蔽任何短暂的故障。

> 回想起来，这最后一句似乎有点不切实际，或者可能表达得不好。这种架构根本不能屏蔽短暂的故障。这不是目标，而似乎是一个无法实现的目标。这一段的其余部分提出了实际的观点：如果确实发生了瞬态故障，应用可能会在故障期间中断，但是一旦网络重构好，应用（具体来说，是TCP）可以从断点接续通信。本节的其余部分讨论实现这一目标的架构方法。
>
> 再回顾一下，一个重要的子目标似乎就是，瞬时故障尽快修复，但我认为当时对此并没有任何理解，也许现在还没有一个组件能有助于这个子目标的实现。因此，只是将其留给第二层的方法。

为了实现这一目标，描述正在进行的会话状态的信息必须保护起来。状态信息的具体例子可以是传送的包序号、确认的包序号或剩余的流控制允许的字节数。如果架构的下层丢失了这些信息，它们将无法判断数据是否丢失，应用层将不得不处理同步的丢失。这种架构认为不会发生此类中断，这意味着必须保护状态信息不受损失。

在某些网络架构中，这种状态信息存储在网络的中间分组交换节点中。在这种情况下，为了保护信息不丢失，必须将其复制。由于复制的分布式特性，保证健壮复制的算法本身就很难构建，具有分布式状态信息的网络很少能够提供对各类故障的保护。这个架构选择的另一种方法是，在网络的端节点上收集这些信息，并从正在使用网络服务的实体中进行收集。我将此方法称为可靠性“命运共担”（fate sharing）。命运共担模型表明，如果实体本身同时丢失，则丢失与该实体相关的状态信息是可以接受的。具体来说，关于传输层同步的信息，存储在连接到网络并使用其通信服务的主机中。

与复制相比，命运共担有两个重要的优点。首先，命运共担可以防止任意数量的中间故障，而复制只能防止一定数量的错误（少于复制副本的数量）。其次，对工程师来说，命运共担比复制容易得多。

命运共担方法的生存性有两种结果。第一，关于正在进行的连接，中间的分组交换节点（即网关）不必有任何基本状态信息。也就是说，它们是无状态的分组交换机，这类网络设计有时被称为“数据报”网络。第二，更多的信任放在主机上，而不是在网络确保可靠数据传递的架构中。如果确保数据顺序和确认的主机驻留算法失效，则该机器上的应用将无法运行。

> 请参阅后面的讨论：应在何处检测故障，行为不当主机的后果，以及信赖的作用。

尽管生存性是列表中的第一个目标，但它仍然处于现有网络互连的最高目标之下。一种生存性更好的技术，可能来自多介质网络设计。例如，因特网报告网络故障的能力非常弱。因此，它被迫使用因特网级别的机制来检测网络故障，从而有可能导致较慢和不那么具体的错误检测。

服务类型

因特网架构的第二个目标是，在传输服务的级别上支持各种类型的服务。不同类型的服务对速度、延迟和可靠性等方面的需求是不一样的。传统的服务类型是双向可靠的数据传递。这被称为“虚电路”的服务，适用于远程登录或文件传送等应用。它是因特网架构中提供的第一个服务，使用传输控制协议（TCP）[11]。人们很早就认识到，甚至这个服务也有多个变体，因为远程登录需要低延迟传送的服务，但对带宽的要求很低，而文件传输则不那么关心延迟，而是非常关心高吞吐率。TCP 试图提供这两种类型的服务。

TCP 的最初概念是，它可以全面支持任何需要的服务类型。然而，随着所有需要的服务变得清晰起来，似乎很难将对所有服务的支持建立在一个协议中。

TCP 范围之外的服务，第一个例子是对 XNET[12] 的支持，XNET 是一种跨因特网的调试器。TCP 似乎不适合 XNET 的传输，有这么几个原因。首先，调试器协议不应该是可靠的。这一结论似乎有些奇怪，但在压力或故障情况下（可能正是需要调试器的时候），要求可靠的通信可能会妨碍所有通信。更好的做法是构建这样一种服务，它可以处理所有经过的内容，而不是一味地坚持所发送的每个字节都按序传送。其次，如果 TCP 足够通用，可以处理广泛的客户端，那么它可能会比较复杂。再次，在调试环境中，期望支持这种复杂性似乎是错误的，甚至可能还缺少操作系统中所期待的基本服务（例如对定时器的支持）。因此，XNET 被设计成直接运行在因特网提供的数据报服务之上。

另一个不适合 TCP 的服务是实时传送数字化语音，它需要支持电信会议方面的命令和控制应用。在实时数字语音中，主要需求不是可靠的服务，而是一种能最大限度地减少和平滑包传送延迟的服务。应用层将模拟语音进行数字化并将产生的位打包，定期通过网络将它们发送出去。为了转换回模拟信号，它们必须定期到达接收端。如果数据包未能按预期到达，则无法实时地重新组装信号。我们观察到，关于延迟变化控制，令人惊讶的是，网络中最严重的延迟来源是提供可靠传输的机制。典型的可靠传输协议，通过请求重传和延迟传送任何后续包来响应丢失的包，直到丢失的包被重新传送为止。然后，它将该数据包和所有剩余的数据包按顺序递交给上层。当这种情况发生时，延迟可能是网络往返传送时间的很多倍，还可能完全破坏语音重组算法。相反，处理偶尔丢失的数据包是很容易的。丢失的语音可以简单地用一个短暂静音来代替，对于倾听人来说，大多数情况下这并不会影响语音的可理解性。如果有影响，可以进行高级差错校正，听者也可以要求说话人重复被损坏的那句话。

因此，在因特网架构开发的相对早期，就决定要使用一种以上的传输服务，而且该架构必须要同时容许这样的传输：期望对可靠性、延迟或带宽都有最低的要求。

这个目标导致 TCP 和 IP 分成了两层，而在最初的架构中，它们是同一个协议。TCP 提供了一种特定类型的服务，即可靠的有序数据流，而 IP 试图提供一个基本的构建块，从中可以构建各种类型的服务。这个构建块就是数据报，也被用来支持生存能力。由于与传送数据报有关的可靠性没有得到保证，只是“尽力而为”，因此有可能从数据报中构建一个可靠的服务（通过在高一层上确认和重传），或者是这样的服务——牺牲网络底层的原始延迟特性来换取可靠性。用户数据报协议（UDP）[13] 的创建，为因特网基本数据报服务提供了一个应用层的接口。

这个架构不希望假设底层网络本身支持多种类型的服务，因为这违反了利用现有网络的目标。相反，希望能够使用主机和网关中的算法，从基本的数据报构建块中构建出多种类型的服务。

> 很惊讶我写了最后两句话，这没能充分反映我们当时的思想。RFC 791（Postel，1981b）声明道：
>
> “服务类型指明了所期望的服务质量的抽象参数。当通过特定网络传送数据报时，这些参数将用来指导实际服务参数的选取。有几个网络提供了服务优先级，以某种方式将高优先级业务视作比其他业务更重要的业务（通常，在高负载时只接受高于某一优先级的业务）。
>
> ……
>
> “互联网服务类型和网络（如 AUTODIN Ⅱ、ARPANET、SATNET 和 PRNET）提供的实际服务对应的例子在‘服务映射’（Jon Postel，1981）中给出了。”

在写这个 RFC 时（大约是 1981 年），小组清楚地意识到，不同类型的网络可能有不同的工具来管理不同的服务质量，网关（我们现在称之为路由器）应该将抽象的“服务类型”字段，映射到特定网络的服务标志中。

例如（虽然在大多数当前的实现中没有这样做），可以采用要求延迟可控但服务不可靠的数据报，并将其置于传输队列的前面，除非它们已过生存期（在这种情况下，它们将被丢弃）；而要求可靠传输的包将被放置在队列的后面，但无论它们在网络中的时间有多长，都不会被丢弃。

论文的这一节可能反映了我自己对网络中 QoS 的长期偏好。然而，讨论的是一组更基本的服务类型和架构决策（IP 和 TCP 分开），使得端节点和应用对服务类型有一定的控制。论文中没有提到 IP 报头中的 ToS 字段，这是第一次尝试增加一个核心特性，以方便使用网络中任何类型的 QoS。IETF 关于 QoS 的讨论几年后才开始，但这一节确实表明，队列管理作为改进应用行为的一种手段，这个思想甚至在 20 世纪 80 年代就已经被理解了，而且有必要使用 ToS 字段（或类似的东西）来进行分类调度。回顾过去，我认为即使在 1988 年，我们也真的没理解这组问题。

事实证明，若没有底层网络的明确支持，提供多种类型的服务比最初希望的要困难得多。最严重的问题是，针对特定类型服务而设计的网络不够灵活，无法支持其他服务。最常见的情况是，设计一个网络通常假定它应该提供可靠的服务，作为产生可靠服务的一部分会引入延迟，无论是否需要这种可靠性。例如，X.25 定义的接口行为意味着可靠的传送，没有办法关闭这个特征。因此，虽然因特网在 X.25 网络上成功运行了，但在这样的背景中，它不能传送所期望的、不同类型的服务。本质上具有数据报服务的其他网络，在许可的服务类型方面更为灵活，但这些网络并不常见，特别是长距离网络。

尽管这篇论文发表于“端到端论点”（Saltzer et al.，1984）阐明的五年后，但这里并没有提到那篇论文或它的概念。也许是因为这篇论文是对早期思想的回顾，它早于端到端作为一个命名概念的出现。这个概念隐含在这一节的一些内容中，但也许在 1988 年，我们还不清楚文献（Saltzer et al.，1984）所展示的端到端描述将作为公认的框架而存活下来。

各种各样的网络

因特网架构的成功是非常重要的，它能够整合并利用各种网络技术，包括军事和商业设施。因特网架构在满足这个目标方面十分成功，它运行在各种各样的网络上，包括：长距离网（ARPAnet 本身和各种 X.25 网络）；局域网（以太网、环形网等）；广播卫星网（每秒 64Kb 的 DARPA 大西洋卫星网络 [14，15]，以及在美国境内运行、每秒 3Mb 的 DARPA 实验宽带卫星网 [16]）；分组无线电网络（DARPA 分组无线网、英国实验分组无线网以及由业余无线电操作员开发的网络）；各种串行链路，从每秒 1200 位的异步连接到 TI 链路，以及各种各样的自组织设施（包括连接计算机的总线和其他较高层的网络套件提供的传输服务，比如 IBM 的 HASP）。

通过对网络将提供的功能进行一组极简的假设，因特网架构实现了这种灵活性。基本假设是网络可以传输数据包或数据报。包大小必须合理，或许至少要 100 个字节，以合理的、非完美的可靠性来进行传送。如果不只是一个点对点的链路，这个网络必须有适当的寻址形式。

也有一些服务，网络没有明确地假定。包括可靠或有序传送、网络级广播或多播、所传送分组的优先级排序、多种类型的服务，以及故障、速度或延迟的内部确认。如果需要这些服务，那么，在因特网内，为了接纳一个网络，要求网络要么直接支持这些服务，要么改进网络接口软件，在网络的端节点上模拟这些服务。感觉上这不是一种可取的方法，因为对于每种网络以及网络上的每个不同的主机接口，都必须重新设计和重新实现这些服务。通过在传输层设计这些服务，例如用 TCP 进行可靠传送，这种设计只需做一次，对于每台主机，实现也只需做一次。在此之后，新网络接口软件的实现通常很简单。

其他目标

到目前为止，讨论的三个目标都是对架构设计有着深远影响的目标。至于其余的目标，由于它们的重要性较低，或许没有得到有效的实现，或者没有进行完全的设计。允许对因特网进行分布式管理的目标在某些方面肯定已经实现。例如，因特网上的所有网关，并不全是由同一机构部署和管理的。在已经部署的因特网中，有几个不同的管理中心，各自管理一部分网关；而且，路由算法是两层的，允许不同管理区域的网关之间相互交换路由表，尽管它们并不完全相互信任；在单一管理区域内，其网关之间可以使用各自的私有路由算法。类似地，管理网关的各种机构，也不一定是管理网关所连接网络的同一机构。

> 即使在 1988 年，我们也知道信任问题（例如，网关之间的信任）是一个重要的考虑因素。

另一方面，当今因特网的一些最重要的问题，都跟缺乏足够的分布式管理工具有关，特别是在路由方面。在目前运营的大型因特网中，路由决策要受资源使用策略的限制。今天，这只能以非常有限的方式来完成，需要手动设置路由表。这很容易出错，同时也不够强大。今后几年因特网架构最重要的变化可能会是新一代工具的开发，以便在多个管理区域这样的环境中进行资源管理。

有趣的是，我们在1988年理解了手工配置路由策略的局限性，而近30年后，我们还没有真正超越这一阶段。甚至目前还不清楚，我们在这一领域持续缺乏进展是由于糟糕的架构选择造成的，还是仅仅由于任务本身的困难。当然，在20世纪70年代和80年代，我们不知道如何思考网络管理。我们明白如何“管理一个盒子”，但是对于系统级别的管理，我们尚没有获得认可的观点。

很明显，在某些情况下，因特网架构并不能像更有针对性的架构那样，成本有效地利用昂贵的通信资源。因特网的包头相当长（典型的包头是40个字节），如果发送小的数据包，这种开销是显而易见的。当然，最糟糕的情况是单个字符的远程登录数据包，其中包含40字节的头和1字节的数据。实际上，任何协议套都很难断言这类交互是以合理的效率进行的。另一个极端，用于文件传输的大数据包，可能有1000个字节的数据，头的开销仅为4%。

另一个效率低下的原因，可能是重传丢失的数据包。由于因特网不强调在网络层恢复丢失的数据包，因此可能需要将丢失的数据包从因特网的一端重传到另一端。这意味着重传的数据包可能再次穿过多个中间网，而网络层的恢复就不会产生这种重复的业务。这是根据上面讨论的决策，端节点服务折中的一个例子。网络接口代码较为简单，但整体效率可能差一些。然而，如果重传速率足够低（例如，1%），则增加的代价还是可以容忍的。对于架构中包含的网络来说，粗略的经验法则是，1%的丢包率算是相当合理的；但是10%的丢包率就表明，如果需要那种服务类型，则应增强网络的可靠性。

再说一次，这篇1988年的论文是一个很好的“时间胶囊”，说明我们大约25年前所担心的是什么。现在，我们似乎已经接受了包头和端到端重传的代价。这篇论文未提及有效的链路负载问题，或者说实现良好的端到端性能问题。

将主机连接到因特网上的代价可能要比其他架构高一些，因为支持想要的服务类型的所有机制，例如确认和重传策略，都必须在主机上实现，而不是在网络中实现。最初，对于不熟悉协议实现的程序员来说，做这项工作似乎有些令人畏惧。实现者尝试将传输协议移动到前端处理机，并带有这样的想法：是协议只实现一次，而不是针对每种类型的主机都再实现一次。然而，这就要求发明一种主机到前端协议，有些人认为这种协议的实现几乎和原来的传输协议一样复杂。随着协议经验的增加，在主机内实现协议套件的有关焦虑似乎正在减少，现在，在各种计算机上都能实现，包括个人计算机和其他计算资源非常有限的机器。

使用主机驻留机制引起的一个相关问题是，该机制实现不好的话，可能会损害网络和主机。这个问题是可以容忍的，因为最初的实验只涉及有限的主机实现，而且是可控的。然而，随着因特网的使用日益增多，这个问题偶尔也会成为一个严重的问题。对此，导致命运共担方法和主机驻留算法出现的健壮性目标，在主机行为不当时，会引起健壮性的丢失。

> 我可能已经说得非常清楚了，这一段指出了架构原理的相互矛盾问题。路由器中的最小状态原理和功能向端节点的移动，意味着要信任那些端点能正确运行，但是该架构没有任何方法来处理行为不当的主机。如果网络中没有状态信息来验证主机正在做什么，那么就没有办法约束主机。1988年，我们预料到了这个问题，但对于如何解决它，我们显然没有思路。

最后一个目标是可计量性。事实上，作为协议和网关的一个重要功能，瑟夫和卡恩在第一篇论文中探讨了计量问题。然而，到目前因特网架构也很少有用于记录包流（packet flow）信息的工具。这个问题直到现在才研究，因为架构的范围正在扩大，包含了非军事用户，他们对理解和监控因特网资源的使用非常关切。

> 再说一次，更深入的讨论可能会引起目标之间的一些矛盾：如果没有网络中的任何流状态（或者不知道什么构成“可统计的实体”），似乎很难计量。这个架构并未排除我们现在所谓的“中间箱”，但也没有讨论在数据包中可能有信息来帮助记账的思想。我认为在1988年，我们只是不知道如何考虑这个问题，而这并不是要优先考虑的事项。

架构和实现

前面的讨论清楚地表明，因特网架构的目标之一是，在所支持的服务中提供充分的灵活性。不同的传输协议可以用来提供不同类型的服务，并可以容纳不同的网络。换句话说，这个架构极力不去限制因特网能设计和提供的服务范围。相应地，这意味着要理解因特网的特定实现所能提供的服务，人们必须看的不是架构，而是特定主机和网关内软件的实际设计，以及已经接入的特定网络。我将使用“实现”一词来描述一组特定的网络、网关和主机，这些网络、网关和主机通过因特网架构已经连接在一起。在它们提供的服务中，实现可以有数量级上的差异。可以基于 1200bps 的电话线实现，也可以基于速度大于 1Mbps 的网络实现。很明显，人们对这些实现的吞吐率的期望，有着数量级上的差异。类似地，有些因特网实现其延时是几十个毫秒，而另一些实现的延时则以秒来度量。在这两种实现中，一些应用（如实时语音）工作起来基本不一样。有些因特网设计上具有很大的网关和路径冗余。这些因特网络存活了下来，因为有很多资源可以在故障后重新配置。其他的因特网实现，为了降低成本而只有单点连通，因此，一个故障就可以将因特网分隔成两部分。

正如我早些时候所说的，今天我认为应该有三个区别：

1. 架构的核心原理和基本设计决策。

2. 机制设计的第二个层次，它充实了架构，使其成为一个完整的实现。

3. 与部署相关的一组决策（例如，路径上的多样性程度），这些决策促生了一个可运行的网络。

实现这个词似乎跟第三组决策对应，而第二组在本论文中有点缺失。有人可能会说，这是故意遗漏的：这篇论文是关于架构的，其意思是，架构的目标之一是允许多种实现，我可能会将这一点列为另一个目标。但同样重要的是，对于机制设计，该架构的目标也是允许有多种不同的方法——架构的设计决策应该允许有一系列的机制选择，而不是将这些决策嵌入架构本身中。我相信，在 1988 年，因特网设计者看到了（但可能并没有清楚地表达出来），最简单的架构是有好处的，简单地说，这与随后的机制能满足架构的目标是吻合的。如果是现在写这篇论文，我会新加入一节，从前面几节提炼出一组架构的核心原理，并将它们与其能实现的目标关联起来。

核心的架构原理

- 分组交换。
- 网关（我们今天称之为路由器）：
  - 有关网络将做什么的极简假设。
  - 路由器中没有流状态（flow state），这意味着没有建立流，因此，是“纯”数据报模型。
  - 这意味着 IP 与 TCP 之间的严格分离，路由器中没有 TCP 信息。

- 流状态跟流端节点搭配起来（命运共担）。
- 没有向端节点报告网络故障的机制。
- 端节点的可信性。
- 关于服务功能和性能的极简假设。

这篇论文完全没有探讨包头、寻址等问题。事实上，早在1988年之前，我们就明白，必须商定某种地址格式，但具体的决策对我们实现表中目标的能力不应该有影响。在设计过程的早期（20世纪70年代中期），设计团队提出了一种基于可变长度地址的设计，对于寿命这一目标，这种设计将为我们提供更好的服务。正在构建第一批路由器的人拒绝了这种思想，因为在当时，构建能够以线速度（例如，1.5Mbps）工作的路由器十分困难，解析包头中的可变长度字段就是一项挑战。在我1988年的列表中，没有提到"寿命"，这可能是一个重大疏忽。但是在20世纪70年代，我们做出了一项设计选择——选择利于实现的实用主义，而不是灵活性，而且，我们仍然把这个项目看作一项研究。

包头还包含了我们认为必须做出的其他设计选择，以方便或促进二级机制的设计，这些机制能充实架构，使之变成完整的实现。

- 包分片的思想支持了我们能够利用现有网络的目标。今天，因特网是最主要的架构，我们可以认为小数据包的网络技术问题不会出现。
- 使用TTL或跳数是一种架构决策，在如何进行路由方面，它试图提供更好的普适性——我们想容忍瞬间路由的不一致性。这种架构没有详细说明如何进行路由（这篇论文注意到了两级路由层次的出现），实际上，这是一个目标：不同的路由方案能够部署在网络的不同部分。

因特网架构设计允许有多种实现。然而，对于设计师来说，具体的实现还有大量的工程要做。这种架构开发的一个主要困难是，如何指导进行实现的设计师、如何将实现工程与产生的服务类型关联起来。例如，设计师必须要回答下面这类问题。如果整个服务需要一定的吞吐率，那么底层网络必须有什么样的带宽？假定这种实现中存在某种可能的故障，实现中应该安排什么样的冗余呢？

已知的大多数网络设计工具，似乎都无法用来回答这类问题。例如，协议验证器有助于确认协议是否符合规范。但这些工具几乎从不处理性能问题，而性能问题对服务类型的概念来说又是至关重要的。相反，它们处理的是限制更强的、协议相对于规范的逻辑正确性这一概念。虽然在规范和实现阶段，验证逻辑正确性的工具都是有用的，但它们无助于解决那些经常出现的、与性能相关的严重问题。一般的实现经验是，即使在验证了逻辑正确性之后，也会发现一些设计错误，这可能导致性能下降一个数量级。对这个问题的探讨得出了这样的结论：困难会经常出现，不是在协议本身，而是在协议运行的操作系统中。在这种情况下，很难在架构规范的背景中来解决这个问题。然而，我们仍然强烈认为有必要对实现者进行指导。今天我们仍在与这个问题进行斗争。

这一段反映了一个我本可以更清楚地探讨的问题。面对故障继续运行（弹性）的目标，促使我们设计出良好的机制，以便从问题中恢复过来。实际上，这些机制足够好了，它们也会掩盖实现错误，这个问题的唯一信号就是性能不佳。无论是在架构中，还是作为对二级机制的期望，因特网中缺少的是某种要求：触发错误检测和恢复机制时必须要报告。但是，如果没有良好的网络管理架构，这些报告机制的缺失就不足为奇了，因为不清楚报告将去向哪个实体。端节点上的用户不是训练有素的网络专业人员，因此将故障告诉这个人通常是没有用的；而且也没有被定义为架构一部分的其他管理实体，能接收这样的通知。

另一种设计工具是模拟器，它采取特定的实现，研究不同负载下能传递的服务。还没有人试图构建一个这样的模拟器，它包容任何网关实现、任何主机实现和各种网络性能；在可能的因特网实现中，人们能看到这些网络性能。因此，情况就是这样，对大多数因特网实现的分析都是粗略进行的。这是对因特网架构目标结构的一种评述，即如果由一个知识渊博的人来完成大致分析，通常就够了。因特网具体实现的设计者，通常并不关心是否利用了线路的最后 5%，而是要知道在现有资源情况下是否可以实现所需的服务类型。

架构和性能之间的关系极具挑战性。因特网架构的设计者强烈地感觉到，只关注逻辑正确性而忽视性能问题是一个严重的错误。然而，他们在形式化架构中的性能约束方面，遇到了很大的困难。出现这些困难，一是因为架构的目标不是限制性能，而是允许有差异，二是（或许更主要）因为好像没有可用的形式化工具来描述性能。

站在 2017 年的角度来看，这段话很能说明问题。对于一些目标，例如路由，我们已经有一些机制（例如，TTL 字段），可以将它们纳入架构中来支持目标的实现。至于性能，我们根本不知道（我们提出了一种称为源抑制的 ICMP 报文，但从未证明过它是有用的，或许这是一个糟糕的理念，不可取！）。在撰写这篇论文时，拥塞方面的问题非常糟糕，以至于 2017 年的目标 10（“能工作”）要面临失败的危险。然而，论文并没有提到拥塞及其控制问题。可以说，关于拥塞和性能的其他方面，设计界仍然不知道架构应该具体说明什么。设计界似乎对 ECN（明确的拥塞指示）位达成了一定的意见，但没有足够的热情来实际部署这一机制。也有一些其他建议，如XCP（Katabi et al.，2002）和RCP（Dukkipati，2008），这将意味着包头会不一样。关于把哪些内容放进包中（例如，指定为架构接口的一部分），这场争论似乎还在继续，以便能够设计出一系列有用的机制来处理拥塞和性能的其他问题。设计界还在争论应该在多大程度上信任端节点，以正确地响应拥塞指示，而不是在网络中添加一种机制来监管主机的行为（Briscoe et al.，2005）。

这个问题尤为严重，因为因特网项目的目标就是产生军用标准的规范文档。众所周知，政府签订合约时，人们不会期望承包商符合的标准不属于采购标准。因此，如果因特网关注的是性能，则必须将性能需求放入采购规范中。撰写出性能要求规范十分简单，例如，必须能实现每秒钟传输1000个数据包。然而，这种要求不能成为架构的一部分，因此，应让执行采购的个人认识到，必须将这些性能要求添加到规范中，并正确地描述出来，以实现所需的服务类型。我们不知道如何在架构中为执行此任务的人员提供指导。

数据报

因特网基本的架构特征是以数据报为实体，这些实体通过底层的网络进行传输。正如论文所建议的，为什么架构内的数据报很重要，有这么几个原因。第一，它们消除了中间交换节点内对连接状态的需要，这意味着在发生故障后可以重构因特网，而无须考虑状态。第二，数据报提供了一个基本的构件，据此可以实现多种类型的服务。和虚电路（通常意味着固定类型的服务）相反，数据报提供了一个更基本的服务，端点可以根据需要组合这些服务，来构建所需的服务类型。第三，数据报代表极简的网络服务假定，这使得各种各样的网络都能融入不同的因特网实现中。使用数据报的决定是一个非常成功的决定，这使得因特网能够非常成功地实现其最重要的目标。有一个错误的假设常常与数据报相关联，这就是数据报的目的是支持高一层的服务，而高一层的服务基本上等同于数据报。换句话说，有时候会这样认为：之所以使用数据报，是因为应用所要求的传输服务就是数据报服务。事实上，很少是这种情况。虽然因特网上的一些应用程序，例如对日期服务器或域名服务器的简单查询，使用的访问方法是基于不可靠的数据报，但因特网中的大多数服务希望使用的传输模式，要比简单的数据报复杂很多。有些应用要使用高可靠性的服务，有些要使用延迟平滑并带有缓冲的服务，但几乎所有的应用都期望使用比数据报更复杂的服务。重要的是认识到，在这方面数据报的角色是一个构件而不是其本身的服务。

从 2017 年的角度来看，对数据报的这种讨论似乎是合理的，但正如我先前说的，如果现在写这篇论文，我会用类似的方法处理我们所做的其他设计决策。

TCP

在 TCP 的开发过程中，存在几个既有趣又有争议的设计决策，而且，TCP 本身在成为一个相对稳定的标准之前，主要版本就有好几个。其中一些设计决策，如窗口管理和端口地址结构的本质，在一系列实现说明中都有讨论，这些实现说明也作为 TCP 协议手册 [17，18] 的一部分发布了。但是，再说一下，有时候决策的动机并不太明确。在这一节里，我试图找到 TCP 某些内容的早期论证。本节的内容自然是不全面的；要全面回顾 TCP 本身的历史，还需要另一篇这样长的论文。

最初的 ARPAnet 主机到主机协议，提供了基于字节和数据包的流控制。这似乎过于复杂，TCP 的设计者认为只需一种形式的控制就够了。最终的选择是控制字节的传送，舍弃了包传送的控制。因此，TCP 的流控制和确认基于字节数，而不是基于包数。实际上，在 TCP 中，数据的打包并没有意义。

做出这一决策的动机有几个，其中一些变得无关紧要，而另一些则比预期的还要重要一些。确认字节数的一个原因是，允许将控制信息插入字节的序列空间中，以便可以确认控制和数据。放弃了（包数）序列空间的使用，而采用特殊技术来处理每个控制报文。虽然最初的想法都很吸引人，但它带来了实践上的复杂性。

使用字节流的第二个原因是，在需要的时候允许将 TCP 包拆分为较小的数据包，以适配具有小数据包的网络。但是，当 IP 从 TCP 中分离出来时，这个功能被转移到了 IP 层，而且还迫使 IP 设计了不同的分片方法。

确认字节数而不是包数的第三个原因是，如果需要重传数据，在发送主机中允许将若干个小数据包汇聚成一个较大的数据包。尚不清楚这一优点是否重要，事实证明它很关键。有些系统，例如 UNIX，具有基于单字符交互的内部通信模型，往往会发送许多内含一字节数据的包（站在网络的角度，人们或许认为这种行为很傻，但对于交互式远程登录，它却是一个现实，而且也必须如此）。人们经常注意到，这样的主机会产生大量的数据包，其中包含一个字节的数据，其到达的速度要比缓慢的主机处理它们的速度快得多。导致的结果就是丢包和重传。

如果重传的是原始数据包，每一次重传还会发生同样的问题，这对性能的影响是无法忍受的，以至于会妨碍操作。但是，由于这些字节汇聚成一个包进行重传，这种重传还是比较高效的，可用于实际操作。

另一方面，字节确认可以被看作造成这一问题的首要原因。如果流控制的基础是包而不是字节，那么这种“洪流”（flood）可能永远不会发生。然而，如果发送小数据包，则包这一级上的控制就会严重影响吞吐率。如果接收主机指定要接收的包数，而不知道每个包里的字节数，则实际接收的数据量可能会相差千倍，这取决于发送主机在每个数据包中是放置一个字节还是1000个字节。

回想起来，正确的设计决策可能是，如果TCP要对各种服务提供有力的支持，就必须对数据包和字节进行调整，就像在最初的ARPAnet协议中所做的那样。

与字节流相关的另一个设计决策是信件结束标志（End-Of-Letter，EOL）。现在这已经从协议中消失了，取而代之的是推送标志，或者说是PSH。最初的EOL思想是将字节流拆分为记录。它是通过将来自不同记录的数据放入不同的包中来实现的，这与在重传时合并数据包的思想不一样。因此，EOL的语义被更改为较弱的形式，这意味着到此点为止，流中的数据是一个或多个完整的应用级元素，这应该会引起TCP或网络中任何内部缓冲的刷新。说"一个或多个"而不是"就一个"，可以将几个数据组合在一起，以便重组时紧缩数据。但是较弱的语义意味着各种应用必须发明一种特殊的机制，将数据流划分为记录。

事实证明，TCP的几个特性，包括EOL和可靠的关闭，对于今天的应用几乎没有任何用处。TCP的设计和演化故事提供了另一种观点，即试图预先弄清楚什么应该在一般机制中，什么应该在一般机制之外，同时，这种一般机制要存在很长时间（寿命的目标）。

在EOL语义的演变中，有一种鲜为人知的中间形式，它引起了很大的争论。根据主机的缓冲策略，TCP的字节流模型在一个不大可能的情况下会产生很大的问题。考虑这样一个主机，它将到来的数据放入一系列固定大小的缓存中。当缓存满或接收到EOL时，将缓存返回给用户。现在，考虑一下乱序包的到达情况，它的乱序程度远远超出了当前的缓存范围。现在进一步想一想，收到这个乱序包之后，一个带有EOL的包导致当前的缓存返回给用户，而此时的缓存并没有满。这种特殊的动作序列，导致乱序数据在下一缓存里处于错误的位置，因为缓存里的空字节返回给了用户。在主机上解决由此产生的"账簿管理"（book-keeping）问题，似乎又没有这个必要。

为了解决这个问题，有人建议，EOL应该"用尽"所有的序列空间，直到下一个值，即缓存大小变为零。换句话说，有人建议，EOL应当是一个工具，将字节流映射为主机的缓存管理。这个想法当时不太受欢迎，因为它看起来太特别了，而且仅有一台主机好像有这个问题[⊖]。回想起来，将序列空间与主机缓存管理算法关

⊖ 这种使用EOL的方式被正确地称为橡胶EOL，但它的批评者很快称其为"橡胶婴儿缓冲器"，试图嘲笑这个想法。必须为这一想法的提出者比尔·普卢默点赞，因为即便诋毁他的人将上面的话对着他说了十几遍，他仍然坚持自己的观点。

联起来的某些方法引入到TCP中，可能是正确的思路。只是当时的设计师缺乏洞察力，不知道如何以一种足够普通的方式来实现它。

结论

就其优先考虑的事项而言，因特网架构还是非常成功的。这些协议在商业和军事领域中得到了广泛的应用，并促生了许多类似的架构。但同时，它的成功也清楚地表明，在某些情况下，设计师优先考虑的问题并不能匹配实际用户的需求。需要更多地关注诸如计量、资源管理、不同行政区域的运营等问题。

虽然数据报在解决因特网最重要的目标方面发挥了很好的作用，但当我们试图处理在优先事项表上处于较低位置的某些目标时，它却没能那么好地发挥作用。例如，资源管理和可计量性的目标，已被证实在数据报背景中就很难实现。正如上一节所讨论的，大多数数据报只是从源发往目的地的、某个数据包序列的一部分，而不是应用级上的孤立单元。然而，网关无法直接看到该序列的存在，因为它只能孤立地处理每个数据包。因此，必须针对每个数据包，单独地进行资源管理决策或计量。将数据报模型强加在因特网层，就失去了该层在实现这些目标时可以使用的重要信息源。

这意味着对于下一代架构，可能有比数据报更好的构件。这个构件的一般特征是，它会识别从源送往目的的数据包序列，而不用假设该服务带有任何特定的服务类型。我用了“流”（flow）这个词来描述这个构件。网关必须拥有流状态信息，以便记住正在通过网关的那些流的属性，但是，在维护与流关联的、所期望的服务类型方面，状态信息并不重要。相反，该服务类型将由端节点来强制给出，它将定期发送报文，以确保正确的服务类型与流相关联。在这种方式中，与流关联的状态信息可能在崩溃时丢失，但不会对所使用的服务特征造成永久性的破坏。我称这个概念为“软状态”，它可能使我们能够很好地实现主要目标，即生存性和灵活性，同时更好地处理资源管理和可计量性工作。对于DARPA因特网项目的研究，探索其他构件是当前的方向之一。

致谢——历史视角

对因特网项目做出贡献的所有人，我无法一一表示感谢。在超过15年的发展过程中，实际上有数百人参与了这个项目：设计人员、实施人员、撰写人员和评论人员。事实上，一个重要的主题是管理这一项目的过程，可能这本身就值得写一篇文章。参与者来自大学、研究实验室和公司，在某种程度上，他们联合了起来，来实现这个共同的目标。

TCP最初的愿景来自罗伯特·卡恩和温顿·瑟夫，他们在1973年就非常清楚地认识到，一个具有适当功能的协议可能就是黏合剂，能将各种新兴网络技术结合在一起。以他们在DARPA的位置，在早期的日子里他们引导着这个项目，直到TCP和IP成为美国国防部的标准。

本文的作者在70年代中期加入了这个项目，并于1981年接管负责TCP/IP的架构。他要感谢所有与他一起工作过的人，特别是那些花时间重现了本文所缺失的一些历史的人。

参考文献

1. V. Cerf, and R. Kahn, "A Protocol for Packet Network intercommunication," *IEEE Transactions Communications*, Vol. 22, No. 5, May 1974, pp. 637–648.

2. ISO, "Transport Protocol Specification," Tech. report IS-8073, International Organization for Standardization, September 1984.

3. ISO, "Protocol for Providing the Connectionless-Mode Network Service," Tech. report DIS8473, International Organization for Standardization, 1986.

4. R. Callon, "Internetwork Protocol," *Proceedings of the IEEE*, Vol. 71, No. 12, December 1983, pp. 1388–1392.

5. Jonathan B. Postel, "Internetwork Protocol Approaches," *IEEE Transactions on Communications*, Vol. Com 28, No. 4, April 1980, pp. 605–611.

6. Jonathan B. Postel, Carl A. Sunshine, Danny Cohen, "The ARPA Internet Protocol," *Computer Networks*, Vol. 5, No. 4, July 1981, pp. 261–271.

7. Alan Sheltzer, Robert Hinden, and Mike Brescia, "Connecting Different Types of Networks with Gateways," *Data Communications*, August 1982.

8. J. McQuillan and D. Walden, "The ARPA Network Design Decisions," *Computer Networks*, Vol. 1, No. 5, August 1977, pp. 243–289.

9. R. E. Kahn, S. A. Gronemeyer, J. Burdifiel, E. V. Hoversten, "Advances in Packet Radio Technology," *Proceedings of the IEEE*, Vol. 66, No. 11, November 1978, pp. 1408–1496.

10. B. M. Leiner, D. L. Nelson, F. A. Tobagi, "Issues in Packet Radio Design," *Proceedings of the IEEE*, Vol. 75, No. 1, January 1987, pp. 6–20.

11. "Transmission Control Protocol RFC-793," *DDN Protocol Handbook*, Vol. 2, September 1981, pp. 2.179–2.198.

12. Jack Haverty, "XNET Formats for Internet Protocol Version 4 IEN 158," *DDN Protocol Handbook*, Vol. 2, October 1980, pp. 2-345-2-348.

13. Jonathan Postel, "User Datagram Protocol NIC RFC-768," *DDN Protocol Handbook*, Vol. 2, August 1980, pp. 2.175–2.177.

14. I. Jacobs, R. Binder, and E. Hoversten, "General Purpose Packet Satellite Networks," *Proceedings of the IEEE*, Vol. 66, No. 11, November 1978, pp. 1448–1467.

15. C. Topolcic and J. Kaiser, "The SATNET Monitoring System," *Proceedings of the*

IEEEMILCOM, Boston, MA, October 1985, pp. 26.1.1–26.1.9.

16. W. Edmond, S. Blumenthal, A. Echenique, S. Storch, T. Calderwood, and T. Rees, "The Butterfly Satellite IMP for the Wideband Packet Satellite Network," *Proceedings of the ACM SIGCOMM '86*, ACM, Stowe, VT, August 1986, pp. 194–203.

17. David D. Clark, "Window and Acknowledgment Strategy in TCP NIC RFC-813," *DDN Protocol Handbook*, Vol. 3, July 1982, pp. 3-5 to 3-26.

18. David D. Clark, "Name, Addresses, Ports, and Routes NIC-RFC-814," *DDN Protocol Handbook*, Vol. 3, July 1982, pp. 3-27 to 3-40.

架构与功能的关系

正如我在这里所定义的那样（也如我在 1988 年所做的那样），因特网架构清楚地说明，架构并没有直接指定网络如何满足其功能需求。

值得看一看我在第 4 章中阐述的各种需求，也值得考虑一下，因特网架构跟满足这些需求之间是如何关联的。

与目标相符合（起作用吗？）。可以说，因特网是成功的。其设计促生了一个通过了效用和寿命测试的网络。分组交换、数据报（路由器中没有每个流的状态信息）等基本思想都是精心设计的。我们那些设计原始因特网的人非常高兴（也许会感到惊讶），它工作得很好，所以我们觉得有理由忽略一些不太好的地方。如果今天的因特网不像电话系统那样可靠，或者发生故障后新路由的计算要花很长时间才收敛，那么我们说，毕竟路由技术只是“第二级”机制中的一个，而不是架构的一部分，对于互联网，谁说“5 个 9 的可靠性”就是正确的思想[⊖]？但总的来说，我认为公平的是，因特网的架构产生了一个与目标相符合的系统。

安全性。在第 10 章中，我认为因特网本身（数据包传输层，而不是范围更大的、包含应用和技术的定义）只能解决部分安全问题。保证网络本身的安全，这似乎需要安全版的路由协议，除此之外，这属于机制设计的第二阶段，也就是将架构变成完全的实现。这种方法可能是合理的，因为不同的情况要求不同程度的安全性，但有一个悬而未决的问题，即是否存在一种架构决策能使这项任务变得更容易。保护数据包传输层免受应用的滥用（最明显的是处于拒绝服务攻击的情况中），是架构需要解决的一个领域，但早期的设计师没有考虑这个问题。总的来说，因特网的主要架构特征与安全需求之间的关联似乎有点零碎和薄弱。

可用性和弹性。在 20 世纪 80 年代，我们大体上不知道如何思考可用性。我们

⊖ “5 个 9 的可靠性”这个术语是一种简略表达方式，意思是系统达到了 99.999% 的正常运行时间，这意味着宕机时间是 5.26 分钟 / 年。尽管我找不到具体的引文，但据说，美国的电话系统设计就满足这个目标。因特网的大部分部件肯定达不到这个目标。

知道数据包可能会丢失，所以我们设计了TCP来重传丢失的包。我们明白链路和路由器可能会发生故障，我们需要动态路由。因特网数据包的包头里提供了一个生存时间（TTL）字段，以允许路由中的动态不一致性[⊖]。TTL字段说明了架构并不总是规定如何满足需求，而是试图使基于该架构的系统有可能（或更容易地）满足相应的需求。我们的直觉是，对于路由或可用性，一般不需要其他架构的支持。正如我在第11章中要讨论的那样，未来因特网的架构应该更综合地看待可用性。

经济可行性。思考经济可行性的一种方法是，在架构创建的生态系统中，所有的行为者都必须有动机去扮演该架构赋予它们的角色。特别是，如果有一类行为者没有找到进入生态系统并投资的经济动机，这种设计就不会兴旺起来。这种看待事物的方式很早就被大致理解了，但是我们并没有工具来解释它。事实上，这些问题在上个十年才真正变得清晰起来，因特网服务提供商（进行大量资本投资）试图通过"违反"架构来增加收入，如窥视数据包、进行各种识别等。因特网架构中没有任何关于记账、计费、资金流或其他与经济相关的问题，尽管最初的因特网设计文章（Cerf and Kahn，1974）确定了记账问题。

管理。最初的因特网架构包含了很少的设计元素，来解决网络管理问题。IP规范确实包含控制报文（因特网控制报文协议），当路由器试图转发数据包时，允许路由器向发送端报告出现的各种错误。但对于网络管理，通知发送端是不是一个良好系统的有用组成部分，对此我们还不太清楚，因为问题可能不是发送端的错，而是网络中某个区域的错。我们收到过一些来自电话行业朋友的批评，说是对网络管理缺少关注；他们说，电话系统设计的一个主要内容就是解决管理问题，如故障检测和隔离、性能问题等。许多用于在数字电话系统上传输语音的基本数据格式，都包含与管理有关的字段，有人问我们为什么不明白这一点。

满足社会需求。这个非常笼统的标题包含了一系列问题，例如隐私（一方面）、合法截取（另一方面）、关键服务的弹性、用户对破坏或非法行为的控制等。在我1988年的文章中，并没有谈及这些问题。1988年，可能还不清楚因特网地址的指定和使用方式对隐私、流量分析、合法截取等之间的平衡产生了重大影响。这些问题现已成为重要的问题，但我认为即便是现在，我们仍不清楚如何处理它们。尤其是不清楚如何处理这些问题以使其具有适度的灵活性，因为符合这种架构的各种网

⊖ TTL字段的设计用来处理路由协议中的特定问题。在一条链路发生故障或新加一条链路之后重新计算路由期间，不同的路由器可能会有不一致的转发表，两个路由器可能都认为到达目的地的最佳路由是通过另一个路由器。如果数据包陷入这种路由环路中，它可以在两个路由器之间来回反弹，直到不一致性得到解决，无畏地堵塞网络。为了防止这种情况，当路由器在因特网上转发某个数据包时，每个路由器都会对TTL字段减一。如果字段的值减到零，路由器就将该数据包丢弃。这样，就能很快地将循环的数据包丢弃。发送端将不得不重新发送该数据包，幸运的话，那时候不一致的问题就已经解决了。

络都简化为实践了。

人们可能会问，架构极简性原则是否是正确的方法。也许这种架构给设计者留下了太多的问题，他们不得不定义第二级机制，比如路由技术。也许在我们部署最终形成的系统时，对哪些内容属于架构进行更广泛的定义，才会带来更好一些的结果。或者，另一种不同的方法或许会带来更好的结果，其中关于“最少需要是什么”的概念会有所不同。这些机制是基于当时我们最好的直觉而设计的，但今天从头开始再思考这些决策也是合理的——架构能做些什么来更好地支持诸如安全和管理这样的目标，这些目标在上世纪 70 年代我们处理得很糟糕。在下一章里，我开发了一个框架（书中的几个框架之一），可以用来进行架构比较。接着，在第 7 章里，关于互联网架构可能是什么，我审视了一些不同的概念，同样特别偏爱极简性（minimality），但对于什么是“我们必须都同意的问题”，视角却非常不同。

第 6 章
Designing an Internet

架构与功能

引言

第 4 章中由于包含较长的需求列表，可能会将我们的讨论从问题的中心引开，即网络必须与目标相符合——必须执行一组有用的功能，来支持在其上运行的应用和使用这些应用的用户。因此，在讨论因特网（或另一种具有不同设计的互联网）如何解决这些不同需求的问题之前，我想首先讨论一下，我们如何用架构的术语来描述网络在做什么。

计算机科学家经常使用*语义*这个词来描述系统的功能，即可以做的事情的范围。然而，相比于操作系统或数据库系统的功能，计算机网络所做的事情非常简单。松散的、“所出即所进”的数据包传输模型，几乎是没有语义的——这是有意为之的。数据包只是从源端到目的端来传送数据。数据包的边界可能具有一些有限的功能含义，但并不多。最初的设计假定了一些约束，这些约束也可以被视为语义，例如全球地址，然而随着时间的推移，我们违反了这些约束，不过因特网也一直在正常工作。TCP 确实施加了一些适度的语义约束，当然，TCP 是可选的，并不是架构的强制性部分。

定义因特网中有效行为范围的，是数据包头的*表达能力*，这与其格式（我们可以称之为*语法*）有关，与任何语义都没有关系。数据包头中的各个字段指定了网络中的路由器（以及其他组件）如何处理数据包；多定义或少定义一些字段，都会改变包头的表达能力。数据包头中的大多数字段（例如数据包长度）是不起眼的；有一些字段，例如服务类型（TOS），在因特网历史上已经多次重新定义；有一些字段（例如可选的字段）已经退化了；IP 地址的历史是最有趣的，其中唯一没有变化的是 32 位的长度（在当前版本中），在 TCP 连接的生命周期中，它们在每一端所具有的任何值都不能改变[⊖]，并且在网络的任何地点，它们都必须为某些路由行为（例如转发）提供支持。IP 地址可以被重写（就像在 NAT 设备中那样）或被转换为逻辑地址（就像在多播或任播中那样）。对于 IP 地址，真正重要的是，它们是 32 位长，并且在任何位置上，对转发过程而言它们至少都要有本地的含义。

⊖ 源 IP 地址在接收端用来将数据包分派给正确的进程。此外，TCP 计算数据包的校验和，以检测传输中数据包的修改。它将部分 IP 头（在规范中称为伪头）合并到校验和中。因此，如果不考虑这些限制，则不能更改数据包中的 IP 地址。

与IP地址有关的思维演变，为架构思想提供了一些启示。最初的想法是，地址是从单一的全球地址空间中选取的，并且唯一地映射到物理机器上的物理端口，结果证明这不是一个必要的约束，而只是一个简单的启动模型。我们最初担心，如果偏离这个定义，网络的连贯性将会崩溃，无法确定网络是否已经正常连接，或者说在网络没有正常连接时我们无法进行调试。事实上，在某些方面这些担忧是真实的，今天也有可能以这种方式弄乱地址，以至于有些应用会停止工作。但在大多数情况下因特网是可以继续工作的，即使是使用NAT设备和私有地址空间，因为地址混乱的后果仅限于为这些地址分配了相同含义的区域。这些自相容（self-consistent）区域不必是全球的，定义它们的是从地址到转发表的自相容绑定的范围。

最小情况下，每个区域可以只是两个路由器，即沿着数据包路径的每跳的发送端和接收端（这有点类似于基于标签重写的方案，附录中对其有描述）。没有某种总体的状态管理框架，这么小的区域将很难管理（并且会有其他缺点，正如我在附录中讨论的那样），但是，单一的全球区域——因特网设计的起点——也被证明具有复杂性。实践中，运营的因特网已经被用于那些代表着大区域和小区域产生的问题之间的粗略平衡的地区。

我的观点是，数据包头的格式是因特网的一个定义特征，而不是关于地址语义的断言。正是出于这个原因，我将重点放在数据包头的表达能力上，作为网络架构规范的一个关键要素。

每跳行为

我们可以从关于地址技术的讨论中归纳出概念，更抽象地探讨路由器（和其他网络组件）的本地行为以及所产生的整体网络功能。实际上，网络是由一些在某种程度上独立的路由器构成的。应用关心的是一系列路由器上的本地行为（每跳行为，PHB）能够组织起来，以实现某些期望的端到端的结果[⊖]。如果数据包被正确地传送了（这真正唯一地定义了今天正常运行的因特网，除了在防御攻击的情况下），那么如何配置PHB细节（如路由协议等）的问题只需要留给区域去解决。对转发的期望是架构的核心部分，如何进行路由并不是核心（如果数据包没有传送，那么或多或少地，调试就是一场噩梦，这取决于用于协调和分析的工具，但这是一个单独的问题，我将在第13章中处理）。

今天，路由器具有一组相当简单的行为。暂时忽略QoS和源路由，路由器要

⊖ 作为工作的一部分，术语“每跳行为”是IETF创造的，此术语旨在标准化一些机制，为差别服务或diffserv机制奠定基础，这是在因特网上实现增强型QoS方案的一部分（Nichols and Carpenter, 1988, section 4）。

么选择（一个或多个）外出路径来转发数据包，要么丢弃数据包。路由器能够具有的状态，和发明者为其定义的一样多——静态和动态转发表，复杂路由协议，以及定义不可接受地址的静态表[⊖]。路由器还可以重写包头的许多部分。但即使是今天，当然也要展望未来，网络中的组件并非都是简单的路由器。一旦网络中的组件接收到数据包，它们就可以执行任何不会导致端到端行为失败的 PHB。因此，当我们将 PHB 视为网络功能构件时，应当小心，不要将自己局限于只有 PHB 正执行转发的一个模型中。

也许在介绍表达能力一词时，我实际上并没有讲到任何新的东西。讨论架构的表达能力和只讨论架构有什么区别？我引入表达能力一词以引起大家对架构的注意，并将与网络功能相关的架构的各方面聚集在一起，而不是经济可行性或寿命等其他方面。在调用 PHB 的背景中，将表达能力概念化也是同等重要的。一些 PHB 可以在没有架构支持的情况下进行设计和部署：我们已经将防火墙和 NAT 箱添加到当前的因特网中，这些或多或少地是作为架构外的事后考虑。但是，在调用 PHB 的背景中，对表达能力的思考是一种结构化的方式，来解释网络功能和安全性。在接下来的几节中，我将就如何调用 PHB 开发一种分类方法，同时考虑到不同相关行为者之间可能的不同利益取向。在第 10 章中，我将使用此分类来解释架构的安全性含义。

争斗和利益取向

网络和分布式系统的一个显著特征是，它们是由元素构成的，这些元素的利益不一定一致。这些行为者可以相互竞争，以使系统行为对其有利。我和我的合著者选择了争斗（tussle）这个词来描述这一过程（Clark et al., 2005）。有时，其中一个行为者明显是“坏家伙”（例如，有人想要违背所有者的意愿渗透到计算机中）。这种紧张局势导致了诸如防火墙之类的设备的产生。防火墙是 PHB 的一个示例，它不是简单地转发数据包，而是基于数据包的内容进行转发或丢弃。防火墙是接收端推翻发送端意图的一种尝试，也就是这样一种 PHB：接收端希望对数据包执行它，但发送方却不希望这么做。

有时候问题并不是黑白分明的，而是有着更细微的差别：我想要私密对话，但执法部门希望能够通过适当授权拦截任何对话；我想私下发送文件，但版权所有者想要检测我是否正在对外提供侵权的文件。一定程度上，这些争斗发生在网络中（而不是在端节点或法庭上），它们会通过不同行为者利用设计的表达能力的相对水平来进行平衡。因此，我们对表达能力以及实现它的工具的讨论，将受到争斗现实

⊖ 例如，所谓的火星（Martian）数据包和“伪造”数据包，其中包含未分配或保留的地址。

的强烈影响。洞察架构中特定功能所产生的能力平衡，是将安全性考虑集成到架构设计过程中的一种方法。

表达能力和每跳行为

正如我在本章开头所说的那样，大多数计算机系统，例如操作系统或数据库系统，都是通过它们能执行的功能相当详细的描述来刻画的——我称之为系统的语义。但是，因特网的功能不是由其规范定义的。如果（在一般情况下）网络组件就像其 PHB 那样，可以被编程来做各种各样的事情，那么由此产生的总体网络能力就是以某种顺序执行这些 PHB 的结果，其中 PHB 的执行是由数据包头中的字段（即表达能力）驱动的，而执行顺序是由这些设备之间的数据包的路由定义的。当然，由于设备本身可以修改路由，因此产生的计算能力可能相当复杂。计算机科学家习惯于思考语义的含义：某些语义构造的局限性。我们不太习惯（并且没有太多工具）考虑数据包头的表达能力——哪些功能是与格式和语法一致的。这有点像询问什么思想可以表示为“主谓宾”形式的句子。这个问题似乎定义不清、没有界限。更难的是对所有无法表达的内容进行分类。但是这个问题实际上抓住了因特网的限制，即因特网可以做什么和不能做什么，所以我们应该尝试思考这个问题。

这种数据包处理的观点尚未得到认真研究[㊀]，因为在今天的因特网中，我们想要实现的整体功能非常简单——数据包的传输。如果那就是所期望的全部功能，我们对网络中任意 PHB 的复杂链接的需求就不大，但是当我们考虑到一个数据包在从源到目的地的移动中要做更复杂的事情时（许多与安全性有关），有趣的 PHB 范围将会扩大（例如，参见第 7 章），因此值得考虑一下，有哪些因素定义或限制了网络的表现力。

在本节中，我提出一个三维框架来描述 PHB 执行：*利益取向*、*传送*、*参数化*。

利益取向

模型的第一个维度是，捕获数据包的发送者与实现 PHB 的网络组件的所有者之间的关系。这个维度直接捕捉到争斗的本质。我将提出两种情况：*利益一致*和*利益相反*。

利益一致。在这种情况下，数据包发送端和网络组件的利益相匹配。例如，简单的路由、多播和 QoS 通常明显属于这个类。发送端发送数据包，路由器转发，这就是双方所期望的。

利益相反。在这种情况下，PHB 执行发送端不想执行的功能。这里，防火墙

㊀ 某些活跃的网络研究例外，我在此和第 7 章讨论它们。

就是一个很好的例子，内容过滤、深度数据包检查和日志记录也是如此。

传送

模型的第二个维度是询问数据包为什么或如何到达实现 PHB 的组件。有一种简单的四情况模型，涵盖了其中大部分情况：传送或者是有意的、视情况而定的、按照拓扑的，或者是被迫的。

有意的。在这种情况下，数据包到达该组件是因为它是专门发送到这儿的。例如，对于源路由，目标地址实际上是一系列地址，每个地址将数据包定向到下一个寻址路由器。另一个例子是数据包到达 NAT 设备，因为它是有意发送到那里的。

视情况而定的。在这种情况下，数据包可能会也可能不会到达给定的设备，但如果恰好到达，则设备将执行 PHB。这是数据报操作的基本模式——如果路由器获得一个数据包，则转发它。从源到目的端没有预先建立的路径（这将是有意传送的示例）。每个路由器计算好到所有已知目的端的路由，因此，如果一个数据包恰巧到达，它就准备好响应。

按照拓扑的。在这种情况下，数据包中没有任何信息使其到达特定的设备，而是网络拓扑（物理或逻辑）的限制确保数据包到达目的地。防火墙就是拓扑传送的一个很好的例子。发送方（假设他是恶意的）故意将攻击包发送到防火墙并没有好处。如果可能的话，他宁愿选择绕开防火墙的路由。接收方想要确保防火墙在路径上。接收方通常不会满足于偶尔的保护，因此剩下的可用工具就是约束连接或路由图，以便到接收方的唯一路径或多条路径经过防火墙。

被迫的。这是有意或拓扑传送的特殊情况，即使发送方和 PHB 所有者的利益不一致，发送方也要被迫接受 PHB。试图到达 NAT 箱后面机器的攻击者别无选择，只能将数据包发送到该组件——没有其他方法可以跨越它。在这种情况下，如果可能的话，我们可以期望发送方欺骗或撒谎（就包中的值而言）。

参数化

模型的第三个维度是数据包如何触发 PHB 的执行，数据包中的数据是该 PHB 的输入，就像子程序的参数一样。数据包中的值是 PHB 的输入参数，如果 PHB 具有修改数据包的功能，则它类似于子程序调用中的参数重写（用编程语言的说法，数据包中的参数通过引用而不是值传递给 PHB）。执行 PHB 的组件可以拥有大量持久状态（根据 PHB 的结果进行修改），如果设计出合适的信令和控制协议，则该组件可以拥有分布式或更全面的状态。

在此背景中，我将再提供两种情况，即显式和隐式，尽管这两种情况定义的是频谱的两端，而不是执行不同的模式。

显式。虽然原理上 PHB 可以看到数据包中的任何数据字段，但在通常情况下，数据包头中会留下特定的字段作为特定 PHB 的输入。这是数据包转发的常见情况，由于包转发是网络的基本操作，因此有一个显式的地址字段，用作转发查找的输入。IP 的设计包含了对 QoS 的支持，因此数据包中有一个显式的 ToS 字段，它是 QoS 算法的输入参数。

隐式。在其他情况下，没有用作 PHB 输入的特定字段；PHB 查看用于其他目的的字段。防火墙基于端口号阻挡数据包，一些 ISP 基于端口号分配 QoS，有时数据包会基于端口号进行路由（例如，当 Web 查询被重定向到高速缓存时，或者外发邮件被重定向到本地邮件服务器时）。如果 PHB 具有状态，则它们还可以基于诸如数据包的到达速率之类的隐含信息来进行操作。

路由器处理隐式参数的开销可能会很大。在最坏的情况下（深度包检测），PHB 可以处理包的全部内容，作为其操作的输入。显然，使用隐式参数的 PHB 不如基于特定头字段（例如，地址字段）的 PHB 效率高，因此必须谨慎地使用隐式参数，但在利益不一致的情况下，隐式参数可能是唯一的选择。

该模型表明网络的表达能力可以与编程语言之间进行一些粗略的类比，其中网络计算可以类比为一系列子程序的执行，它们由数据包携带的输入参数驱动，执行顺序则由路由协议以及数据包的表达能力（携带的用以驱动转发的地址）定义。当然，额外的争斗以及有意与发送方为敌的节点，增加了一种在编程语言中找不到的变数，实际上这种变数可能是网络计算的最重要方面之一。因此，这种和编程语言类比的力量仍有待探索[⊖]。

这种分类方法基于发送方和网络中的 PHB 之间的利益取向来对网络活动进行分类。对网络活动进行分类的另一种方法是查看发送方和*接收方*之间的利益取向。在发送方和接收方的利益一致的情况下，PHB 通常是提供所期望服务的一部分，除非它们被某个与通信方利益相反的行为者插入路径中。这是*实用的*，因为作为服务的一部分，通信者使用的应用正在调用它们。（虽然只有发送方可以直接控制数据包及其内容的发送，但有一些架构的接收方和发送方一样，可以直接控制哪些 PHB 应用于数据包。我在第 7 章对其进行讨论。）

如果发送方和接收方的利益一致，那么产生的问题首先是，架构是否能通过其表达能力的某些方面（数据包传送、参数等）为功能性 PHB 提供支持；其次（此分

⊖ 这个想法绝不是源于我。在一篇标题——撒旦计算机编程（Anderson and Needham，2004）——令人眼前一亮的早期论文中，作者观察到“对手控制下的网络，可能是人们能够建造的故意阻碍程度最高的计算机。它可能会在最不方便的时刻，给出狡猾和恶意错误的答案”。他们的重点是加密系统的设计，但观点更具一般性：“在大多数系统工程工作中，我们假设有一台还算好的计算机，以及一段可能相当糟糕的程序。但是，考虑到计算机状况彻底恶劣的情形是有帮助的，特别是在开发容错系统，以及试图寻找健壮的方法来构建程序和封装代码的时候。”

析中的消极方面）是架构是否需要提供支持以保护通信者免受滥用此表达能力的影响，以及架构是否需要为检测和隔离故障或恶意组件的任务提供支持（有关调试的详细信息，请参阅第6章；有关故障诊断的讨论，请参阅第11章）。如果路径中存在利益相反的PHB，那么它存在的原因必定是因为第三方（例如ISP或政府机构）已将其插入，或因为网络本身之前曾遭受过攻击，以至于其攻击者已经接管了某些组件。

如果发送方和接收方的利益不一致（在这种情况下接收方要么是在通信期间需要保护，要么是根本不想接收业务），那么PHB正服务于不同的目的：它们被部署以保护接收方免受发送方（可以为此架构创建出不同的潜在角色）攻击。我将在第10章回到架构的安全性分析。

修剪选项空间

我刚才描述的是一个2×4×2的架构设计空间，但实际上并没有那么复杂。有助于厘清这个空间的方法是争斗分析，进行争斗分析首先需要了解利益取向。

利益一致。如果发送者想要执行PHB，那么有意的传送和显式参数是有意义的。在某些情况下，视情况而定的数据包传送可能是合适的（例如基本转发功能），此时显式参数（例如地址字段）仍然是有意义的。

利益相反。如果发送方不希望执行PHB（它代表接收方的利益，而不是发送方的利益），则接收方不能指望发送方向PHB提供任何明确的参数。在这种情况下，PHB必须依赖于隐式参数。同样，PHB不能指望有意的传送，因此强制的传送是最佳选择，以视情况而定或拓扑的传送作为备用。

一些例子

NAT箱。网络地址转换设备（NAT箱）实现的PHB不仅包括简单转发功能，还包括重写源或目的地址字段的功能。它们是很精彩的例子，说明了人们如何打破最初因特网的两个最基本的假设，同时保证仍然有足够的功能，且大部分都能工作，以至于我们接受了这些折中的功能。最初因特网的假设是存在单一的、全球的地址空间，并且转发组件中没有每流状态。NAT箱具有每流的状态，但早期的NAT设备缺乏建立和维护软状态的协议。这依赖于一个技巧：使用第一个外出数据包来设置状态，然后保持允许转发进入的数据包。这个技巧不能为在NAT箱后面的等待进入数据包的服务设置状态。（IETF随后开发了协议，允许端节点打开NAT设备后面的服务端口[⊖]。）

⊖ 端口控制协议（Wing et al.，2013）和因特网网关设备协议是UPnP协议（Open Interconnect Consortium，2010）的一部分，允许为端节点服务建立新的端口映射。

NAT 箱是一个有意传送的例子，使用显式参数（地址和端口号）。如果通信两端的利益是一致的，那么 NAT 通常只是一个小麻烦；如果利益不一致，它们提供了一种保护措施，在这方面，NAT 箱属于强制传送类型。

防火墙。如前所述，防火墙是 PHB 的另一个例子，它不利于敌对发送者（潜在攻击者）的利益，因此必须依赖于隐性信息。防火墙的任务定义不那么明确，即根据从数据包中收集的任何线索，试图区分好行为和坏行为。通常，今天所有防火墙都能做的，是一组非常粗略的判别，阻挡某些知名端口以及某些地址的业务。判别的粗略性不一定是源于当前因特网的细节，或许是源于仅基于数据包中隐性字段进行细微判别的内在限制。

这种结果不一定是坏事。有时用户希望阻挡成功（在受到攻击时），有时则希望失败（当某些第三方，例如保守的机构试图阻止他们访问因特网上的其他网站时）。如果想让防火墙的工作更加容易，则应当考虑我们服务了谁的利益。

隧道和覆盖网络。将数据包封装在另一个数据包中是可能的，这种技术称为数据包封装。这种 PHB 使得数据包被发送到外层数据包中的目标地址，而不是内层数据包中的地址。当数据包到达该目的端时，PHB 必须移除外部数据包或重新用新的外部数据包封装内部数据包。术语隧道用于描述封装数据包上发生的情况：数据包到达执行封装的 PHB（隧道的开头），并重新出现在第二台设备上。

通过超越网络缺省路由计算的方式，跨网络的一组设备可以共同地隧道转发数据包，这种结果称为覆盖网络。这样做的一个原因是，覆盖路由器可能找到的路由，比缺省路由计算找到的路由更有效或更有弹性（Andersen et al.，2001）。

隧道不仅提供了一种控制数据包路由的方法，更一般地说，它们提供了一种在去往目的端的路径中插入显式元素的方法。封装的数据包是显式的信息，用作隧道端点的输入。有时隧道的起点是视情况而定的，或者是按照拓扑的；有时它与发送端是一致的；有时则是有意的。例如，洋葱路由器（TOR）就是嵌套隧道的一个例子，在每个 TOR 转发器上，都有显式的信息作为 PHB 的输入[⊖]。

争斗和区域

考虑前面讨论的防火墙的例子，该防火墙由接收方设置，以阻止发送方的攻击。在这种利益相反的情况下，接收方必须依赖隐式参数和拓扑传送（或者强制传送，如果架构允许）。为此，接收方所在的网络区域必须提供对拓扑（连通性和路

⊖ 洋葱路由器是一组分散在因特网上的服务器，其目标是允许各方之间进行匿名通信。它巧妙地使用嵌套加密，通过发送方和接收方之间的多个 TOR 节点间接转发报文，从接收方隐藏发送方的身份。每个 TOR 节点实现一个 PHB，剥离一层加密（剥洋葱的类比，因此得名）。有关 TOR 的信息，请参阅 https://www.torproject.org/。

由技术）的足够控制，以确保防火墙位于数据包的路径中。接收方必须对网络的这个区域有足够的控制，以确保拓扑是所期望的，并且确保该区域是足够可信的，相信路由器将按请求转发业务。

总而言之，这说明网络中的不同行为者（发送方、接收方、ISP、其他第三方参与者）有权控制网络的某些部分，在网络中每个这样的区域内，所发现的 PHB 将用来增强该行为者的意图。决定争斗结果的因素（例如，能力平衡）并不是 PHB（PHB 差不多可以是任何东西），而是能用作 PHB 输入的数据包里的信息，以及数据包路由到 PHB 的顺序。

处理的顺序源于数据包转发的本质：数据包起源于发送端的区域（因此它会在调用任何期望的 PHB 时首先进行破解），然后进入全球网络，最后进入接收端的区域和在那里发现的 PHB。每个阶段，数据包中的信息都是这种排序的结果。例如，发送方可以将数据包含在包中，该包由发送方区域的 PHB 使用，之后将其剥离出来，以便其他区域无法看到。例如，当数据包处于全球中间区域时，可以加密一些或大部分数据包以防止其被审查。

但正如之前指出的，或多或少地，根据数据包中的信息，PHB 可以做任何派生出来的工作，在这些区域中，路由技术受每个区域的控制。这个设计中的固定点是数据包头本身，所以当我们考虑将或多或少的表达能力放入数据包头时（例如，表达格式），应该考虑到不同的选项是否会以一种符合我们偏好的方式改变能力平衡。我对架构极简性的偏好以及对安全性的考虑使我得出结论：虽然向头部添加表达能力可能非常有益，但这种选项应该谨慎使用。

应用的设计也可以改变不同行为者之间的能力平衡。应用可以通过设计将更高级的服务插入通信模式中。电子邮件应用的设计指定将邮件发送到邮件转发代理，数据包发送到该组件——有意传送。在这种情况下，特别是在将电子邮件的数据包组装成更大的单元进行处理（应用数据单元，ADU）的情况下，服务使用的显式参数在数据包体中，而不是数据包头里。这类数据不是架构的一部分——恰恰相反，不是必须约定的东西。ISP 可以使用拓扑传送来拦截通信，以便检查（例如，深度包检测）或修改内容，如果数据被加密，这种干涉就会失败。我在第 10 章中考虑了这种争斗，但从控制平衡的角度来看，对于将发送方和接收方都不需要也都没有预料到的服务插入那里，我认为网络运营商应该提供一个非常强有力的理由。

通用性

我一直在以一种相当抽象和一般化的方式谈论 PHB。这个术语正如我所使用的，不仅适用于低级的功能，如转发、覆盖服务、隧道技术，也适用于特定应用的服务，如内容重新格式化或检测恶意软件。传送模式的分类、利益的取向和参数模式，同样适用于包一级的 PHB 和更高级的服务。我们可以使用术语 PHB 来一般性地表示插入数据流中的任何服务元素，也可以将该术语限制为较低级别的功能，如防火墙或路由器。由于我的目标是讨论架构的作用，我最关心的是这种情况：PHB 证明了增加数据包表达能力的合理性。通常，应用级服务不适合此类别，但这是一种假设，而不是给定的，因为某些架构直接支持将应用级服务插入数据包流中，还可以在数据包头中为这些 PHB 提供显式的字段。

表达能力的其他架构方法

通过关于表达能力的讨论，我们发现有一些架构的概念可以改变（通常是增强）设计的表达能力。其中一些已被纳入我在下一章讨论的其他架构中，下面简要地提几点。

地址技术

人们普遍认为，目前使用 IP 地址既作为定位器又作为标识符的方法是一种糟糕的设计选择。移动性就是这一结论的明显证明。在今天的因特网中，由于 IP 地址既用于转发又用于标明终端节点，因此处理移动性非常复杂。将这两个概念分成数据包中的两个不同数据字段，这会允许移动主机在移动时改变位置字段（例如，转发 PHB 的输入）。

这种划分并不能解决现存的两个不同问题：保持位置信息的最新状态，确保身份信息不是伪造的。将身份和位置关联起来，提供了一种较弱的安全形式：如果两台机器已经成功交换了数据包，那么位置信息是不可伪造的，它就可以作为弱标识符。但通过分离这两个问题，每个问题可以单独解决，并在不同的情况下按照环境需要进行不同的管理。

另一种设计方法可能会产生两个字段或三个字段，每个字段都有不同的用途。

- 位置：该字段用作路由器转发 PHB 的输入。例如，它可以被重写（如在 NAT 设备中），也可以是高度动态的（如移动设备）。
- 端节点标识符（EID）：这个字段由连接的每一端来使用，以向另一端或其他端标明自己。这个字段一般存在三个问题：如何确保恶意发件人不能伪造错误的标识符，每个端节点如何与该字段相关联（是否存在某种与 EID 相关联的凭证的初始交换，或者一旦连接就位，高层协议就会将一些含义与它相关联？），以及是否应该允许除终端节点之外的其他组件（例如，网络中的 PHB）查看和利用这个值。
- 网内标识符（INID）：如果 EID 是连接的端节点私有的，那么架构可以定义一些其他标识符，发送端到接收端路径上的 PHB 可以看到并使用它们，从而用来支持增强服务的记账和授权。这种可能性反过来又引发了许多小问题，例如如何获得 INID、使用它是否存在安全问题，以及有效期问题。

因此，虽然我们很好地理解了定位符 - 身份分离的一般概念，但是对于如何设计这样的系统还没有明确的一致意见。我将在第 7 章讨论的大多数架构，实现了某种形式的位置 - 身份分离，也说明了为解决这个问题而采取的一系列方法。

增加设计的表达能力

如果向 PHB 提供更丰富的输入数据的能力似乎有一些价值（功能或通用性的某些增加），那么至少值得简单地推测一下这是如何做到的。我认为，由于 PHB 原则上几乎可以计算任何东西，因此架构的表达能力将取决于可以向 PHB 提供什么参数，换句话说，数据包头里是什么数据。我会快速地勾画出几个选项。

数据包中的空白“便笺簿”。一个简单的思想是在包头中留下一个固定的空白区域，以便经常使用。人们只需要看看当前 IP 头中片段偏移字段重用的所有创意，就能领会到一点额外的空间可以多么强大[㊀]。IP 选项的一个问题是，它假设数据包传送是视情况而定的而非有意的。发送方会按地址将数据包发送到目的端，路径上的所有路由器都要查看 IP 选项，看看它们是否应该处理该选项。如果设计规定只有有意处理的 PHB 会查看该字段，就会避免 IP 选项字段引起的性能问题。只有对输入值有特定要求的组件才会解析该字段，数据包也会发送给它们。这种方案的缺点是，便笺簿的不同潜在用途之间可能存在冲突，因此我们可能会考虑更复杂的方案。

下推栈模型。数据包中显式数据的更复杂模型是显式数据的下推栈（pushdown stack），放在包头里。下推栈是计算机科学中的常见结构。在栈中，值被“推”向栈顶并从顶部移除（或“弹出”），因此栈提供“后进先出”行为，和队列“先进先出”的行为相反。在此模型中，发送方明确地将数据包定向到应执行 PHB 的第一个组件。该组件（概念上）从显式信息栈中弹出第一条记录，并将其用作 PHB 的输入[㊁]。然后，使用存储的 PHB 状态或刚刚从栈弹出的记录中的信息，标识数据包应该到达的下一个组件。这个 PHB 可以将新记录压进栈或保留原始发件方提供的记录，具体取决于目标功能的定义。

这种机制似乎建立在 PHB 排序和某种编程语言的粗略类比上，数据包封装是下推机制的粗略版本，其中整个包头被封装包头压到栈里。包头里下推栈的相关使用，可参见第 7 章我要描述的两种架构——i3 和 DOA，它们使用下推栈来承载 ID

㊀ 原始 IP 的一个特点是能够将数据包分割成不同的部分，允许这些小包在网上传送。包分片的功能不再使用了，在包头中留下了一个未使用的字段。

㊁ 性能问题表明，良好的设计不会真正从堆栈中弹出记录，这样做缩短了数据包并要求复制所有字节。使用偏移指针的方案可以实现期望的功能。

序列，这个序列决定了 PHB 的执行顺序。

堆。基于角色的架构（RBA）这一建议（Braden et al.，2003）（NewArch 项目的一部分），或许是体现一般 PHB 概念和包头表达能力的最佳架构实例。在此建议中，PHB 被称为角色，每个节点的输入数据叫作特定角色头（RSH）。数据包头被描述为 RSH 的堆。术语堆的含义是，角色不一定按预定顺序执行，因此推入和弹出的想法限制太强。RSH 是显式参数的一个例子。该建议讨论了有意的传送和视情况而定的传送，其中有意寻址基于广义定义角色的 ID，或者仅基于特定节点。这里没有深入探讨任何程度上的争斗，也没有给出对发送方利益不利的角色案例，因此没有太多关注隐式参数或拓扑传送。然而，网络作为基于显式输入参数对数据包执行一系列计算的思想，是基于角色架构的核心概念。

主动网。主动网概念最初是由特纳豪斯和韦瑟罗尔（Tennenhouse and Wetherall，1996）提出的，思想是数据包将携带一些路由器能执行的小程序，以便处理数据包。换句话说，是数据包而不是路由器来定义 PHB。相比于当前的因特网，这种思想可以在表达能力谱上很好地定义最大的端点，而当前因特网包中仅具有少量的固定字段，来表示应该如何处理数据包。我将对主动网络的讨论推迟到下一章。

每流状态

我已经将当前的因特网或多或少地描述为一种纯数据报方案，其中每个数据包都是独立处理的，路由器中没有每流的状态，因此 PHB 的所有特定流的参数都必须来自数据包头。通过将序列中不同数据包的处理联系起来，路由器中的每流状态能够扩展可设计的 PHB 的范围。然而，每流状态选项提出了如何建立和维持状态的问题。

信令和状态建立。在原始的因特网中，设计人员避免在路由器中设置每流的状态。这种偏好有几个原因。一是简单性——如果我们没有它也行，就会避免它可能出错时带来的麻烦。特别是，一旦每流状态在路由器中实例化，就必须对其进行管理。诸如何时应该删除或者如果路由器崩溃会发生什么，这些问题必须要回答。无状态模型的简单性使其更容易解释弹性和健壮性。

避免路由器中每流状态的另一个原因涉及数据包交换以及建立它所产生的延迟。为可能只涉及一个数据包的交换设置状态，似乎是浪费精力。拥有一个发送方可以“只是发送”的系统会好得多。但是，如果这样做适用于一个数据包，为什么不能用于所有数据包呢?

然而，控制报文可能是架构表达能力的一个重要方面。每流状态可能仅在特定组件处理特殊情况时才需要。我们现在也在处理每流状态（例如，在 NAT 箱中），不管是否是针对它而设计的。下一章中的一些架构依赖于每流状态，因此似乎值得重新审视这一设计决定。

状态启动位。如果我们准备将每流状态视为设计的一部分，则需要考虑协议是否应该包含建立和维护此状态的标准方法。因特网设计中最初的偏好是避免将独立控制面作为网络的强制组件（当然，没有办法阻止各方将控制器附加到网络中——如果他们选择这么做，但这些不是架构的一部分）。最初的设计偏好是，使用数据包中的字段来携带控制信息（某种程度上，它就是存在的），这些数据包沿着数据转发路径流动。可以想象一下，对于一个端节点，用类似的方法作为标准手段，在中间组件中建立和维持每流状态。这样的思想将丰富数据包头的表达能力，将状态建立的思想构建在设计中，这会关系到数据包序列的处理[㊀]。

可以想象，正如 TCP 具有状态建立阶段和连接阶段一样，在中间元素中建立状态的协议可以遵循相同的模式。数据包头中的一个位（类似于 TCP 连接的初始数据包中的 SYN 指示符）可以表示该数据包包含状态建立信息。此数据包可能需要更多的处理开销（因此可以是 DDoS 攻击的方向），但在正常情况下只会在连接启动时发送。一旦状态建立，数据包中的一些更有效的显式指示可以将后续数据包链接到该存储的状态。这两种类型的包可以具有不同的格式。

在中间组件上维护状态。路由器中的每流状态可以是*硬状态*（在明确地删除之前一直持续的状态），也可以是*软状态*（如果丢失则可以重构的状态）。软状态的优点是，如果用于删除每流状态的机制失败，则路由器中的状态会在一段时间后消失，而不是永久存在。假设该状态是软状态（有争议的选择），协议必须包含在软状态丢失时恢复软状态的方法。我们可以想象出一种新的错误信息，表明某个期望的状态缺失了。要从丢失的状态恢复，发送端必须从全连接模式变回到状态设置模式。发送端可以通过两种方式重新建立状态。首先，它可以从零开始做，发送所使用的任何初始信息。其次，保持状态的中间节点可以向源发送一些（可能是加密的）状态信息，该状态信息可以根据需要再从源端发送，以高效地重建状态。在故意将数据包发送到任播地址的特殊情况下，这种方案或许有意义。在这种情况下，发送端正在发送一个逻辑服务，但实现该服务的实际物理机可能会发生变化。在这种情况下，可能需要在该机器中重新建立某个状态。

与接收方相关的网络内状态（in-network state）。前面的讨论涵盖了发送端沿着路径建立状态作为会话发起部分的情况，但同样重要的情况是，沿着来自接收端而不是发送端的路径建立状态。设置和维护这样的状态实际上是该方案更棘手的部分。

作为对问题的说明，考虑这样的情况，接收端将连接验证外包给运行 PHB 的

㊀ IETF 中的一个相关动向是 SPUD，这个缩略词有多种含义，可以表示数据报下扩展为会话协议、用户数据报的基层协议或用户数据报的会话协议。与在端节点和网络之间创建控制 / 通信路径的任何协议一样，SPUD 提出了安全问题，这些问题因斯诺登泄密而受到关注（Chirgwin，2015）。

一组设备，以保护自身免受攻击。由于发送端（合法的或恶意的）可以连接到这些设备中的任何一台（或许在使用任播地址），因此，这些设备中的每一台都必须具有验证所有可接受的发送端所需的有效信息，或者必须有一个身份验证协议让那些设备将凭证发送到后端服务。保护设备至少需要能够找到这个服务。实践中，这种模式听起来更像是硬状态，一定程度上需要手动建立和拆除，而不是动态的软状态。

在其他情况下，软状态可能更有意义。“未来的防火墙”背后的瞬态服务可能希望临时打开一个输入端口（当然，假设未来网络具有端口），这可以通过动态建立软状态来完成。在这种情况下，需要提供某种机制以确保在必要的时间段内保持状态，即便没有交换数据包。

PHB 和网络资源控制

除了允许复杂 PHB 的架构之外，网络的目标非常简单——传递二进制位。但是，传送位的一个必要组件是，网络必须为此管理其资源。这些功能属于控制和管理的主题，与实际的数据转发相比相当关键，但研究较少。在因特网的早期，单是正确地转发数据包就已经非常具有挑战性了，以至于我们没有多余的精力来考虑网络控制。因此，一个关键的控制问题——网络拥塞，以及我们无法有效地控制它——是实现良好网络性能（实际上送达的二进制位）的主要障碍。直到 20 世纪 80 年代中期，范·雅各布森提出了一个拥塞控制方案（Jacobson，1988），今天仍在使用。从那以后，业界对拥塞控制算法进行了大量的研究，但是对架构和网络控制之间的关系却知之甚少。

路由器 PHB 的一个重要组件，是操纵与网络管理和控制相关的数据。路由器执行相当明显的任务，例如统计转发的数据包数和字节数。与系统动态相关的 PHB（例如拥塞控制）可能更复杂，并受路由器保留的、关于转发的业务数据的影响。我将在第 13 章回到这个问题，并讲解架构与网络控制和管理的关系。

调试

所有机制都会出错，复杂的机制则会复合地出错。如果我们设计的网络允许各种复杂的路由选项和 PHB 调用选项，那么失败的可能性肯定会上升。调试和从这些故障中恢复的工具，对于满足有效性和可用性的目标至关重要。

视情况而定的 PHB 是最难调试的，因为发送者没有有意调用它们。试图在甚至发送端都不知道的盒子里诊断故障的思想是令人头疼的。这一事实表明，当期望有效的诊断时，设计应该优先考虑有意调用 PHB。

如果所有各方的利益是一致的，那么调试工具将是有效和有用的，这是有意义的。但是，如果各方的利益相反，情况就会变得更加复杂。如果防火墙正在阻止攻击者，防止任何类型的调试或故障诊断可能符合防火墙的利益。这样做的目标（从防御者的角度来看）是尽量让攻击者不了解发生了什么，以防攻击者改进攻击工具。因此，虽然调试和诊断的工具和方法必须作为机制的一部分，为未来的互联网提供表达能力，但这些机制的设计者必须将这种争斗牢记于心。

某些类型的故障很容易调试，即便是对于视情况而定的 PHB。导致组件完全不能工作的故障停止事件可以被隔离，就像任何其他路由器故障那样，绕开它进行路由。“有故障但尚能工作”事件不需要诊断。视情况而定 PHB 的一部分或拜占庭故障（参见第 10 章）会给发送端造成诊断问题。这就是为什么我们更喜欢有意调用 PHB，除非 PHB 的目标就是让发送端感到困惑。

表达能力和进化性

在此背景下，术语进化性指的是网络架构随时间的生存能力，并且在保持其核心一致性的同时不断发展，以满足不断变化的需求。第 9 章深入探讨了这个问题，这里我考虑了架构表达能力与该架构可以随时间演变之间的关系。因特网的历史提供了一些信息丰富的案例研究。

我之前讨论过这样一个演变过程，因特网从具有单个全局地址空间变为使用 NAT 设备连接的多个私有地址空间。总的来说，因特网在 NAT 的出现中存活了下来，也许全球地址不一定是推定架构的核心假设。也许并没有那么困难，但更相关的是 IP 选项的退化。开发它们是为了架构的未来演化，其能够提供相当程度的表达能力。但是，IP 选项的处理成本很高，而且在实践中被弃用，甚至到了基本消失的程度。人们可以推测这个事实的含义：

- 也许这种程度的表达能力实际上并不是必需的，并使网络过于一般化。
- IP 选项可能设计得不好，需要的处理太多，不如设计得更好的选项。
- 也许 IP 选项的消失代表了一种不经意的决定，利于短期成本降低而不是未来的可进化性。

然而，在我们看到 IP 选项退化的同时，已经有许多建议通过重新利用 IP 头中未充分利用的字段，向因特网添加一些新功能，特别是与分段相关的字段。这种行为表明，向 IP 头中添加一些额外的表达能力会非常有好处。

无论实际的原因如何构成，人们都可以从前面的讨论中吸取两个教训。首先，避免维护代价大的机制，除非真的需要。例如，如果数据包中有字段用于承载 PHB 的额外输入值，那就做相应的设计，使得只有实际实现 PHB 的设备才必须解析或关注这些字段。如果数据包是有意发送到设备的，则处理规则是清晰的：如果数据包没发送给你，就不要查看额外的字段。

其次，添加到包头的任何机制从一开始就应该至少有一个重要的用途，以确保机制的实现仍然是流行的。如果设计师提出了一些旨在促进发展的机制，但却一个用途也想不出来，也许这就是多余的，会随着时间的推移而退化。

最后，增加促进演化的工具可能会改变争斗的平衡，因此对丰富表达能力的热情，可能需要通过实际评估哪些行为者能使用这个功能来调和。事实上，随着时间的推移，演化的目标似乎与同时以不同方式在网络的不同区域运作的目标是分不开的，以响应这些区域内不同的感知需求。

对未来互联网潜在表达能力进行设计选择，似乎需要权衡。第一方面是可演化性和灵活性之间的权衡，第二方面是简单性和可理解性之间的权衡，第三方面是争斗平衡。但是，没有理由认为这种权衡是重要的。创造性思维可能会导致人们采用其他方式来定义数据包和路由技术，使得我们在所有三个维度上都有收益。为了探索这个空间，问自己一些挑战性问题会大有帮助，这些问题是从零开始的思维过程所需要的，例如为什么数据包里必须包含地址，或者为什么我们需要路由协议。

PHB 和分层

有一个恰当的构想，不少因特网架构师（包括我在内）都很喜欢传播，那就是有一组有限的功能存在于网络“内”。但是我们今天发现的作为中间通信的大多数组件（所谓的中间箱），不知为何，都是在网络“上”而不是在网络“内”。这种构想让我们继续争论，因特网本身所做的哪些事情（以及我们架构师可能负责的部分）仍然非常简单，而“中间箱困境”则是别人的问题。有些争辩很容易得出结论，例如，像内容缓存这样的复杂服务不在网络“内”，但防火墙和 NAT 箱之类的东西则更难被忽略。

定义服务是在网络“内”还是网络“上”的一个基础是哪个角色在操作它。ISP 运营因特网，因此，如果该组件不在 ISP 的控制之下，它如何在网络“内”呢？ISP 可能会实事求是地说，由于它不能对未运营的组件负责，并且由于 ISP 有责任保证数据包传送功能继续工作（即使这些服务发生了故障），这类服务必须在更高的层上。实际上，对不同的 PHB 沿着它的依赖关系轴进行分类，是一个良好的设计原则。很少有网络运营商会允许无法控制的组件（带有其 PHB）参与该区域的路由协议，原因与因特网的早期设计没有预期主机会参与路由协议相同（这个观点与我在第 3 章中讨论过的极简性功能依赖的架构目标一致）。正在提供数据包传送服务的 ISP，应该努力确保该服务的可用性不依赖于其无法控制的任何组件。然而，按照如何调用 PHB（传送模式、参数等）对 PHB 进行分类的方法，比网络“内”

还是网络“上”的方法能更简洁地分类PHB。正如我在第12章研究的架构与经济可行性之间的关系，我认为，在因特网组成部分方面，表达能力的设计实际上会塑造哪个行为者被授权扮演某种角色，这是架构经济可行性的关键因素。这些不同的设计方案，来源于诸如有意的和视情况而定进行传送的情形，是非常重要的问题，而不是网络“内”或网络“上”的模糊概念。

其他网络架构

引言

简而言之，抽象地谈论网络架构似乎读起来也分外抽象。第 5 章以因特网为例进行了研究，但有多个例子可供借鉴总是有益的。多几个例子，有助于突出哪些差异是重要的，而哪些只是其他设计决策的次要结果。

写作本书的动机来源于美国国家科学基金会的未来因特网架构（FIA）项目及其以前的项目。但是，当研究界考虑其他网络架构时，这个计划并不是最早的。相关研究至少可以追溯到 25 年前，有一些建议注意到了不同的需求，并提出了不同的架构方法。在本章里，我们回顾一下这些建议中关于新互联网（internet）架构的选择。

在第 4 章中，我讨论了一些可能影响互联网架构的潜在需求。在下一节中，我按照要着手解决的、最重要的需求来组织这些建议。然后，我将查看几个重要的架构特性（身份和位置的分离、服务模型、它们如何影响 ISP 的角色、架构内的功能依赖关系、如何处理具有不良偏好的行为者和表达能力），并比较与这些特性相关的架构选择。在接下来的几章中，我将专注于具体需求，并详细对其进行比较。

在研究界，大多数建议都是作为思想实验提出的。其中一些，包括 FIA 的建议，是作为运行原型来示范的。可以实际实现并运行的一种想法是，在当前的因特网上构建一个覆盖网。覆盖网络已在第 6 章中进行了讨论。大多数情况下，创造者并没有期望他们的想法会带来一个新的因特网，毕竟目前的因特网部署已经非常广泛了。在一些情况下，这些建议已经影响了因特网某些方面的演化。在我看来，这种影响还是带来了好处。对未来的憧憬，即便隐含在无法实际实现的某个建议中，但在一些特定方向上，也能推动所部署的因特网向前发展。因此，这项工作的影响往往是间接的，但确实有影响。

在许多方面，关于架构的建议是时代的产物。由于因特网已被证明对不断变化的需求具有很强的弹性（我在第 9 章中考虑到了这一点），有趣的是，我在这里讨论的许多建议都是出于对因特网无法承受某些需求变化的担忧。正如我所指出的，我和这里提及的许多架构设计师都偏爱架构极简性，但是，这种极简性很大程度上取决于要选定并解决的一组需求。事实上，多年来需求的格局已经发生了变化，这反映在架构的变化中。

其他架构回顾

在本节中，我简要地概括一下所挑选的其他互联网架构的建议，再看一看美国科学基金会资助的项目（这些项目是FIA项目的一部分）、由欧洲委员会资助的项目以及从20世纪90年代开始的研究。根据设计它们时所要解决的最重要的需求，我对这些架构进行了分组。

架构中的区域多样性

今天，带有特定包格式的因特网主宰了世界。正如我在第2章中所讨论的，这一结果并不总是确定的。在20世纪八九十年代，研究界对因特网架构作为唯一的、全球的方案，并没有多少信心。还有一些具有竞争力的架构协议，包括另一个来自国际标准化组织的分组交换OSI协议和基于信元交换的异步传输模式（ATM）。假设这些不同的建议可能必须要相互操作，这推动了许多高层架构框架的开发，这些框架的目的是让不同的架构（每种架构运行在互联网的一个区域）连接在一起，提供端到端的传输服务，并支持广泛的应用。我对这一类中的四个建议进行描述，分别是Metanet、Plutarch、Sirpent和互联网创新框架（FII)，然后将这些方案和当前的因特网进行比较。

Metanet。大约20年前，Metanet建议（Wroclawski，1997）明确制定了异构区域网络的需求。以下是Metanet白皮书中的一些引文：

> 我们认为，一个新的架构组件，即区域（region），应该成为下一代网络的核心构件。
>
> 区域具有这样的领域概念：一致的控制、状态或知识。同时可以有多种不同的区域，例如共享信任的区域、物理上相邻的区域（建筑物或社区的楼层）、服务支付区域（分层成本结构的支付区域）、行政管理区域。在一个区域内，假设某些特定的不变量成立，算法和协议可以利用这一假设。区域的结构反映了现实世界对网络的需求和限制。
>
> 在网络的不同部分，数据不必以相同的方式传输，任何具有高可信度、满足用户需求的基础设施都可以用来构建一个连贯的应用。数据包、虚电路、模拟信号或其他模式，只要它们符合基本的服务模型，都是可以的。整个网络可以包含几个区域，每个区域都是通过使用特定的传送格式来定义的。
>
> 因此，在区域构成的网中，必须要建立通信路径，这意味着要通过区域间的连接点进行通信。我们将这些点称为路径点（waypoint）。
>
> Metanet的三个基本方面是针对区域网络设计的路由技术和地址系

> 统，以及基于逻辑的端到端通信语义，而不是物理的、公共的数据格式，以及根据需要映射到特定技术的QoS抽象模型和拥塞管理。

尽管Metanet白皮书阐述了这些需求，但它并没有提出具体的架构响应，这只是一项研究议程。但是引文的最后一段抓住了沃罗克拉夫斯基思想的精髓。如果存在转换规则，就不需要在全球互联网上使用通用的数据包格式，但这些规则必须明确，并且必须抓住跨区域的共同内容——端到端服务的定义。一个必须属于共同内容的事项是，命名端节点的方法要具有全球意义。可以在区域的边界上进行地址转换，但区域间必须有充分的共同理解才能使转换正常工作。如果应用要跨不同区域进行互操作，它们必须能够依托于共同的传送语义（或者起码是最基本的共同语义）。为了做到这一点，必须有一个通用的（如果是抽象的）关键网络功能模型。在Metanet建议中，这些功能是QoS控制和拥塞控制。在后来的这类建议中，其他设计师提出了一个不同的整体功能表。

Plutarch。在那些偏爱架构极简性的人群中，一个关键的问题（如果有的话）是，这些区域必须有什么共同之处。例如，必须有共同的地址或名称吗？如果是的话，在架构的哪一层呢？Plutarch（Crowcroft et al.，2003）是极简性方面的一个实验——试图将跨区域"胶水"架构组合在一起，并尽可能少地假设共有功能、共有命名以及其他共享特征。在Plutarch中，区域（Plutarch术语叫场景）是有名称的，但名称并不是全球唯一的。在一个区域内，实体都有地址，但超出了区域范围，这些地址也不是唯一的。区域是由互连实体（Plutarch术语叫填隙功能体（IF））连接在一起的，这些实体在它们所连接的每个区域中都有地址。

为了传递数据，Plutarch使用这种形式的地址：<实体地址，实体地址，…，实体地址>[⊖]，其中，每个实体地址是连接到通往最终目的节点路径上下一个区域的互连实体（填隙功能体）的地址（在特定区域中）。在转发数据包时，每个实体地址依次用于到达连接到下一个区域的互连点，下一个实体地址也是如此，直到最终实体地址对应到实际目标节点为止。

Plutarch包含一种在区域边界上建立状态的机制，用来处理所需要的转换。其作者认为，可以有很多区域，但区域类型或许只有少数几个（十个或更少），因此，对所需的填隙功能体进行编程实现是可行的。

Plutarch建议中几乎没有讨论任何全局功能，如QoS保证或拥塞控制。作为极简性方面的一次实践，Plutarch可能有点太小了。Plutarch面临的一个主要挑战是如何产生端节点的地址，即产生实体地址序列，使得源节点能够识别目的节点。实体地址只有在具体区域的范围内才有意义，在其范围内，实体地址定义良好而且唯

[⊖] 正如我在附录中所讨论的那样，这种地址（描述数据包要流经的一系列节点）叫作源路由。

一。如果一个端点发送数据包到另一个端点，目的节点必须要拥有在源区域中有意义的 Plutarch 目的地址（实体地址序列）。其作者简要勾画了一种产生 Plutarch 地址的方法，他们将其描述为流言。不考虑可能的优化，流言方案的核心是一个端节点宣布它的存在，这个通告会流向外界，直到到达网络的所有地方。当通告经过每个互连点进入另一个区域时，该点上的填隙功能体将其实体地址添加到端点现有的 Plutarch 地址上，因此，随着通告向外流动，每流经一个区域，回到目的节点的源路由就增加一个地址。

这种路由方法，本质上就是 BGP（见第 2 章）在当前因特网上的工作方式。Plutarch 面临的挑战是规模问题。BGP 提供了到区域（2017 年的因特网内，大约有 59 000 个 AS）的路由，而从原理上说，Plutarch 会提供到端点（当今的因特网上有数十亿个端节点）的路由。在接受某个“流言”方法能够在这种规模上工作之前，许多技术专家都会希望看到关于这一概念的证明。

Sirpent。Sirpent（Cheriton，1989）(具有扩展网络传输的源互联网络路由协议）是一个早期的建议，它利用了源路由技术将隔离的寻址区域或架构关联起来的优点。在 Sirpent 源路由中，每个部件都是（为简单起见）当前路由器上的数据包的输出接口，带有网络特定的信息，足以将数据包送达下一个 Sirpent 路由器。这种信息类似于 Plutarch 中的实体地址。Sirpent 聪明的一面是，当数据包穿过一系列路由器向目的端移动时，就逐渐地计算出返回方向上的源路由，并放入数据包中，以便当数据包到达目的端时，该节点能拥有一个可以使用的源地址来发送应答。

为了让发送方获得接收方的源路由，Sirpent 架构假定了一个全球命名空间（有点像 DNS)，可以生成源路由，并将其从发送方返回给接收方。Plutarch 没有做这个假设，这就是为什么它依赖于“流言”方法来创建源路由。实际上，路由将由实现更高级别的全球命名空间的系统来计算，切里顿（Cheriton，1989）的论文指出，拥有网络计算路径的区域是一种优化，但这种优化在大多数情况下是不合理的。

Sirpent 方法反映了这样的观点，即将路由控制交予用户，是端节点功能和网络功能之间较佳的平衡。Sirpent 论文声称，这种方法能够处理计费、拥塞控制、安全性和实时应用。为了处理网络区域的访问控制，作为返回源路由的一部分，全球命名空间系统将计算和返回授权令牌（难以伪造，并且对构造的值进行了加密)，这些令牌确定了发送方使用源路由的权利。某种程度上，Sirpent 机制类似于 Nebula 中的源路由或 NewArch 的转发指示。Sirpent 是我这里描述的最早的建议之一，这个建议值得一读，从中可以感知曾经的那个时代。

互联网创新框架。Pluartch 的一个关键假设是各种架构已经存在，并且必须被视为已经给定。这个假设驱动了许多基本的设计决策，因为 Plutarch 只能对每个区域架构的特性做出最起码的假设。这一假设在因特网与其他网络（如 OSI 和 ATM）

相竞争的时代是合理的。然而，随着时间的推移，这种动机已经消退，取而代之的是一种新的关切：因特网的统治地位将使它基本上不可能走向更好的解决方案，即便出现了更好的解决方案。互联网创新框架（FII)(Koponen et al.，2011）提出了一种类似于 Pluartch 的区域架构，但和 Pluartch 相反的是，它假定区域架构是预先存在的，FII 认为不同区域架构的设计者会创建它们，同时又考虑到（最低限度）总体 FII 设计。如果总体架构（FII）首先出现，并且设计区域架构以适应这些约束，那么 FII 的设计者可以对区域架构必须支持的内容做出更强的假设。与此同时，FII 的设计者又力求形式主义——希望在满足所确定的基本需求的同时，尽可能少地对不同架构进行限制。

FII 建议确定了架构的三个关键的要素：

- 第一个和 Pluartch 一样，是区域的互连功能。
- 第二个是网络呈现给应用层的接口（API)。Metanet 建议对这一需求使用了不同的词语（一致的端到端通信语义），但需求是一样的。Plutarch 并不强调这个接口，但是在 Plutarch 的设计中，端点共享交换语义的共同视图是隐含的。
- FII 的第三个关键要素是缓解分布式拒绝服务（DDoS）攻击的方法。FII 的作者认为，DDoS 攻击引起的特定安全挑战（与病毒和网络欺骗等其他挑战不同）都必须在网络层进行管理，因此任何网络架构都必须明确地提出如何做到这一点（DDoS 攻击及其缓解方法将在第 10 章中讨论，该章详细解释了为什么不同类型的安全挑战需要在系统的不同层进行解决)。FII 建议中使用的 DDoS 缓解方法——关闭报文（SUM）——要求所有的区域实现一个相当复杂的、可信的服务器机制，并需要说明如何跨区域边界一致地传递某些值。

在区域接口上，文献（Koponen et al.，2011）所描述的核心机制是一种实现路由的协商方法。他们的方法是“走小道”（Godfrey et al.，2009)，但强调也可以选用其他机制。然而，由于必须就该计划达成全球协议，因此必须将其指定为架构的一部分。事实上，需要跨越区域边界的值有很多，这就意味着，对于这些值——目的地址、减缓 DDoS 攻击所需的信息等，必须有一个约定好的高级表示。作为 FII 系统一部分，任何区域架构都必须符合支持这些值和关联机制的要求。这一要求反映了 FII 和 Plutarch 的不同设计目标。Plutarch 的目的是将已经存在的架构连接在一起，FII 旨在允许新的区域架构随着时间的推移，在 FII 先前施加的约束内出现。FII 建议的作者声称，这些约束极少。

关于 FII 是否进行了充分描述，可能会有争论。例如，设计者认为无须任何抽象模型来处理拥塞或 QoS，这与 Metanet 相反，Metanet 认为拥塞是全球需要解决的关键问题之一。另一方面，Metanet 和 Plutarch 建议都没有提及缓解拒绝服务攻击。FII 建议是在 Metanet 建议 15 年后提出的，那时需求已经变化了，这些架构都是它们那个时代的产物。

讨论。将 Plutarch 或 FII 的目标与原始因特网的目标进行比较，可以获得丰富的信息。因特网最初的目标是将不同的网络连接起来，包括 ARPAnet、卫星网以及分组无线网。因特网解决方案与 Plutarch 或 FII 的方法有何不同？在处理不同技术的互连时，有两种通用方法：*跨越架构*（spanning architectures）和*转换架构*（conversion architectures）。在 Plutarch 或 FII 这种基于转换的架构中，作为本地形式，每个互连的不同网络必须提供这样的服务：互连点可以将一个服务转换为另一个服务。有了这种方法，Plutarch 或 FII 这样的转换架构，需要做的就是以一般的方式定义该服务的抽象表达式，使得互连点能将一种服务转换为另一种服务，同时仍然可以在这些服务之上构建令人满意的应用。

相反，跨越架构定义了端到端的服务，可以表示为公共分组格式和传送保证，并且每种类型的网络底层服务用来承载其基服务之上的服务。因此，在因特网情景中，ARPAnet 的基本传输服务就用来传送因特网数据包，而不是试图以某种方式将抽象的因特网数据包转换为 ARPAnet 数据包。

货物的运输提供了一个真实的对比实例，即便不完美，也能说明转换网络和覆盖网络之间的区别。包裹通常是装入某种运输车中进行传送，在从一辆车向另一辆车转运的过程中，还需要卸车和再装车。这种模式有点像转换网络。集装箱的发明和标准化，使得运输发生了变化。单个物品塞进集装箱中，集装箱从发货端到接货端端到端地传送，中途不再卸车。不同类型的运输工具可用来运输集装箱，这包括卡车、火车和轮船。IP 所定义的“细腰”因特网（参见图 2.1）和集装箱运输非常相似。发货人并不关心用什么技术来运输集装箱，而运输工具设计也不需要考虑集装箱内的物品（可能还是有点限制，比如最大重量）。

跨越网络的另一个术语是*覆盖网络*（overlay network）。随着时间的推移，覆盖网络的概念发生了变化。由于因特网架构已经占据了统治地位，处理不同区域架构的需求已经淡化了。今天，覆盖网络描述了一种运行在因特网之上的服务，以提供一些专门的业务，例如内容传递。这种专门业务可以运行在异构的低层网络架构上，如因特网其他网络，目前这种可能性并无多大意义，但当初正是这些不同网络的存在，才造就了因特网。

从这个背景上说，FII 的设计就是解决特定问题——将服务模型从如何实现的细节（如包格式）中抽象出来，随着对优秀网络架构设计新见解的学习，设计师可以随着时间的推移，从具体化的一个概念转移到另一个概念。正是抽象服务模型的规范和与当前实现真正无关的说明，才是基于转换的架构的主要挑战。

在我写作本书的时候，可称为异构区域架构的最新技术是物联网（IoT）。这一技术空间，以前称为传感器和执行器网络，涉及的设备可能具备甚低功率和固定的功能，并且往往是无线的。一些物联网的拥趸者声称，目前的因特网协议将不能很好地服务于这类设备。几乎任何设备都可以编程发送因特网数据包，但这还构不成挑战。物联网环境带来了与管理和配置有关的问题，而目前的因特网架构根本没有解决这些问题，有些设备确实会使用与因特网数据包不兼容的网络技术——功能可能有限，数据包大小可能不够，等等。然而，我今天怀疑，由于很多物联网设备都是固定功能的，对于那些基于不同低层网络架构的物联网网络来说，物联网网络与当前因特网之间的互连将发生在应用层，而不是在较低的传输层。物联网互连不会通过一般的覆盖或互连架构来实现。

性能

应用层框架。许多架构建议解决了性能的某个方面。例如，允许客户端查找距离最近的某些数据副本的架构，当然是在解决性能问题，但是，很少有建议解决了经典的、也许是简单化的性能概念，也就是使协议能够更快地传输数据。应用层框架（ALF）（Clark and Tennenhouse，1990）确实注重性能，但其解决的性能方面并不是网络性能，而是端节点的协议处理性能。特别是，ALF 的功能模块化在很大程度上是为了减少处理器在发送和接收数据包时必须要做的内存副本数。原理上，ALF 允许用最少两个数据副本（包括应用层处理）来实现协议栈，这是提升端到端吞吐率的关键[㊀]。这个问题似乎已经成为协议处理中的主要关注点，但实际上，通过协议栈的各层复制数据的开销，可能仍然是端到端吞吐率的一个限制因素。

架构方面，ALF 也允许区域性差异，特别是，作者正在考虑将 IP 和 ATM 作为候选的架构。架构的差异程度意味着，在区域边界上，互连设备将不得不把数据包拆分为信元，或者把到来的信元组装成数据包，相应地，这也意味着在区域边界上存在着大量的每流状态（per-flow state）。跨所有区域架构的共同负载元素（使用 Metanet 术语，叫*端到端通信语义*）是一个较大的数据单元，称为应用数据单元（ADU）。ADU 是一组字节序列，互连设备可以根据需要对其进行分段或重新组装。由于低层故障引起的 ADU 部分丢失，会让互连设备丢弃整个 ADU，这意味着丢失的数据包或信元可能会严重影响（网络）性能。

以信息为中心的网络技术

以信息为中心的网络（ICN）背后的思想是，用户通常不希望通过网络连接到

㊀ 为了让计算机对数据执行操作，必须从内存中读取数据。如果以任何方式转换了数据，则必须将转换后的数据写回内存。将数据拆分为包、从信息的一种表示转换为另一种表示等，都需要读写内存。读写若干字节的数据单元，通常是发送和接收数据的过程中最耗时的部分。

特定的主机，而是希望连接到更高级的元素，如一个服务或一段信息。信息或服务可以在跨网络的许多位置上进行复制，并且，这种网络构建的出发点是，选择哪个位置来复制是较低网络级的决策，因为这种选择对用户的目标来说并不重要。这种假设是，相比于高一级服务能做的决策，网络获取的信息（拓扑、延时等）能让它在数据源之间做出更好的选择。这个假设是有争议的，由于应用性能、可用性、安全性和数据完整性等考虑因素，这种选择对用户来说可能很重要。不同的 ICN 方案在不同程度上考虑了这些因素。然而，支持 ICN 网络技术的观点是，ICN 网络提供的服务（数据传送）从根本上说更符合用户的实际目标。

TRIAD。TRIAD（Cheriton，2000）是一种 ICN，它在很大程度上受到网站设计的启发。TRIAD 中用于数据的名字是 URL（参见第 2 章和第 8 章），TRIAD 的目标是，将 DNS 模式的名字和 IP 地址的映射机制与网络架构结合起来。在 TRIAD 中，用户通过发送查询数据包来请求数据，数据包中含有作为目的地址的 URL。为简单起见，TRIAD 中的路由器包含基于 URL（或 URL 前缀）的路由表，因此，它们可以将查找请求转发到数据所在的地方。查找请求启动一个传统的 TCP 连接（一个修改的 TCP SYN 包），因此一旦查找请求到达数据的位置，TRIAD 就使用 TCP（带有低一级 IP 风格的地址）来传送数据。

TRIAD 不要求所有的路由器都支持基于 URL 的转发表。TRIAD 假定一个区域结构（一组连接的 AS，类似于今天的因特网），并要求每个 AS 都维护一组路由器，这些路由器带有 URL 转发表。当 AS 接收到一个所建立的请求，路由协议必须能将其转发到其中一个路由器，因此，只要这些路由器具有带 URL 转发表的路由器地址，大多数路由器就能够像今天一样工作，只有一个基于 IP 的转发表。

TRIAD 面临的主要挑战是设计基于 URL 的路由系统，以适应因特网的规模和未来数据名称的预期数。这个建议使用了类似于 BGP（路径矢量）的路由公告方法，其中，路由公告包含 URL 的第一级和第二级，而不是 AS 号。如果 TRIAD 中的数据名像今天的 DNS 名那样组织，转发表必须足够大，以容纳所有的二级 DNS 名，这些名字有数亿个，但没达到千亿。多个数据源可以声明使用相同的 DNS 前缀，然后路由协议会计算到任一最近源的路径，因此 TRIAD 方法提供了一种基于名字的任播形式。然而，仅根据 DNS 名的前两个要素来转发，可能不足以有效地管理数据位置。

DONA。面向数据的网络架构（DONA）（Koponen et al.，2007）在很多方面跟 TRIAD 相似。一个发出请求的客户端发送一个查找数据包（在 DONA 中叫作查找请求），当其到达数据位置时，会触发与客户端之间建立类似于 TCP 的连接来传送数据。在使用数据名方面，DONA 不同于 TRIAD，它是从数据本身派生出来的，而不是使用 URL。任何特定的数据块都是由一个主体创建的，这个实体具有独特的、不易遗忘的标识（一对公共 – 私有密钥）[一]。可变数据的名字为 P:L 形式，其中，P 是主体的标识（主体公钥的哈希值）；L 是一个标签，在 P 的命名空间内它是唯一的[二]。对于不可变对象，L 是数据的哈希值。基于哈希的名字没有提供结构来指示位置，这种命名方法有时候被称为平坦的[三]，跟层次结构相反。和 TRIAD 相似，在类似于 BGP 的路由系统中，名字传播到支持基于名字转发的每个 AS 内的那些特定路由器上。主体能够声明 P:L 形式的名字（如果与给定主体关联的所有数据位于相同的位置，则可以给出有限的位置指示），或者 P:* 形式的名字，这种形式提供了主体的位置。同样，主体可以从多个位置声明这些名字，为转发进程提供一个类似任播的字符。

由于名字在 DONA 中是平坦的，不同路由条目的数量将远高于 TRIAD。DONA 提出了一个重要的可扩展性假设。DONA 设计师假定网络具有一定程度上的分层结构，这类似于今天的因特网，核心处是一级（广域）服务提供商，在任一低级服务商处，均可选择直接互连。在今天的因特网中，外围 AS 不需要保持完整的转发表，但可以有一个指向核心的缺省路由。在因特网的核心区域，路由器必须维护到地址空间所有部分的路由，因此，有时它也被称为“无缺省区域”。类似地，核心之外的 DONA 路由器不需要存储完整的基于名字的转发表。只有在相当于无缺省区域的 DONA 中，路由器才存储完整的基于名字的转发表。

命名数据网络。命名数据网络（NDN）（Zhang et al.，2014），是 FIA 项目中 NSF 资助的一个项目。NDN 吸收了 TRIAD 部分寻址的思想，并将其推入数据平面。特别是，NDN 没有使用基于名字的查找数据包来触发类似 TCP 的数据传输阶段，取而代之的是，在每个数据包中使用数据名而不是低层的地址。NDN 的一个设计目标是，删除该方法中任何可路由的低层地址的概念。假设这种方法将产生一个简单的网络结构，该结构具有很强的一致性和清晰度。就像 TRIAD 名字一样，这些名字在格式上都类似于 URL，但现在每个路由器都必须有一个基于名字的转发表。在 NDN 中，数据的名字描述了数据包，而非较大的数据单元[四]。

[一] 对于那些不熟悉加密、公共 – 私有密钥或非对称密钥的人，我在第 10 章对其进行了讨论。

[二] 哈希值是一个短的、固定长度的值，它由一个函数产生，这个函数按照某种算法融合输入的位（公钥、数据本身或其他任何东西）。DONA 使用“加密哈希”，该哈希函数具有这样的特性：一方面很容易计算出任何给定输入的哈希值；另一方面，这个过程又是不可逆的，通过哈希值无法计算出某个输入值。加密哈希被称为自证明的，因为一条内容的接收者，通过重新执行加密哈希函数并确定产生了正确的哈希值，可以确定该条内容是否正确。

[三] “平坦”这个术语意味着那些地址不具备使转发过程更加高效的结构（例如分层组织）。当前因特网分配地址，使得网络的拓扑区域与地址块相关联；这意味着路由器只需要跟踪这些块（地址的前缀），而不是因特网中的每个目的地。即使如此，核心因特网路由器中的一个转发表现在大约有 68 万个条目。在转发方案的设计中，转发表的大小是一个重要的考虑因素。

[四] 有意思的是，DONA 建议也指出，名字能够描述数据块而非完整的数据单元，但这只是 DONA 的一个次要目标。

因此，对于寻址和转发，NDN 架构明显不同于很多其他建议。在 NDN 中，有两类包：兴趣包和数据包。在 NDN 中，不是将包发送给一台主机，而是发送一个包含被请求数据名字的兴趣包，并从返回的数据包中获取信息；返回的数据包含有数据名、数据本身以及将名字和数据绑定起来的签名，因此证实了数据的有效性。在这两种情况下，包中都没有网络级的地址，无论是源地址还是目的地址，只有所需信息的名字。NDN 的一个关键技术是，当一个兴趣包向数据位置路由时，沿着返回到原始请求者的路径，有关该包的信息就记录在所有路由器中。因此，在 NDN 中，沿着兴趣包所经过的路径，每一个路由器都有"每包状态"（per-packet state），它包含兴趣包所来的路由器接口和被请求的数据名。

数据名是分层的，从数据的授权所有者开始，然后是特定数据的名字。数据的每个所有者 / 创建者都有一个公开 – 私有密钥对，并使用私钥生成验证数据的签名。因此，任何拥有所有者公钥的人都可以验证数据包：特别是数据的完整性和与名称的绑定。数据的名字也描述了它的位置。当信息传送到新位置时，数据包会出现一个变化，称为链路，它封装数据包并由当前位置的操作员进行签名。此签名允许任何具有公钥的人，验证包中指定的位置是否是该包的当前源。

当路由器将数据包回转给原请求者时，它还可以选择将缓存的副本保存一段时间。路由器可以使用这个缓存的副本来满足后续的兴趣包，而不是从原始位置获取数据。这种机制可以高效地传送流行的数据。

NDN 可能是 FIA 对互联网备选架构提出的最激进的建议。我会在本书的后续部分中多次回到 NDN 的建议中。

PSIRP/PURSUIT。发布 / 订阅因特网路由模式（PSIRP）及其后续方案（Trossen et al.，2008；Trossen and Parisis，201），作为其未来因特网研究计划的一部分，是由欧洲委员会资助的。虽然我把两者都归类为 ICN 的例子，但这个建议在很多方面都不同于 NDN。PURSUIT 的对象是更高级别的，与应用、服务或用户可能需要的内容更密切相关，而不是像 NDN 中那样的包。在这方面，PURSUIT 对象类似于 DONA、TRAID 对象，也类似于 ALF 中的 ADU。这种方案里的对象具有在 PURSUIT 范围内有效的名字。这些名字被称为会合标识符（RID），因为对象的发布者和订阅者通过这些名字互相找到彼此。对象的创建者发布对象的方式是这样的：向作用域发送一个报文并要求它给对象分配一个 RID。作用域通过一组会合服务器来实现，在该作用域中，这些服务器保持每个 RID 与一个或多个较低级网络地址之间的映射，通过该映射可以检索对象。作用域本身也使用 RID 形式来命名（换句话说，作用域本身不必具有全局唯一 ID），因此，对象的名字就是一个 RID 序列：< 顶级 RID，第二级 RID，…，最后的 RID>。订阅表示接收对象中的兴趣。为了在创建者和请求者之间建立一种控制平衡，该架构对于发布和订阅都是明确的。作用域还包含一个拓扑管理器（TM），它负责跟踪数据的副本存储在哪里，是在缓存中还是在发布端上。当一个订阅请求被作用域接收后，最后的会合服务器联系 TM，由 TM 确定数据的位置，由此将数据传送给请求的订阅者。

PURSUIT 名字和 TRIAD 名字的层次结构相同，但绝不是 URL 模式的。这并不意味着 PURSUIT 里嵌套的名字，其含义和 DNS 名字的含义具有相同的方式。在 PURSUIT 里，作用域名和对象名都只是 ID，除了标识正在使用哪个作用域来提供会合服务外，没有做任何事情。如果 PURSUIT 里存在"有意义"的名字，那么，它们将会存在于更高一级的命名系统中。

信息网络（Netinf）。作为未来因特网计划的一部分，Netinf（Dannewitz et al., 2013）也是由欧洲委员会资助的。和 DONA 一样，Netinf 使用平坦的、全球唯一的名字来标识数据对象。类似于其他方案，Netinf 的安全架构将对象的名字定义为其内容的哈希值。Netinf 和 NDN 一样，为数据对象[⊖]定义了标准格式，以便系统中的任何元素而不仅仅是端节点，都可以验证一个对象是否对应于与其相关联的名字。作者强调了它能验证数据对象和来源无关的重要性，因为 Netinf（与许多 ICN 建议一样）架构也包含数据缓存管理。

Netinf 检索模型类似于 DONA 的检索模型：使用对象的 ID 将 GET 报文路由到存储对象的站点，在这里，端节点打开传输连接来传送对象。Netinf 设计师考虑到一个具有区域多样性的系统（如 FII 或 Plutarch），并描述了实现它的两种方法：随着 GET 报文的转发，在区域边界上建立状态，以便通过该边界点将随后的传输连接链接在一起来传送对象；或者在 GET 报文中汇集某种类型的返回源路由，以允许返回响应报文。

Netinf 规范讨论了两种基于 ID 的路由模式。一种是名字解析服务器（NRS）系统，它是分层组织的，可以将请求转发到对象存储的位置。从总体上讲，这一方法似乎与在 DONA 中描述的方法相似。这个规范还讨论了基于 ID 的直接路由技术，该技术工作在系统中的某些路由器上，也可能工作在网络的局部区域内。Netinf 规范使用了存储在 NRS 中作为*路由线索*的信息，同时指出，路由线索不需要让请求一路发送到目的区域，而只需要指向它，其中的另一个 NRS 可能有更具体的信息。正如所描述的，Netinf 能够支持*对等节点缓存*（peer caching）功能——一个端节点可以通知 NRS 它拥有某些数据的副本，或者直接对某个区域内广播的 GET 报文进行响应。关于路由方法，Netinf 和 NDN 有一些相似之处，这两种架构都允许一些路由和转发方法将请求发送到数据位置上。然而，Netinf 允许对 NRS 和本地每对象（per-object）转发表进行查询。丹尼维茨等人的论文包含相关分析，认为对象

⊖ 在这种情况下，是一种基于多用途因特网邮件扩展或 MIME 标准的表示形式。

ID的全球NRS是可行的。

讨论。我在第5章中曾指出，因特网需要一个可以处理因特网规模的端节点寻址的路由协议，但设计者却没有提出相关协议。今天的因特网依赖于地址的拓扑聚合程度（因特网路由到地址块，而非每个地址），但是在架构中并没有给出地址块的大小和数量。今天在因特网上看到的地址块数，是对当前路由器能力的一种实际回应。对于DONA、Netinf、NDN和MobilityFirst等方案来说，挑战在于能否设计出一种能够满足架构的规模需求的路由方案——所有这些方案都需要一个路由系统，但都没有把它作为架构的一部分（在每一种情况里，这些建议都包含一个可能的解决草案，以使该方案可信，但与因特网一样，实践中使用的路由方法可能会随着时间的推移而演变）。

这些不同方案之间，一个差别是数据命名嵌入在实际网络架构中的程度。NDN完全依赖于数据名字，没有可路由的网络级地址的概念。TRIAD和DONA要求一部分路由器理解数据名字，但是，一旦确定了数据的位置，它们就依赖于网络级的地址来转发实际传送数据的包。PURSUIT中的名字不用于转发包，而只是为查询会合服务器奠定基础。PURSUIT架构可以部署在现存的因特网之上，这是一个更高一级的方案，和DNS的意义一样。

适应变化的架构设计

正如我将在第9章中讨论的那样，对于如何设计架构，使其能够具有一定长度的寿命，有几种观点。对于这个目标，不同的方案有不同的观点。

前面讨论的FII认为，随着时间推移，将会设计出新的架构，因此，高一级FII设计的目标是，在这些不同的架构上定义一组极简的约束，以便它们就能够互通，从而为迁移提供一条途径。

有表达能力的因特网架构（XIA）。XIA建议（另一个由NSF资助的项目）强调的是数据包中富有表达能力的寻址技术，以允许网络使用各种方式将包传递到预定的目的地，并在网络中提供一系列服务。在XIA中，丰富的寻址和转发机制允许一个包同时携带多种形式的地址。例如，它们可以携带所需数据的内容标识符（CID），但也可以携带承载该数据的服务标识符（SID）、服务所在的主机标识符（HID）或知道内容标识符的管理域（AD）。这种丰富性被描述为正在表达的意图（expressing intent），而其他地址允许各种形式的回退转发。这种灵活性允许端主机从一组更丰富的网络服务中进行选择。它还应该有助于延长设计的寿命，因为相比于当前从IPv4迁移到IPv6，在向新型XID迁移时，会允许增加更多的服务。

XIA方案的一些具体特点是：

- 各种标识符统称为XID，被指定为是自证明的。例如，它们可以是公钥的哈希值，也可以是其所指向数据的哈希值。这种设计允许端节点（例如，应用或者可能是实际用户）确认他们试图完成的操作是否已正确完成，如连接到想要连的主机、得到想要的数据等。换句话说，这些机制将各种各样的攻击转化为检测到的故障。

- 通过聪明地使用包中的多地址目的字段，XIA 提供给端节点一些选项，以便避开或绕过网络中的故障节点。
- 下一代网络（SCION）系统（XIA 的一部分）的可伸缩性、控制和隔离，提供了一种结构，将整个网络拆分为一些所谓的信任域，这种结构允许各种端节点对路由进行控制。

XID 提供了一种方法，来确认一旦端节点有正确的 XID，就会发生正确的动作。然而，大多数网络操作都是以较高级别的名字开始的，比如 URL、电子邮件地址等。由于不同的应用可能涉及不同类型的高级名字，XIA 架构没有定义如何以可信的方式将这些名字转换为 XID。关于应用及其支持的服务必须做什么，XIA 架构给出了需求，但没有说明如何做。

断断续续的、高延时的连通性

因特网及其衍生物的设计是为了提供即时的包传送，从某种意义上说，它们适合于交互式应用。今天因特网上精心设计的区域，传送数据包的速度一般为光速的 1/3 到 1/2[㊀]。然而，并不是所有的操作环境都具有能试图支持这类交互式应用的特性。星际互联网就是这种挑战的极端形式——断断续续的连通性（也许是由于卫星进入范围和离开范围）和秒一级的延迟（如果没到分钟级的话）。

针对这些具有挑战性的需求，人们设计了一类称为延迟 / 中断容忍网（DTN）的网络。DTN 的目标是，在延迟很长和不可靠通信信道环境下提供令人满意的数据传送服务。这里的讨论是基于一篇开创性的架构论文（Fall，2003）[㊁]。由于端到端延迟时间长且是可变的，DTN 高级服务模型必须不同于因特网：转发必须基于可靠的中间存储点，而不是直接的、尽力而为的端到端转发。DTN 中存储和转发的数据单元不是数据包（在整个系统中，这可能不是统一的标准），而是更高级的数据单元（类似于 ADU），称为捆（bundle）。DTN 架构基于底层架构中的区域性差异（例如，任何给定的经典因特网），因此在某些方面和 Metanet 之类的建议类似（DTN 建议特别提到了 Metanet）。DTN 不试图将区域架构缝合在一起，来实现一些和个别区域行为类似的、端到端的性能。它是一种跨越架构，而不是转换架构。

㊀ 虽然光速似乎如此之快以至于本质上是无限的，但光纤中的信号来回穿越美国大约需要 40ms。因特网上测量出来的穿过美国的往返时间一般在 70ms 到 100ms 之间。

㊁ 感兴趣的读者可参考 http://ipnsig.org/，以了解 DTN 倡议的背景。

DTN架构依赖于区域边界上的设备来终止传输连接、接收和重新组装捆，并可能将这些捆存储很长一段时间，直到能够继续传输。不同的区域可能使用不同的传输协议，这取决于延迟是星级的（on-planet)(这里，TCP将是合适的）还是多分钟的。由于系统中的长延迟使得因特网经典的端到端可靠性模型（使用回流到源的确认机制）变得不切实际，因此，DTN要求区域间的存储和转发部件足够可靠，以承担确定转发捆的职责。在这方面，DTN架构的基本通信模式类似于因特网电子邮件，具有（假定是可靠的）邮件传输代理，但架构上没有端到端的传送确认。另外，由于存储和转发节点将具有有限的存储，DTN增加了关于分层流控制的问题。

DTN中目的节点名字的形式为<区域名，实体名>。区域名是全球意义上的，实体名只在区域内是可路由的。在DTN论文（Fall，2003）中，每个名字都是可变长的文本字符串，而不是某类平坦的、自认证的ID。然而，DTN可以在不扰乱方案的情况下使用这类名字。就像我在这里讨论过的许多其他方案一样，DTN依赖于一个路由方案，该路由方案没有指定为架构的一部分，但却是必须要设计的。在这种情况下，路由方案不处理路由到对象的问题，而是路由到潜在的少数区域。DTN路由面临的挑战是如何处理整个网络中复杂和多维的参数，这可能包括按照已知时间表提供断断续续连通的卫星链路，或者（作为陆地上的例子）所谓的数据“骡子”，例如连接无线基站的农村客车或货车，只要经过，就可以装上或卸掉捆。DTN提出了一种框架，其中路由是由一组依赖于时间的联络点（contact）组成的，通过一个路由算法来汇集[⊖]。这种网络的弹性会强烈依赖于路由协议的设计。

塑造产业结构

我为架构列出的其中一个需求就是其经济活力及其促生的产业结构。学术上的架构建议很少直接针对这个目标，但是，工业界的架构师已经迅速地理解并响应了这一需求。1992年，当政府在时任参议员艾尔·戈尔的敦促下，宣布NII（国家信息基础设施）的愿景时，工业界迅速对其主要关注的问题做出反应，那就是设计的模块化及其对产业结构的影响。其中阐明，由于私营部门将部署国家信息基础设施，该行业结构是成功的关键。两个小组对NII的呼吁做出了回应。

CSPP。计算机系统政策项目（CSPP）现在名为技术CEO委员会，通过一个高级的愿景文档（也许跟一组CEO起草的文件一致）对NII的概念进行了响应（Computer Systems Policy Project，1994）。它没有探讨架构，但包含一个需求表，在某些方面与我在此讨论的内容类似（接入、最初的修订、隐私、安全、保密性、可购性、知识产权保护、新技术、互操作性、竞争和免除承运商责任）。

⊖ 可能有点类似于道路的组成方式。

XIWT。由罗伯特·卡恩在国家研究创新部门召集的跨行业工作组（Cross-Industry Working Team，XIWT），深入研究了 NII 的潜在架构（1994）。其中描述了一个功能服务框架和一个参考架构模型。在列出了自己的需求表（可共享性、普适性、完整性、易用性、成本效益、标准和开放性）之后，该小组将重点放在定义 NII 模块化的关键接口上。它强调了两个在因特网上没有很好定义的接口：网络－网络接口（定义 ISP 如何互连的控制接口），以及网络服务控制点到网络的接口（允许第三方控制网络的行为）。

讨论。据我所知，这些文档对技术界开发因特网没有多大影响。之所以写这些文档，是为了潜在地影响华盛顿的方向制定，华盛顿在制定方向方面做得不太好。关于网络－网络接口的建议与当前的因特网并不矛盾，只是把注意力集中在因特网设计的一个方面，而这一点在当时还不太成熟。关于网络服务控制点的建议与当前的因特网不太兼容。这个接口可能会让人想起电话系统正在构想的智能网络接口，它可以控制先进的服务，这也暗示了 XIWT 成员并没有完全致力于“哑的、透明的”网络思想。也许在建立网络服务控制点的建议中，我们看到了软件定义网络的早期曙光。

移动性

对于许多今天的因特网用户来说，移动设备已成为常态，随着汽车等复杂移动系统的出现，它不仅仅是单个的设备，还是具有许多连接设备的本地网络，而且这些设备是可移动的。支持移动性的架构的关键需求包括位置与身份的分离，适应断断续续的连通性和可变的性能，以及跟踪移动设备、网络和数据位置的能力。在如何处理这些问题方面，其架构是不一样的。

MobilityFirst（MF）。MF 架构（另一个 NSF 资助的项目）的出发点是处理移动端节点带来的问题，特别是，设备从一个网络向另一个网络移动，以及当设备变得不可达时的瞬时中断。在 MF 中，名字和地址之间有两级绑定。在高级绑定上，和 DNS 类似的、被称为命名服务（NS）的一些名字服务，从主机、服务、传感器、数据或环境（环境是符合某种标准的一组事物）映射为一个平坦的 ID，也就是全球唯一标识符（GUID）。在低一级的绑定上有一个服务，即全球名字服务（GNS），从 GUID 映射到其当前位置，也就是一个网络地址（NA）。

MobilityFirst 设计背后的基本思想是目的 GUID 和目的 NA 都包含在包头中，当数据在网络中传送时，它不但可以基于网络地址快速转发，而且还允许网络中的路由器通过动态查询 GNS 来处理移动性和重定向。如果源数据包中包含的 NA 不是目的节点的当前位置，网络中的路由器能够尝试通过 GNS 来查找一个新的 NA。如果由于无线连接问题导致目的节点暂时无法到达，路由器还可以在中间点存储数据。存储的数据由其GUID来标识，直到路由器能够确定新的目的网络地址。

为了增强安全性，GUID和NA都是公钥，因此拥有GUID或NA的任何人都可以确认绑定是有效的。因此，网络地址的名字空间是平坦的。MF的设计假设是，今天的NA值可能和路由表条目一样多。

讨论。GNS是一种特定的方法，来解决所有支持移动的系统必须要解决的问题：如果某个组件（端节点或网络）是移动的，就必须有某种稳定的服务（本身不移动的服务）来记住移动组件的当前位置（MF术语中的网络地址）。移动端节点（或移动网络）必须在移动时向该服务报告当前位置，希望与该移动节点联系的端节点必须知道如何到达该服务。MF采取了一项非常有雄心的方法来处理移动端节点：当数据包跨网络传输时，允许数据包重定向到一个新的连接点上。使之成为可能的机制就是GNS，它必须能足够快速地将大量GUID（可能是1000亿个）映射到相应的NA，以允许数据包在传输中重定向。

这个雄心勃勃的目标可以有所放宽，一种更简单的方法是，如果在目的NA处没有找到GUID，则丢弃数据包，并向发送端返回一个错误报文，发送方必须确定当前有效的NA。在这种情况下，仍将需要某种服务来将GUID映射到其当前NA，但是该服务可以以非常不同的方式设计出来。有一个与GNS有关的潜在安全问题：由于是记录每个GUID位置的单一系统，原理上，对于给定的GUID，任何人都能查询GNS并跟踪其当前的位置。如果不要求路由器能查询服务，而只是端节点来查询，那么在如何设计该服务方面可以有更大的灵活性。任何人都想要到达的移动端节点仍然在公共映射服务中注册位置，但通信模式更为严格的端节点，可能会使用更加秘密的映射服务，且只能用于选定的通信方。在某些情况下，可以不需要提供任何从GUID到NA的映射。如果存在更高一级的命名系统（类似于DNS或MF的命名服务），那么，该服务可以是移动端节点当前位置的仓库，并且映射将会从更高一级的名字到NA。

跨层优化。我没有具体的架构建议来说明这个目标，但某些无线网络（尤其是那些针对极具挑战性环境而设计的无线网络，如战术性的战场网络）的设计师认为，为了使这些网络成为现实，需要放弃我描述过的、作为大多数架构基础的分层抽象，其认为端到端的服务是技术无关的、通用的数据包传输服务。另一种观点是，无线技术具有一些强大的特定技术特征（如广播），也具有某些特定的技术限制，如剧烈变化的信号质量和干扰程度。在这种观点中，更高的服务层和应用设计需要考虑到这些特定的因素，利用技术特性来弥补这些限制。这种方法将不包括这样的网络——我描述过的覆盖和转换互联网架构；相反，如果期望基于其他技术互连到网络，这种方法需要在应用层进行互连。

尽量减少对全球唯一标识符的需求

无论是针对数据、服务还是端节点，这里描述的许多方案都依赖于全球唯一标识符。可以通过多种方式确保全球唯一性。一种方法是，通过创建几个顶级的唯一前缀，然后将创建在前缀上下文中唯一的附属名的责任委派给不同的行为者，从而使标识符具有层次性。PURSUIT 名字就遵循这种设计，其形式为 <顶级 RID，第二级 RID，…，最后的 RID>，其中，顶级 RID 可以是全球唯一的，但是第二级 RID 仅在该顶级范围内是唯一的，依此类推。DNS 名字具有相同的层次结构。

第二种方法是令标识符非常长，使得独立选取的两个标识符具有相同值的概率很低。使用加密哈希算法创建的标识符具有这个属性。MD5（一个早期的加密哈希函数）产生 16 字节长的值，实践证明它对于良好的加密保护来说还是太短了。SHA1 产生 20 字节长的哈希值，但也太短了。SHA-3（当前的标准）产生 28～64 字节的哈希值。这种长度的值确实很可能是唯一的，但是使用这种类型的值作为地址会导致非常大的包头。当前因特网（IPv4）的包头总长为 20 字节。

NewArch。全球唯一性的另一种方法是，寻址时努力避免对全球标识符的任何需求。与本章中的其他方案相比，NewArch 方案有些与众不同，因为它的抽象转发架构（转发、关联以及会合架构（FARA））不包含任何类型的全球端节点 ID。FARA 中的假设是需要某种 ID，以便发送方和接收方能够相互验证对方，但是这些 ID 应该是端节点之间的私事。FARA 的设计师试图避免将任何作为接收者全局标识符的 ID 放入架构中（或者更具体地说，放到包头里）。他们认为通信发生在实体之间，这里的实体是 FARA 以多种方式使用的一个术语：可用于机器上的一个应用、机器、集群以及其他设备。架构所需的就是，可以构造一个转发指令（FD），以允许网络（也许还有接收主机的操作系统）将数据包转发到该实体。大部分 FARA 的实现中，都认为 FD 就是某种源路由。

一旦数据包传送到实体，数据包中的 ID 将标识出该数据包所属的关联。一种常见关联的形式就是类似于 TCP 的连接，数据包中的关联值会标识出该关联实体中正确的状态变量。

作为要素之一，FD 包含一个目的实体的定位器，但这只有在转发过程中的步骤上下文中才有意义（就像许多源路由组件一样）。例如，它可能是主机内的一个进程 ID。FARA 的一个目标是，通过避免具有全球性、持久意义的 ID 尽可能地确切隐藏谁在通过网络进行通信。当然，FD 完全可以包含一个机器级的地址，给通信各方提供丰富的信息。而 FARA 中的转发技术可能包括一个间接步骤，它可以将最终目的节点地址隐藏起来。

FARA 设计师假定（但没有具体说明）了某种机制，实体期望借此接收通信，这种机制能构建一个 FD，使得业务可以到达它。在像因特网这样的网络中，这或许只是一个 IP 地址，后面跟着一个进程 ID。FARA 的不同实例或许具有不同形式的 FD。FARA 设计师认为（但没有具体说明），会有某种会合系统（Rendezvous System，RS），使得发送端能够找到接收端。接收方将在 RS 中安装一个条目，该条目具有更高一级的名字，可用于发送方查询 RS 并检索 FD。这个查询操作将以高级名字作为输入，并返回 FD。RS 还允许接收端将会合字符串传送给发送端，告诉发送端在发给接收端的第一个包中如何按格式组织信息。同样，这个字符串的含义被看作发送端和接收端之间的私事——RS 的强制功能只是一个不透明字符串可以通过它从接收端传递到发送端。这种机制可以被看作引入有限表达能力的一种形式（数据包中的“便笺本”），之所以是有限的，是因为它仅由端节点使用，且仅用于会合机制。

如果 FD 结果是无效的（所希望的实体不在 FD 所指示的位置），FARA 的设计师故意不提供任何可用于查找实体当前位置的全局 ID，而将 RS 用于此目的。在任何支持移动的全球名字解析方案中，接收方在移动时，必须更新其在某个固定位置上的位置信息。在 FARA 中，该信息位于 RS 里，通过查找高一级名字来检索。因此，和 MobilityFirst 相反（使用全球唯一标识符和 GNS 来将 ID 映射到位置信息），NewArch 使用其更高一级的命名系统（RS）来存储端点与位置的绑定，万一移动主机移动了，则需要移动主机来更新 RS（而不是 GNS）。这被视为具有安全性好（数据包没有携带任何全球标识的、持久不变的值）、开销小（包头可能比较小）的优点；但当节点移动时，恢复时间比较长，因为如果接收端的位置发生了变化，则发送端必须重发送数据包。

概念清晰

因特网的设计随着付诸实践而不断演化，它的设计承载着其在各种决策中的历史以及它们之间的相互作用。新的设计目标之一是摆脱这一历史，找到一个更纯净、更一致的方式来考量架构。两项类似的建议提供了一种基于重新审视分层的新方法。

递归网络架构（RNA）和递归互联网架构（RINA）。RNA（Touch et al.，2006）和 RINA[㊀]是类似的尝试，试图以一种基本的方式，对网络是什么以及其如何工作进行概念重构。RINA 不太关心设计与需求的匹配，而是更关注对设计的清晰思考。RINA 是一个纯粹的、重新设计的例子。达伊为设计中的概念引入了新的术语，避免了重用旧术语所背负的包袱以及不明的含义，但也需要认同一组新的术语，以

㊀ RINA 组织框架最初是由约翰·达伊（John Day，2008）提出的，他参与了因特网早期的工作，也参与了 ISO 的工作，他从这些工作经验中提炼出 RINA。他的书相当厚，对于想学习更多相关知识的人来说，我会从关于 RINA 的维基百科页面开始，那里也给出了一些基于这个框架的研究项目。

便理解这些概念。创造新的术语是发明人的特权，但有时对设计进行比较就有些困难。冒着对RINA不公正的风险，我将在不使用达伊的术语的情况下讨论这一问题。

介绍这些建议的一种方法是把因特网作为其比较对象。因特网是网间网。在全局层（Inter-AS）有一个全球路由协议（BGP)，它将数据包定向到正确的目的AS。每个AS内都有一个内部路由协议，它将数据包传送到正确的端节点。从概念上讲，内部路由协议将一组路由器和链路组成一个抽象实体：网络。BGP在这些网络之间路由，在不知道网络内部细节的情况下形成了一个互联网。网络专家倾向于把它们看作不同的层，并给出了名字，比如*网络层*和*互联网层*。激发RNA和RINA的见解是，这些级应该被视为同一概念的不同实例，而不是不同的概念。它们做了相同的事情：在一组端点之间建立联合（association)，形成一个抽象的元素。然后，这些抽象是下一层的构建块，将它们结合起来以建立联合。无法解释为什么其中一定是网络层和互联网层这两层。端节点之间形成联合的组合元素的模式，可以视情况重复很多次，这也是建议名字中“递归”一词的由来。

RINA使用了*范围*的概念来区分每个联合所起的作用。有些联合是局部范围（例如局域网（LAN））或特定技术范围（如蜂窝式网络）的，有些联合具有的范围大小跟ISP的资产有关，具有全球范围的联合是RINA，等价于因特网。RNA使用*层*这个术语，侧重于将不同的功能分配给不同的层。RNA设计师强调了不要在多层重复（或者重述）某个功能的目标，比如*加密*；还强调了某层的功能必须在其上下层的背景中执行。词汇上的这种变化带来了一个显而易见但几乎是哲学性的问题，即范围和层有何不同？范围是层的一个属性，还是不同的概念？我的观点是，它们是不同的，但我需要提供更多的背景以捍卫这一观点。在这本书的结尾，我将继续探讨这个观点。

RINA强调，不同范围的功能应该是独立的，而不是纠缠在一起的。由于历史原因，目前因特网的层是纠缠在一起的，且纠缠方式也不是最优的。因特网中的地址没有包含明确的AS标识符[㊀]。最初，因特网中32位的地址分为两个部分：前8位标识网络，最后24位标识网络内的端节点。但我们很快意识到，8位不足以满足将要建立的网络数量，并且发明了一种更为复杂的机制（称为CIDR，用于无类域间路由)，在这种机制中，因特网的不同部分使用不同的地址起始位数来标识网络。今天，内部路由协议和AS之间的路由协议必须使用相同的32位字段来工作，以处理CIDR所产生的所有复杂性。RINA方法是，每个范围应当有自己的地址，能满足那个范围的需求。

㊀ 因特网确实有关于AS的数字，但没有包含在包头中。

在这方面，因特网确实反映了自身的发展历史。最初，因特网路由器用于连接各种网络，那些网络使用了不同的地址。ARPAnet（最初的网络，用作因特网内的一个组件）有自己的地址结构和转发设备（称为接口报文处理器（IMP））。当一个因特网数据包进入 ARPAnet 时，有一个将因特网地址映射为 ARPAnet 地址的绑定，然后在内部使用 ARPAnet 地址。然而，当 ARPAnet 退役后，NSFnet 的设计师意识到，他们可以使用因特网路由器在 NSFnet 内部以及网络之间执行路由功能。他们本来可以设计一种新的、网络级的寻址和路由功能，但重用因特网机制实在是太方便了。结果是两种路由协议使用相同的地址字段，这增加了复杂度。

在因特网的某些部分，已经开发和部署了用于寻址和转发的低一层网络方案，例如一种称为多协议标签交换（MPLS）的方案[1]，另一种方案是交换式以太网。这些低一层的技术有接收和转发数据包的设备（有点类似于路由器），通常称为交换机或第二层交换机，以区别于 IP 路由器。我的观点是，我们从 MPLS 的使用中学到的是，层需要是独立的，但不是完全独立的。在这方面，我不相信 RINA 的支持者提出的一些设计主张，例如，拥塞可以在每个范围内各自处理。我认为无论在哪里显现，都必须以综合的方式处理拥塞问题——拥塞是一个跨范围（或者跨层）问题[2]。RNA 将拥塞控制作为一种需要跨层接口的功能来讨论。我认为拥塞只是功能的一个例子，需要在不同范围和不同层之间进行协调。第 13 章还会再次讨论这个问题。我认为这是区分范围和层的关键。（蒋等人（Chiang et al.，2007）所报告的工作可能对 RINA 产生了直接影响。该工作同样假设递归设计，使用数学分析推导出各层中功能的正确放置位置，以优化设计。）

RNA 和 RINA 可以作为解释性框架存在，也可以作为运行代码存在。作为一个解释性框架，递归分层的问题不在于它是否正确，而在于这个框架在多大程度上导致更清楚地理解如何在不同的范围上设计不同实例。最重要的是，在哪些方面不同层可以是独立的，或者说在哪些方面必须要有功能接口，以将层连接在一起。运行代码是框架的证明。RNA 特别强调，该方案的目标是产生单一的代码模块，实现一层必须执行的一系列功能，通过启用或禁用不同层上的不同功能，在各层上重用此代码。RNA 使用元协议（meta-protocol）这个术语来描述此程序的功能。

RINA 和 RNA 都必须处理在不同范围、不同层上地址之间映射的挑战。关于如何使用地址，RINA 比 RNA 更能得出一些具体结论。关于寻址问题，我不相信 RINA 框架在所有情况下都能得出正确的结论。在因特网中，地址适用于端节点上的网络接口，而不是端节点本身。如果一个网络有多个网络连接（如果是多穴的），它就有多个地址。RINA 框架似乎得出了一个强有力的结论，即地址应该标识端节

[1] 附录将更详细地讨论 MPLS 是如何开发出来的，以及其他相关细节。

[2] FII 的建议也声称拥塞是一个区域性的问题，因此，设计师对这一点显然存在一些分歧。

点本身，而不是接口。关于使用哪个接口到达端节点，网络应该做出决策。

出于两个原因，我不同意这个结论。第一，具有两个接口的端节点可以在网络拓扑中相距较远的点上连接到因特网；例如，一个是固定电话连接，另一个是蜂窝连接。因此，关于如何将数据包路由到端节点的决策可能必须在多个跳之外做出，这意味着在因特网的许多点上，端节点的地址必须是有意义的（能够映射到较低级的转发决策）。端节点的名字不仅必须是全球唯一的，而且必须是全球可路由的。（MF 架构处理移动性时有类似的需求，其用 GNS 解决了这一问题，这是一个非常苛刻的设计挑战。）

第二，为端节点分配一个名字意味着是网络而不是端节点，可以控制使用哪个网络向其传送业务。我认为，是端节点而不是网络应该控制这个决定。例如，如果一个网络性能好但成本高，而另一个网络速度慢但便宜，或者一个网络更容易受到审查或不受欢迎的业务识别，那么应该由用户决定使用哪个网络。对我来说，路由到一个多穴的端节点是由端节点来控制还是由网络来控制，这个决策应该通过争斗分析来解决。杨（Yang，2003）的论文所描述的寻址方法，以非常聪明的方式使用了地址，允许通信中的每一方来控制如何在其网络区域内进行业务转发。这个建议解决了争斗问题，也解决了系统中的不同行为者如何在其范围内表达偏好的问题。

我认为对 RINA 和 RNA 的持续研究能得出的最令人兴奋的结果将是，能够证明层间接口可以在所有范围和层之间保持一致。确认和描述这些接口将是一项重大贡献。杜奇等人（Touch et al.，2011）报告了一项有趣的后续工作，叫作 DRUID，它融合了 RNA 和 RINA 中的一些思想。

表达能力——网络中的服务

这类架构的目标是，随着数据包从发送端流向接收端，要调用网络中的服务。这类架构的建议直接解决了架构的表达能力问题、发送端和接收端持有控制的均衡问题以及不同类型的传送方式和 PHB 争论问题（参见第 6 章）。网络中的服务可以是功能性的（增强整个网络的服务），也可以是对抗性的（避免接收方接收不想要的业务）。我审视了 6 个这类架构的例子：TRIAD、i3、DOA、Nebula 和 ANTS（主动节点传送系统，一种网络工具包）。

TRIAD。作为 ICN 的一个示例，前文已经讨论了 TRIAD，在初始数据包中，它使用带有 URL 的设置包，和一个抽象实体（通常是一项信息）建立连接。正如我所描述的，数据提供商通过在 TRIAD 基于名字的路由功能中，插入其 URL 的顶级组件来广告数据。这种机制可以更普遍地用于将任何类型的会话初始请求路由到 URL 指定的位置，因此该方案是有意的服务点传送的一般形式。对于服务节点实现的任何 PHB，URL 充当了明确的参数。然而，如果硬要在 TRIAD 中部署很多

PHB，这将意味着路由协议必须要跟踪大量基于 URL 的路由。

因特网间接基础设施（i3）。i3 系统包括一组部署在网络上的服务器或节点，就像实现特定包转发功能的因特网。在 i3 中，接收端通过创建一个 ID 并将 <ID, addr> 对插入 i3 系统中，来表示接收数据包时的兴趣，其中 addr 可以是 IP 地址。i3 使用触发器一词来描述接收端通过此公告所创建的内容。在此之后，接收端通常会在类似 DNS 的系统中创建一个条目，将某个用户友好的名字映射到该 ID。发送端会在这个 i3 DNS 系统中查找该名字，这会给发送端返回对应的 ID。然后，发送者将通过发送一个寻址到 ID 的数据包来发起通信。i3 将 ID 与存储触发器的 i3 系统中一个的节点关联起来。在这个简单的情形中，一旦包传送到该节点，触发器就提供接收端的实际地址，该包就使用这个地址向前转发到接收端。

i3 实际上支持更复杂的 ID 使用，允许发送端和接收端在从发送端到接收端的途中通过一系列服务器（PHB）转发数据包。接收端可以在触发器中包含一系列条目，而不只是一个地址。此触发器序列可以既包含一些 ID 又包含一些地址。发送端的包中，还可以包含一个序列的 ID 以及从 i3 DNS 检索的 ID。这些 ID 标识了发送端希望在数据包上执行的服务（PHB）。这将导致数据包被发送到一系列的 PHB，先是发送端选择的那些，然后是接收端（通过触发器）选择的那些。随着数据包依次使用每个 ID 向前转发，将执行与该 ID 相关联的 PHB，然后从序列中去除该 ID，再接着转发该包。

i3 面临的一个关键挑战是如何设计一种机制，使只知道触发器 ID 的发送端能够将数据包发送到正确的 i3 节点，因为不同的触发器存储在不同的节点中。i3 用于解决这个问题的机制称为分布式哈希表（DHT）。DHT 的功能是接受一个输入（键、ID 或哈希值，因为输入通常是某个值的哈希结果），并返回某个输出值。其工作原理如下。DHT 系统实现为一组分布在因特网上的节点。DHT 定义的一部分是一组规则，这些规则描述了不同的、从 ID 到关联值绑定的子集（在这种情况下，是较低级的网络地址）如何在节点之间分布。分配规则必须是动态的，以便在从 DHT 中添加或删除节点时，绑定可以从一个节点移动到另一个节点。并不是 DHT 中的所有节点都互相知道对方。作为定义 DHT 的规则的一部分，每个节点必须跟踪一个足够的、其他节点的子集，以便能够将查找特定 ID 的请求向正确的节点转发（如果不是转发到）。转发规则应确保请求到达实际存储绑定的节点，又不经历太多的中间跳。

i3 触发器是从 ID 到地址的映射，i3 节点被组织为 DHT 来存储它们。序列的第一个数据包由发起端发送到附近的 i3 节点，按照分布式 DHT㊀算法进行转发，直

㊀ i3 中使用的原型是 CHORD DHT。

到数据包到达负责该ID的节点，也就是存储触发器的地方。在第一个数据包被处理后，i3将存储触发器的i3节点的IP地址返回给发送端，因此发送端可以直接将随后的数据包发送到正确的i3节点。但是，每个包都沿着从发送方到i3节点，再到接收方的三角路径在传送。如果路径中有一系列ID，则数据包将流经多个i3节点。这个过程可能非常低效，可能会在全球范围内彼此来回传送数据包，这取决于哪个i3节点持有指定的ID[⊖]。i3的性能基本上取决于将包发送到触发器所在的DHT里的节点所需的路由技术。

面向委托的架构（DOA）。DOA（Walfish et al.，2004）与i3有许多共同之处（包括一位联合作者），但简化了转发机制，提高了效率。与i3类似，DOA中的寻址是基于平坦的、唯一的ID。与i3一样，DOA使用DHT将ID转换为输出值，输出值可以是IP地址，也可以是一个或多个ID。然而，与i3相反，i3中所有数据包都通过承载ID的DHT节点，转发到最终目的节点；而在DOA中，发送方使用DHT检索存储在那里的输出值。如果返回的数据是一个IP地址，则可以将数据包直接发送到该地址。如果返回的是进一步的ID序列，则发送方会重复查找过程，直到生成一个IP地址为止。ID序列包含在包头中，因此当数据包通过网络从服务点向服务点行进时，服务点查找这些深一层的ID以便发送数据包。

DHT返回的内容称为e记录。DOA的安全架构要求ID是一个公钥的哈希值，该公钥属于产生e记录的那个实体。e记录包含ID、目标（IP地址或ID序列）、提高效率的IP线索、寿命（寿命结束后必须丢弃e记录）、创建者的公钥，以及使用与该公钥关联的私钥生成的e记录的签名。因此，持有ID的收件人可以确认持有该私钥的那一方创建了这个数据。DOA假设但没有指定一些更高级的命名机制，来将一个用户友好的名字（例如URL）映射到一个ID。

发送端和接收端对如何在DOA中转发数据包都有一定的控制权。类似于i3中使用的过程，发送端可以给从DHT返回的数据加上代表发送端需求的ID序列，因此数据包将首先流向发送端指定的服务，然后流向接收端指定的服务。我相信i3和DOA在定义PHB执行顺序方面，其表达能力是相当的；但是，可能会有创造性的方式来使用这两种架构，也许是他们的设计者没有想到的方式，这可能会产生非常复杂的执行顺序。由于DOA使用DHT作为查询机制而不是转发机制，因此发送端更容易发现PHB的执行顺序。发送端可以查找第一个ID，查看返回的数据，递归地查找该数据中的ID序列，最后构造出数据包要流经的最终的服务点序列。当然，中间节点可以重写包头，或以其他方式错误地引导数据包，但是由于路径中的所有服务都是由发送方或接收方指定的，如果服务错误地引导业务，则表示该

⊖ 设计师建议了一种这样的优化方法，接收端创建一个会话ID（他们称其为私有ID），它是精心选取的，可哈希到接收端附近的一个i3节点。

服务是不可信任的。正常执行不会涉及服务的调用，除非发送端或接收端请求它。（在 DOA 中，所有的传送都是策划好的——DOA 没有视情况而定的传送。）

DOA 必须处理发送端和接收端利益不一致的情况。如果发送端是攻击者，则可能会在发送数据包之前操纵从 DHT 返回的数据。他可能省略掉一些 ID，并试图将数据包直接发送到序列中的最终 ID，从而绕过接收方指定的一些服务（推测一下，这些服务可能是保护服务而不是功能性服务）。DOA 没有提供一种干净的方法，将不一致利益（adverse interest）映射为强制传递模式，在这种模式中，发送方必须依次将数据发送到 ID。DOA 中有两个选项可以处理这种情况。如果 ID 映射的地址空间与发送端的不同，那么发送端不能直接寻址最终的接收端（这种情况下的强制将是一种拓扑传送形式，使用作为地址转换器的 DOA 节点，强制发送端经过它）。DOA 还指定了一种方法，用于中间节点使用中间节点和接收端之间共享的密钥对数据包进行签名，这样，接收端就能校验该数据包是否真正经过了该节点。如果多个中间节点需要对数据包进行签名，则该方案将变得十分复杂，但它可以确保数据包已正确地处理了。但是，它不能阻止恶意的发送者将数据包直接发送到与最终 ID 关联的地址，因此，DOA 不能防止基于简单泛洪的 DDoS 攻击。设计师注意到，针对这个目的，还需要某种别的机制。

Nebula。Nebula 定义了一种更健壮的机制来控制通过服务的数据包的路由，以防止（还有其他）DOA 中的不可信节点可能错误引导数据包、跳过处理步骤或制造其他问题。在 Nebula 中，发送端和接收端可以各自指定希望在它们之间的路径中看到的服务集，但 DOA 查询 DHT（检索一组 ID）被 Nebula 中的查询 NVENT（虚拟和可扩展的网络技术）控制面取代了。在后者中，有一个代理代表每台这种服务器的利益，并且，所有服务器必须在发送数据包之前同意提供该数据包。NVENT 通过某种聪明的加密技术计算出同意证明（PoC），并将该证明返回给发送端。PoC 作为源路由的一种形式，只有将它放入数据包中，数据包才能成功转发；Nebula 则是“默认拒绝”。随着数据包历经服务序列，PoC 被转换为路径证明（PoP），它提供了加密证据，证明已按正确顺序历经了所有服务节点[⊖]。这些机制解决了瓦尔菲施等人（Walfish et al.，2004）简要提到的问题，即建议使用加密签名来确保数据包被一个中间节点处理过了。

Nebula 设计的动机来自云计算对未来互联网架构的影响。Nebula 架构使应用能够访问和控制的服务，要比现在因特网上的一套服务丰富许多。服务范围是开放的，由用户根据 Nebula 中可用的元素来构建。用户或许需要一条路径或者变换包中的数据，该路径符合 HIPAA（健康保险携带和责任法案），是一条速度慢但开销

⊖ 对于这一机制是如何工作的，请参阅描述 ICING（Naous et al.，2011）的论文以了解细节。

小的路径。网络的职责是高可靠性和高可用性、可预测的服务质量；随着业务跨网络路由，能考虑到所有相关服务提供商的需求（政策）。相关提供商包括网络本身和更高级的服务组件。

Nebula 建议基本上和所有的架构建议一样，假设网络是由单独建造和运营的区域组成的，这些区域通常由私营提供商（就像今天的 ISP）构建和运营。此外，这些提供商将制定一些策略，用于控制他们将承载哪些类型的业务（例如，针对哪些类型的发送端和接收端）。在当前的因特网中，能用来描绘这些策略的唯一工具就是 BGP 的表达能力，这种能力或许也是有限的。另外，应用可能希望通过将其引导到更高级的服务组件来控制业务的路由。一个简单的例子或许是试图检测和去除恶意业务的“包清洗器”，或者是更高级的处理组件，如电子邮件中的病毒检测器。某个服务可能希望声明，它将只接收首先经过清洗器的包，即便清洗器和服务不直接相邻。在 Nebula 中，网络本身可以通过要求分组携带 PoC 来强制执行这种路由策略。

Nebula 不是一个纯粹的数据报网络——为了发送一个包，NVENT 策略机制必须首先计算并返回给发送端一串信息，这个信息将授权数据平面转发该数据包。然而，这些路由是可以提前计算并缓存起来的。

ChoiceNet（CN）。与描述特定转发机制（如数据平面）的其他 FIA 项目不同，ChoiceNet（Wolf et al.，2014）侧重于更高层次：控制平面和作者所称的经济平面。假设是数据平面（它可以使用其他 FIA 建议来实现，如 Nebula）将提供可选择的服务，例如 IPv4、IPv6、具有不同质量（吞吐率、增强的 QoS、更安全或更不易被看到）的路径或网络中的其他服务（例如，防火墙、恶意数据检查、格式转换，等等）。例如，用户可以选择支付更多费用以获得更高质量的电影传送。目标是让这些选项明确，并允许用户从中选择。

假设网络将有一个连接建立阶段，用户将在此期间表达其选择。连接建立阶段实现在控制平面上，其中服务组件可以组合起来以形成最终的服务。然后，数据平面将传送数据包，以便按正确的顺序调用服务组件。

经济平面的一种模式是服务应用商店。可以有不同的服务公告，以及评级系统，等等。用户做出简单的选择，这会通过控制平面中组件的组织转化为实际服务。本讨论中的术语*用户*可能是使用系统的实际人员、软件代理或专家（人），如为用户建立服务的系统管理员。ChoiceNet 面临的一个挑战是用户能否真正做出这些选择，所提供的服务（在服务应用商店中）是否描述得当以确保用户不会被误导，以及其他相关的问题。富有经验的用户可能希望组合这些特定的服务，而对于一般用户，这个任务或许太复杂了。这个任务可以委托给应用软件，随后软件对如何组合服务进行控制；或者委托给专家，随后由专家对服务组合进行控制。正如我将在第10章中详细讨论的那样，用户在其中一些复杂方案中实际做出的决定，不是如何配置它们，而是用户将信任哪个行为者来代表他进行配置。

自省或验证是ChoiceNet的一个重要组成部分。用户的支付得到回报了吗？由于一个整体服务可能由许多部分组成，每一部分都应该分钱，但也应该共同承担责骂和故障。ChoiceNet网络包括监控设备，其包含在服务调用序列中，作为服务的一部分提供某种外部验证。服务证明和付款验证就是在数据和控制平面之间交换的。然而，验证是一个具有挑战性的问题，因为这些监视框需要知道要验证什么，只有在服务提供范围受到限制和预先定义的情况下，才有可能进行验证。

讨论。虽然这些方案具有相同的高级目标，明确地在两个端点之间的路径中配置服务，但它们实际上具有不同的特点（当系统中存在不一致利益的行为者时，这个方案有多健壮）。i3试图通过不透露最终节点的地址，来强迫数据包流经中间服务点。因此，对于避免接收来自不良发送方信息的接收方来说，它提供了一定程度的保护。但是，如果发送方能够发现最终地址，该方案无法阻止发送方（攻击者）使用该地址。DOA的保护形式较弱，因为发送方实际上可以从DHT中检索所有节点的地址。与此相反，Nebula提供了很强的保证级，而代价是复杂的管理平面和复杂的地址结构。Nebula的动机似乎来自这样的假设：发送者和接收者有一致的兴趣，而网络中的区域是不可信的。Nebula讨论不关注发送方和接收方利益冲突的情况，大概在这种情况下，无法试图让NVENT层创建PoC。

主动网络

主动网络解决了在网络中调用服务的需求，但在调用定制的PHB方面，体现了一个完全不同的方法。它能实现更为广泛的目标，因此，我把它放进了本章的另一节。主动网络是特纳豪斯和韦瑟罗尔（Tennenhouse and Wetherall，1996）提出的概念。主动网络的一般思想是，数据包里携带PHB码，路由器在接收到数据包时执行此代码。路由器不是一个功能被供应商固定的静态编程设备，而是一个可以在运行时添加新功能的设备。是数据包而不是路由器，指定了应用于数据包的PHB。这可能是一种非常强大的、指定如何处理数据包的方法。

主动网络是一种设计观点，而不是一种具体架构，在主动网络的旗下，已经提出了很多具有不同架构含义的、不同的方法。我详细描述一种方法，并将其与其他建议进行比较。

ANTS。在ANTS（Weather，1999）中，路由器执行的程序实际上不在数据包中。在数据包中的是计划的名字（代码的加密哈希值），还有初始调用参数（作者称之为依赖于类型的头字段，我称之为PHB的显式参数）。通过包里的地址有意地将包传送到节点。携带这种信息的数据包叫“胶囊”。

数据包中的活动代码思想带来了一些与安全性相关的棘手挑战，例如，保护路由器不受恶意代码的攻击，保护彼此之间的信息流。对于这些问题，ANTS 采取了务实的方法，并要求代码在被签名和部署之前由可信方进行审计。另外，代码是按沙盒方式执行的——放在路由器内的约束执行环境里，对代码的行为进行限制。通过使用巧妙的技巧，代码被沿着路径分发到每个主动路由器上。包头的部分内容就是处理此数据包的前一个主动节点的 IP 地址。如果这个路由器没有代码，它会请求以前的路由器发送。之前的路由器大概有此代码，因为它自己刚刚处理了数据包。按照这种方式，流中的第一个数据包从一个主动路由器向下一个主动路由器前进，在其之后拖着所需的某种代码。一旦检索到代码，就会缓存一段时间，以便后续的数据包能够高效地处理[⊖]。

当在路由器上处理胶囊时，PHB 可以修改类型相关的包头字段，以便修改后续节点上程序的执行。主动代码也可以在路由器上存储状态，这可以产生一系列复杂的 PHB。但是，代码不能对路由器状态执行任意转换。这个代码只能调用一组特定的、低级的路由器函数，韦瑟罗尔的论文将主动代码描述为“胶水代码”，它将这些功能按照某种方式组合起来以实现新的服务。这些低级路由器函数（韦瑟罗尔称之为 ANTS 应用程序编程接口（API））现在变成了 ANTS 架构的组成部分。理想情况下，所有活动路由器都会提供这些相同的函数，因此，它们最终成了一个“我们必须都同意这些问题以便系统能工作”的例子，这是我在第 3 章中把某些东西归类为架构的标准之一。作为 ANTS 架构的要素，ANTS 论文（Wetherall, 1999）确定了路由器的功能、胶囊的结构、地址格式、代码分布方案，以及使用寿命字段来限制数据包传播。

ANTS 的目标是，允许针对不同类别的数据包实现不同类型的转发算法。在这方面，ANTS 与 XIA 有共同之处，对于不同类型的包拥有不同的路由方案。其实 XIA 的表达能力更强，因为在 ANTS 中，主动代码不能在所有节点之间实现不同的、长寿命的路由协议——状态变量不支持那种分布式算法。在 XIA 中，可以运行单独的路由协议，以支持每一类标识符。但是，在特定类型的 XIA 标识符和 ANTS 程序名称之间存在着相似性。XIA 没有讨论新标识符类的代码如何部署——我们将其留作关于网络管理的一个练习。XIA 允许一系列标识符位于包头中，在处理胶囊时，考虑一个类似于 ANTS 的方案是否能允许多个程序调用发生，这将是十分有趣的问题。

可沿着几个维度对主动网络的其他示例进行分类：程序如何编写和传送，主动

⊖ 这种主动代码缓存技术是路由器中每流状态的一个例子，尤其是一个“软状态”的例子。如果这个代码早就被从缓存里清掉，路由器可以再次请求前一个节点以恢复代码，因此，并不需要特殊的机制来确定何时从缓存中删除不需要的代码——路由器可以在必要时丢弃它。

代码的目的，以及代码应用于哪组数据包。根据对这些标准的回答，不同的方案或多或少都可描述为“架构”，这取决于他们对为使系统正常工作“我们必须都同意的问题”的定义和依赖程度。

传送代码。如果代码以单独包的形式传送到路由器，以控制包的处理，则该代码必须是紧缩的。出于这些原因，许多主动网络方案都提供了一组主动代码可以调用的原语，而主动代码（几种方案称其为胶水代码）组合了这些原语，以实现所需的功能。智能分组系统（Schwartz et al.，1999）将一个非常紧凑的代码组件放入包中，当数据包到达给定节点时执行。PAN 建议（Nygren et al.，1999）使用了一种允许高性能执行的语言，以证明这种主动网络方式是实用的。ANTS 方案没有将程序放入包中，而是让每个路由器根据需要检索代码。这就消除了将代码放入数据包的要求。

主动代码的功能。不同的方案侧重于不同的功能目标，因此提供了不同的原语以供主动代码调用。ANTS 方案的目标是灵活地转发数据包，并且拥有支持该目标的原语。相比之下，智能分组方案的目标是支持复杂、灵活的网络管理，因此，提供了从路由器读取管理数据的原语。PLANet 系统（Hicks et al.，1999）包含灵活转发和网络诊断等功能目标，其论文中描述了如何使用 PLAN 主动代码来实现类似于 ping 和 traceroute 的诊断。

程序隔离与安全。出于诸多原因，大多数主动网络建议对于主动代码能够做什么都进行了小心的限制。一个原因是安全——可以对路由器状态进行任意修改的代码，似乎会恶意改变路由器的功能，造成不可接受的风险。允许动态安装高功能代码的方案必须限制这种能力，仅允许可信的网络管理器进行安装。大多数方案（如 ANTS）试图将主动代码的影响限制在承载它的数据包上。一个更通用的主动网络功能（具有更强的功能，产生危害的可能性也更大），对于所有的后续数据包，都将允许代码修改或扩展路由器的功能，而不仅仅是对于给定流中的那些数据包。

PLANet 方案（Hicks et al.，1999）既支持数据包的可编程性，也具有扩展路由器功能的能力。因此，它开发了两种不同的语言：主动网络中的分组语言（PLAN），以及用于路由器扩展的 OCaml。路由器插件方案（Decasper et al.，1998）只关注路由器的可扩展性。主动网桥计划（Alexander et al.，1997）描述了主动代码（作者称之为 switchlet）的网络下载，从只支持加载动态代码的机器开始，该代码启动一个具有以太网网桥功能的盒子。一旦装载，这个代码就用来处理通过交换机的所有数据包，因此很显然，安装此类代码的能力必须仅限于受信任的网络管理器。主动网桥系统也使用一种强大的归类语言（Caml），可以对不同的模块进行隔离，因此，该系统通过限制哪些执行体能够下载代码，以及通过使用强大的、基于语言的机制来保护和互相隔离不同的代码元素，从而实现安全性。

不同的主动网络方案具有不同的架构含义。数据包中携带可执行代码的方案必须将一些惯例标准化，使之成为架构的一部分。方案必须对编程语言、程序如何嵌入数据包中、程序如何执行以及代码可以调用什么功能进行规范。这可能依赖于某些底层的转发架构，如 IP。这些方案将描述数据包头的许多方面，包括数据包携带的参数，这些参数在被调用时传递给代码。

网络虚拟化

主动网络的概念是路由器可以通过增强的功能动态地扩展，不同的包流可能根据以某种方式下载的不同功能的执行而得到不同的处理。思考动态代码的另一种方式是，路由器只是一台支持*虚拟路由器*的专用计算机（类似于其他类型的设备虚拟化）。它允许将不同版本的路由器软件动态加载到物理设备的不同*片*（slice）或共享区中[⊖]。这允许一台物理设备同时支持几个网络架构（就像我在本章中讨论的那样）。要建立虚拟网络，物理链路也必须划分为虚拟链路。多个虚拟路由器通过虚拟链路连接在一起，并运行支持相同网络架构的代码，这样就成为一个*虚拟网络*。使用虚拟化技术，不同的架构可以在相同的基础结构上共存。

虚拟网络与主动网络有一些共同之处，但其侧重点有所不同。虚拟网络的思想在很大程度上是出于一种愿望，即允许多个网络架构在一个共同的物理基础设施上共存，而不是在给定的架构中让不同的包流得到不同的处理或执行高级的网络诊断。虚拟网络要求在物理路由器上安装代码，执行与架构（转发、路由、网络管理和控制等）相关的所有网络功能，这意味着虚拟化代码是一个完整的协议实现，而不是位于与给定架构关联的功能构建块之上的“胶水代码”。出于这个原因，不同代码模块之间的隔离必须发生在较低的层上，与数据包携带自己的处理代码相比，这个代码的安装几乎肯定会受到更严格的控制。因此，主动网络倾向于专注定义功能增强的语言规范、巧妙的代码分发方案以及不同代码模块和包头创建的表达能力；而网络虚拟化则倾向于关注代码分发和性能隔离的低层方案。NetScript 系统（Yemeni and da Silva，1996）允许网络运营商安装非常低层的代码（不同的架构），但强调使用精心设计的编程语言来增强安全执行。网络虚拟化还依赖于分发代码的方案，但和某些主动网络方案相比，它们更倾向于拥有非常不同的特性，因为它们必须依赖一些基本的转发架构来分发代码，然后再实例化一个不同的架构。

据我所知，最早的虚拟化方案是 Tempest（van der Merwe et al.，1998），它

⊖ 虚拟化的概念说明了数字处理的一个非常普遍的方面。特定的功能可以用软件编码运行在通用计算机上，也可以直接在专用硬件中实现。硬件实现通常运行得更快，从而能提供更好的性能，但更难更改。今天的路由器通常用专用硬件实现包转发，以获得足够的性能，这意味着，如果要虚拟化路由器，则专用硬件必须足够通用，以适应一定范围的变化。在实践中，具有这种通用性的硬件设计可能会很困难，这可能会将虚拟化的效用限制在不需要很高吞吐率的情形里。

不关注不同的网络架构（该方案中的所有虚拟网络都基于ATM架构），而关注同一数据转发机制的不同控制方案。范德莫维等人（van der Merwe et al.，1998）引入了虚拟网络这个术语，或许是第一次。最近的建议有VINI（虚拟网络基础设施）（Bavier et al.，2006），它强调使用虚拟网络作为测试新思想的研究工具；另一个是CABO（并发架构优于单个架构）（Feamster et al.，2007），它强调在生产环境中使用虚拟网络，其中多个因特网服务提供商共享由因特网基础设施提供商提供的一组公共路由器和链路。CABO建议依赖于经济学的假设：互联网基础设施提供商可以获得对基础设施投资的充分和可预测的回报，从而使其愿意承担所需的大量资金。创新性商业会话可能与创新性科技一样，是这个计划成功的关键（参见第12章）。

事实上，当今的商用路由器在某些方面是虚拟化的，因为它们可以同时运行多份转发软件，尽管是相同的软件。换句话说，今天的路由器将允许运营商利用一组物理组件构建多个网络，但都运行IP。建立多个基于IP的网络是商业界的一项重要能力，因为它允许ISP为客户（例如大公司）提供私有IP网络，这些大公司运营自己的私有网络或向自己的客户提供不同服务。

在FIA计划的背景中，早期就提出了一个虚拟化的路由器，以允许研究界在一个公共平台上部署多个实验架构（Anderson et al.，2005）。FIA计划早期阶段提出的这个思想，一定程度上也是开发"网络创新的全球环境"（GENI）项目的动机，GENI是NSF资助的实验性网络平台[⊖]。

不管虚拟化方案的具体细节如何，这种方法把我们都必须认可的架构共同点转移到了别的地方，它与数据包转发无关，但与路由器中的编程环境、建立和运行虚拟网络的信令和管理工具以及其他方面有关。网络虚拟化方案试图将标准化（或使其成为架构的一部分）的内容极简化。它们必须指定如何编写代码并将其安装到路由器中，但它们对包头提出的唯一需求就是一些简单的标识符，借此虚拟化路由器可以将数据包派遣到正确的虚拟路由器上（或者是片或switchlet，取决于正在讨论的方案）。

部分架构比较

在本章的最后，我使用前几章开发的一些标准来对以上讨论的几个架构（尤其是NSF资助的FIA项目）进行比较。

身份和位置

通常，描述数据平面的所有方案都有一个特性，能将它们与当前的因特网区分开来：一种两步而非一步的名字-地址解析方案。在当前的因特网中，高级名字

⊖ 有关GENI的信息，参见https://www.geni.net/。

（例如 URL）通过 DNS 映射到一个 IP 地址。这通过一步就完成了。然后，IP 地址既用作端点的标识符，也用作位置。除了 NDN 之外，所有 FIA 方案都将身份和位置的概念分开了，NDN 有效地消除了任何可路由位置的概念。大多数方案都有一种方法，给物理端节点以外的事物分配身份，包括服务和数据。

同时，由于这些方案将身份与位置分离开来，大多数方案都试图在不同程度上根据身份信息进行转发。身份如何与地点结合的问题，是这些方案的一个主要分歧点。

- NDN：包是基于包中的身份信息进行转发的。位置是隐含的，而不是在包中实际表示的。
- XIA：XIA 支持广泛的路由和转发方案（与 XID 的类型有关），从基于端节点地址的传统因特网模式传送到基于内容 ID 的转发。
- Nebula：在 Nebula 中，位置 / 转发组件（与 PoC/PoP 机制有关）与任何端到端身份组件之间有很大的区别。
- MobilityFirst：包是基于包中的位置线索（NA）传送的。然而，MF 包含了绑定身份和位置的功能，即 GNS。

关于路由，所有这些方案（也许 NDN 除外）都认为，网络是由单独管理和部署的区域（如今天的 AS）构成的。Nebula 和 ChoiceNet 在选择要使用的一系列 AS 的层面上，赋予端节点对路由的控制权，但赋予每个 AS 的是对其内部路由的控制权。XIA 和 MF 采用了一种比较传统的两级路由方案，但是 NDN 中的路由技术有着非常不同的特点，因为驱动转发决策的是标识符而不是位置。

服务模型

正如我多次提到的，尽管包头包括 ToS 字段，允许数据包给出它想要一种不同的服务类型的信号，但当前因特网的服务模式仍是尽力而为的传送。尽管这一特性没有在公共因特网中使用，但它是架构的一部分。不同的 FIA 项目，在向更高层提供的服务范围方面有很大的不同。

- Nebula 和 ChoiceNet：这些建议假设网络中的服务构建块是可以组织的，给应用呈现丰富的端到端服务选择。
- XIA 和 MF：这些设计提供了少量的服务类，对应于不同的 ID 类，例如数据、服务和主机。在每个路由器中，每个类会对应于一种转发行为。MF 还允许在路径中的路由器上安装其他功能。在 MF 的初始规范中，没有讨论每个流的 QoS，但或许可以很容易地添加功能。
- NDN：此设计实现了单一的通用服务，该服务返回与名字关联的数据包。通过使用数据包中类似于今天 ToS 的字段，它可以改变服务质量（如 QoS）。

应用能将服务组件嵌入从客户端到数据的路径中的唯一方法是，在一个兴趣包中创建一个URL，该包将一个中间服务命名为它的目标，然后将所期望数据的名字嵌入URL体中[⊖]。

因为XIA和MF提供了一组有限的和预先设定的服务，所以该架构的设计者可以了解路由器PHB与产生的端到端服务之间的关系。这允许网络向用户提供已知的服务。在Nebula和ChoiceNet中，端用户从广泛的服务元素中组织成一个服务，而这些元素并未指定是架构的组成部分。这种方法允许服务集是无限的（例如，Nebula所用的符合HIPAA的路径，或避开世界上某个特定区域的路径），但是，确定服务元素（一些PHB）如何组合成一个整体服务是用户的职责，而不是网络的职责。

ISP的作用

一般来说，相比于当前的因特网，这些架构使ISP在网络操作中能发挥更大的作用。

- NDN：ISP负责数据包的动态缓存，可选地验证数据和其他任务的合法性。
- XIA：ISP必须实现与众多XID关联的服务领域。
- Nebula：ISP对数据包是否遵循数据平面生成的路径提供了验证。它们能够以不同的服务质量向用户提供一系列网络级的服务。
- MF：就像XIA一样，ISP提供了广泛的服务。它们还在基础设施上提供第三方的计算服务，并提供特定移动性的服务，如短期缓存、重定向等。ISP可能是实现GNS的行为者。
- ChoiceNet：数据平面未在ChoiceNet中指定，但它必须提供一组到控制平面的接口，通过这些接口可以配置数据平面来传递服务。提供增强的服务，并允许用户进行选择，这是ChoiceNet的核心。
- 相反，网络虚拟化方案只赋予基础设施提供商安装路由器和链路的职责，为ISP提供在这些路由器上安装代码的方法。

功能依赖

在第3章中，谈到了架构中我称之为功能依赖的这个方面。这种架构应该识别并明确哪些操作互相依赖，以及必须为网络的基本功能（分组转发）建立和运行哪些服务，以保证网络成功运行。我注意到，当前的因特网反映了这样一个偏好：功能依赖项越少越好。我这里描述的几种方案，功能依赖项都比较多。

⊖ 必须考虑到，将一个URL放入另一个URL中的“恶作剧”是否会弄乱NDN的安全架构，其中，名字用来链接密钥和数据。在请求者和提供商具有不同利益的情况下，不清楚该方法如何工作。

- XIA：XIA 在其功能依赖方面有点类似于当前的因特网。路由器有一个更复杂的任务，因为它们必须为不同类型的标识符计算多余一组的路由。就像因特网，XIA 假定某种更高级别的名字服务，如 DNS。
- Nebula：Nebula 依赖于一个可能很复杂的控制平面（NVENT），这个平面计算并授权路由。如果分布式控制平面出现故障，就无法发送数据包，因为 Nebula 是"默认拒绝访问"。
- MF：在 MF 中，转发依赖于 GNS。GNS 是一个复杂的全球系统，必须实时地从平面 ID 映射到网络 ID。该系统的健壮性对 MF 的运行至关重要。
- NDN：NDN 依赖于为名字（而不是数字）提供路由的路由方案。然而，它不依赖于别的东西。它与因特网的目标一样，都是使功能依赖项最少。为了让 NDN 中的节点请求信息（发送兴趣包），该节点必须知道如何构造信息名（这可能需要一点上下文背景），但原理上，必要时这些节点可以实时地构建上下文，仅仅是彼此互相依赖，和任何第三方服务无关。

处理不一致的利益

大多数架构是通过发送端和接收端利益一致这个视角来描述的，但大多数建议也在一定程度上考虑了不一致利益的问题——当发送端不值得信赖或可能只是一个攻击者时。一个重要的问题是，不同的方案如何处理不一致的利益。人们必须看到通信的两个方向。大多数架构都是以发送方和接收方、客户端和服务器或数据请求者和数据提供者来描述的。重要的是要记住，无论是哪个行为者启动了连接，两端都可能会向另一端发送数据包。无论框架是什么，任何一端都可以对另一端表现出恶意。

本章中介绍的架构，在从发送端到接收端的路径上配置服务，在利益不一致时使其角色是明确的。所有的架构都使用某种"防火墙"设备作为实用的例子。对于确保攻击者不能绕过保护设备的问题，不同架构的处理力度不同，但至少都承认这个问题。相反，专注于数据传送的架构则对此问题关注较少，特别是在数据含有恶意软件的情况下，数据的接收端可能需要保护的问题。DONA 建议是一种例外，它明确地探讨了在返回数据的路径中插入一个中间箱的问题，尽管所描述的机制似乎很笨拙（因为插入保护服务的任务委托给其中一个执行基于名字路由的节点）。TRIAD 和 NDN 建议没有详细描述如何保护请求者不受其请求数据之害的问题，它们描述了一种方案，在这种方案中请求者只获取所发送的数据。它们侧重于将数据请求路由到最近的数据副本的问题（诚然很难），并没有讨论在从数据到请求者的路径上部署服务的问题。这些服务可以是保护服务，也可以是功能服务，如格式转换，格式转换是 DOA 建议（Walfish et al.，2004）中使用的一个例子，它是一种有用的服务，可委托给网络中的某个组件。

对比——极简性原则

我在本节中描述的一些架构提供了非常丰富的传送服务。它们支持为检索命名数据或访问服务的数据包发送，也支持将数据包发送到目的节点（多播情况下，是一组目的节点）。一种相反的（和极简主义的）观点或许是，无论发送方的高级目标是什么，最终数据包都会被传送到某个或某些位置上。这些较高级的名字（数据或服务）必须以某种方式变换为目的地址，以便数据包能被实际转发。极简主义原则会启示我们问一问，按照架构所指定的方式，为什么是网络本身应该负责做这些变换。也许这一功能应该分配给某个更高级的服务，就像在当前的因特网里那样。数据包的发送方会查询这个高级服务，或许就在发送数据包之前，以便得到一个低级的目的地址，然后将该数据包定向到它。巴拉克里斯南等人（Balakrishnan et al., 2004）的文章描述了这样一个多级命名设计的例子。

为什么将变换服务嵌入网络本身很有用呢？在某种情况下，网络可能是执行变换的最佳地方。如果目标是要访问一个服务版本（或某个数据副本），要求网络跳数最少、往返距离最近，或者是在不阻塞的路径上，网络很可能可以更好地访问这些信息。相反，如果目标是选择未过载、未发生故障或未受损的服务器，则网络对此并不清楚。应用能够更好地实现这种选择。将变换服务移出网络层，可以更容易地修改控制选择的标准，这可能包括反映策略问题的标准，而不仅仅是性能优化。为了让问题变得更难，应用或许希望根据这两种指标进行选择，这意味着某种合作决策，据我所知，这个思想从来就没有被嵌入任何一个架构建议中。将变换服务嵌入网络中的另一个原因是，这可能会带来安全方面的好处，但我需要延后这一讨论。

可以提出同样的极简性问题，作为像DOA这种架构的一个挑战，DOA为将服务放置在从发送方到最终目的节点的路径中提供了架构上的支持。也许这个功能应该在更高层次上实现。这就是因特网的工作方式，它不支持服务配置，但仍然能工作。将服务放置在一个数据流中，这可以在应用层实现（就像邮件系统中的邮件传送代理一样），也可以使用像“透明缓存”之类的设备来实现，这些设备依赖于数据的不定（或拓扑）传递来执行功能。我的怀疑是，最令人信服的理由与保护具有不同利益的端节点有关，这意味着这些方案必须显示出一定程度的抗操纵能力。

对于侧重于向更高层实体传送的架构，一种可能的批评是，其将过去用作应用层功能的一部分拉下来，放进了网络架构中，但未将所有服务需求都拉进该层中。带有特定应用转发架构的电子邮件系统设计，允许某些类型的保护服务按照某种特定应用方式实施。在今天的Web中，Web内容的提供商使用非常复杂的方案来进行数据缓存和执行其他任务，借此可以找到某个数据的最近副本。将类似于 Web 的数据检索模型拉进网络层，实际上可能会使复杂的、特定于应用的转发架构的开发更加困难，而不是更容易。

表达能力

有趣的是，我在这里描述的大多数架构，在其设计中都没有包含服务点（PHB）的任何明确参数。当然，以 URL 作为数据标识符的方案，能够用可变长的 ID 编码任何类型的信息。Nebula 有一组非常丰富的显式参数——PoC 和 PoP。通常，大多数架构似乎都假定服务组件将运行在数据负载上（执行格式转换，检查恶意数据，等等）。许多架构确实区别对待连接中的第一个数据包，因为该数据包需要额外的工作才能将 ID 解析为更有效的网络地址。仔细回顾一下所有这些架构，你会发现它们都包含一个目录：任意服务组件中的任一状态，如何维护该状态，以及其他信息。

除了基本的包转发机制之外，几乎所有的架构都试图避免不定的传送。它们使用有意的传送，发送端和（或）接收端指定好了数据包跨越服务点的路径。当错误发生时，采用有意的传送可能有助于调试。

接下来的主题

由于本书有点固执己见地走遍了架构方案的各个角落，一个明显的问题是，我更喜欢哪种方案，或者作为我的方案，我可能将哪些架构合成起来。我将在最后一章中探讨这个问题，但在回答这个问题之前还有一段路要走。有一些需求需要进行详细分析，包括安全的许多方面，这些都是接下来几章的主题。

第 8 章
Designing an Internet

命名与地址技术

网络架构的某些方面呈现出一种近乎哲学的特性，其中之一就是实体的命名方式。名称中的内容是一个复杂的问题。

在网络历史的早期，约翰·肖奇（John Shoch，1978）发表了一篇论文，这篇论文为命名提供了一个基本框架，并经受住了时间的考验：

- 名称标识一个对象
- 地址标识其所在位置
- 路由确定了到达那里的方法

杰罗姆·萨尔兹（Jerome Saltzer，1982）对肖奇的工作进行了详细阐述，他强调从名称到地址再到路由，是需要某种绑定的，而提供绑定机制是实现命名系统的关键。凯伦·索林斯（Karen Sollins，2002）观察到名字扮演了许多角色，这些角色可分为三类：位置或访问、身份、意义或助记符。这三个类别都将在本章的不同命名示例中给出。

虽然名称有许多用途，但一个重要的角色就是位置或访问：允许找到已命名的对象。名称通常是以命名对象的位置结束的一系列步骤的起点。名称解析是描述整个过程的术语，其中可能涉及许多绑定。

一个真实的例子可能会有所帮助。假设一位读者需要一本关于烹饪历史的书。起初，这位读者可能并不知道具体的书名，只知道主题，但通过某种搜索方法会找到合适的书，同时也就明确了书名。下一步是拿到这本书。读者可能会去图书馆，在那里搜索卡片书目（或在线书目），得到不同类型的书名——可能是美国国会图书分类号[1]。但是分类号没有显示书在哪里。我们需要的是“二楼右边的房间、第三组书架、从底部数的第四个书架”这种形式的说明。图书管理员可能会提供这些信息，或者图书馆会提供地图，显示各种分类号的书放在哪里。一旦这位读者找到了正确的书架，就需要进行一次小范围的搜索来找到想要的书，这通常是一项容易完成的任务，幸运的话，这些书是按照分类号排列的。这个示例中使用了几个绑定：卡片目录将书名绑定到分类号，库的映射将分类号绑定到一个位置。

或者，有的读者可能会去书店购买这本书。在大多数书店里，书籍并不是按照分类号来组织的，而是按照一般的主题类别组织的，在同一主题中，可能是按照书

[1] 我的意思不是贬低或否定杜威十进制系统，这是许多图书馆管理员和学者仍然喜欢的。

名或作者名来进一步排列的。然而，读者可能并不清楚这家店会把一本关于烹饪历史的书放在什么地方，因此，读者可能会直接问这家店里是否有这本书。许多书店老板对自己的存货了如指掌，他们不仅能回答这个问题，而且能直接找到书所在的书架。在这种情况下，书名和位置之间的绑定存储在书店老板的记忆中，只要店面不太大的话，就这是一个很好的方案。但是，没有人会期望国会图书馆的图书管理员能够记住所有的书名和位置。分类号的发明正是为了让人们能够在如此庞大的库存中找到商品。

这个例子说明了不同种类的名称（或*标识符*）有不同的用途。这本书的书名可能比分类编号（它含有*更多意义*）更能说明该书的主题，但分类编号的数字排序使得在图书馆中查找图书的位置变得更容易。

*标识符*这个术语是另一个有用的*命名*方法，因为名称的另一个作用是建立对象的标识。在这里，对命名的讨论有点哲学意义。一本书的不同印刷版次是同一本书吗？如果修正了勘误，现在是一本新书吗？精装本和平装本印刷的书是不同的吗？等等。稍加思考就会发现，这些问题没有一致的答案。通常，对象的创建者（或设置行业规范的行业组）会在特定的语境中给出答案，但是名称与标识的关系意味着名称的稳定性非常重要。我之前引用的肖奇的论文已经在很多地方发布过，包括作为一篇互联网工程笔记，但始终保持着相同的标题。如果在重新发布时标题发生了变化，那将非常令人困惑。正是标题的稳定性让不同的读者相信他们读过相同的文档，即使是在不同的地方读到的。因此，某些类型名称的另一个关键角色是由索林斯确认的身份角色：指示两个数据对象，何时是同一实体的不同表示，何时是不同实体的不同表示。

以上讨论对网络架构意味着什么？当前的因特网并不关心自己的名称。它将数据包发送到*网络地址*，而网络地址更像是书架位置，而不是书名。但还有一些互联网建议包含这样的思想：数据包应该携带更抽象的东西作为目的地，例如服务名称或某个数据对象的名称。这些建议在其设计中含有*名称*，而不是（或同时有）网络级的地址。如果某种高级名称是网络架构的一部分，这意味着（至少在某种程度上）网络必须理解并可能控制从该名称到某个位置的绑定。这就提出了一个问题：它是一种什么样的名称，以及它的作用是什么。正如书名和分类号（根据我的定义，它们都是名称或标识符）扮演不同的角色一样，互联网架构中不同种类的名称可能具有不同的作用。

基于服务的数据包传送

XIA 的建议以及第 7 章中讨论的其他一些建议，包含在不知道服务位置的情况下向*服务*提供数据包的概念。服务可能有许多副本（从名称到位置的绑定是“一对多”的)，网络将按某种度量把包传送到最近或最适合的副本。但是服务的概念是抽象的，把某种东西叫作服务，并不能帮助路由器转发数据包。路由器能够实现的是一种概念，诸如“具有相同标识符的、某种东西的距离最近的副本”。实际上，这个概念与我在第2章中使用术语任播引入的路由机制相同。任播服务将数据包传送到目的端的一个副本，可能是网络认为最好的一个。虽然向服务提供数据包与任播一样，但是术语服务的使用暗示了规模和性能问题。今天的因特网支持任播，但仅限于少数端节点。如果互联网要给服务提供任播通信，可能会有成千上万甚至数百万的服务（或许到不了十亿级，因为可能有端节点）。

为了向特定版本的服务传送请求，当前的因特网使用了DNS。DNS将名称作为输入（例如www.mit.edu）并返回绑定到该名称的IP地址。它可以根据请求者的位置返回不同的地址，因此它可以根据请求者的位置或设计时考虑的任何其他因素来优化返回的地址。

这个任播的DNS版本在许多重要方面与路由器中实现的任播功能不同。也许最重要的是哪个行为者对如何执行名称解析具有控制或权限。对于网络级的任播，网络运营商通过路由协议的配置来控制解析；而对于DNS，名称的所有者控制名称解析。这两个选项提供了不同的好处。路由协议可以根据网络跳数或延迟找到距离最近的服务，但是网络不知道不同服务器上的负载，也不知道服务提供商可能关心的其他事项。在架构设计中，哪个行为者（或一组行为者）对某个特定功能（名称绑定就是一个强大的功能）具有控制权的问题是一个重要的考虑因素。

路由到服务（或任播）比简单的单播传送到指定端点要复杂得多。我将因特网描述为“语义自由”，因为它的功能非常简单，基本上没有任何服务规范，但是随着传送服务变得更加复杂，应用设计者需要了解服务的实际工作方式及其传送模式。规范必须描述服务节点如何加入任播组（例如，需要有哪类保护措施，来防止未经授权的行为者加入），决定如何从任播组中选取特定目的端的基础是什么，绑定的一致性如何（任播路径完全是“黏性的”吗），等等。该规范可能是抽象的，它可以概括地指定任播路由方案的结果——最低延迟或最短跳数——而非指定精确的分布式路由算法。但是，如果应用设计人员有使用需求，那么在一定程度上还是需要规范的。一个任播方案可能会有多个变体，具有适配不同目的的不同行为。随着网络服务变得更加复杂，为了提供实际有用的服务，网络设计师需要详细了解应用需求。

数据驱动的数据包寻址

有关信息的题外话。信息作为一个高级概念被广泛使用。相反，我将使用数据一词来描述信息对象的特定表示——在特定表示中捕获信息的一系列位。内容一词常用来形容商业作品，是为追求利润而销售或许可生产的信息。电影和音乐产业是内容产业，并生产商业内容。在本节中，我在讨论将信息简化为特定的字节编码时使用“数据”一词，在讨论商业内容时使用“内容”一词。信息对象的名称可以是指与形式无关的信息，但数据对象的名称通常是指特定的编码。

我在第 7 章中描述的几种架构支持基于名称的数据包转发形式，使用要检索的数据名称作为数据包中的目的端。命名数据的方案比命名服务的方案要复杂得多，部分原因是存在各种类型的数据（“数据”不是同类的），部分原因是许多信息命名方案已经存在。其中一些方案是由图书管理员和许多商业内容的创建者发明的，创建的内容是为了赚钱。包含对象名称的网络架构的设计师必须考虑网络级名称与已经存在的许多命名系统之间的关系。我在这里列举了几个例子：

- 数字对象标识符（DOI）：标识任何类型的数字对象，例如一本书或一段视频这类的商业内容，或者一篇发表的论文或个人文件。
- 国际标准书号（ISBN）：标识特定的图书、图书版本或类似图书的产品（如有声读物）。
- 国际标准序列号（ISSN）：标识连续出版物、期刊、杂志和其他各类媒介的刊物。
- 国际标准视听号（ISAN）：标识视听作品。
- 国际标准录制代码（ISRC）：标识声音和音乐视频记录。它标识的是作品的记录，而不是作品本身。
- 国际标准文本代码（ISTC）：标识基于文本的作品。
- 国际标准音乐作品代码（ISWC）：标识音乐作品。
- 美国国会图书馆控制号（不要与国会图书分类号混淆）(LCCN)：标识图书馆中的单个项目。

这些命名系统与定位命名对象几乎没有什么关系。它们描绘的是各级对象的标识（例如 ISWC 标识一部音乐作品，而 ISRC 标识作品的记录）。例如，它们中的大多数在跟踪所有权、权限管理和版税收取方面发挥作用。

作为管理身份、作者身份和版权使用费的总体方案的一部分，还存在多个命名方案来命名创建者。

- 国际标准名称标识符（ISO 27729）(ISNI)：标识参与内容制作的人员。ISNI 国际机构搜索许多信息源以查找个人，为他们分配一个号码。个人也可以通过注册代理申请分配一个号码。
- 权益方信息（IPI）：标识对特定作品拥有权利的各方。这些标识符由国际作家和作曲家协会联合会来维护。
- 美国国会图书馆名称权力文件：确定美国国会图书馆中作品的创作者。

仔细研究一些命名方案，可以进一步了解使用数据名称的各种方式。下面的两个小节给出了两个示例。

Web 中的命名

也许当今因特网上我们最熟悉的数据名称是网站的 URL。URL 包含两部分：数据所在机器的名称，以及该机器上的数据名称（“网页”）。URL 的第一部分（即机器名）是一个 DNS 名称，因此它指定项目的默认位置。第二部分只需要对那台机器有意义。URL 名称的问题在于，由于 URL 直接对位置进行编码，因此移动数据时需要给出一个新名称。URL 不符合名称必须稳定且与对象所在的位置无关的要求；人们使用术语*链接腐烂*（link rot）来描述命名数据的 URL，通过这个 URL 不能再访问数据。

我之所以使用 URL 这个词，是因为它被广泛使用和理解。但是，这样做与 IETF 和 W3C（建立 Web 标准的组织）当前的命名首选项不一致，这两个组织都声明不推荐使用 URL 这个术语，其首选项是 URI（统一资源标识符）。URI 是一个更通用的术语，它可以应用于表示位置的名称、更高级的名称（这一设计更多的是为了稳定而不是位置）或者还具有其他属性的名称。可以有多种 URI *方案*或种类，其中一个看起来像 URL。作为 URI 概念开发的一部分，还有一个建议用于特定形式的 URI，称为统一资源名（URN）（Masinter and Sollins，1994）。我邀请感兴趣的读者查看一下维基百科中的*统一资源标识符*这个条目，其中会提供更多的信息，也说明了为什么我有时将有关命名的讨论描述为哲学性的。

在许多情况下，URL 是否不稳定并不重要。特别是对于商业内容，从名称到位置的转换需要很多步骤，并且每个步骤的 URL 具有不同的功能。作为案例研究，请考虑我在第 5 章中评论的论文“DARPA 因特网协议的设计理念”，该论文由计算机协会（ACM）于 1988 年出版，在 ACM 数字图书馆中可以查到。在线搜索显示，该论文的网址是 http://dl.acm.org/citation.cfm?ID=52336。然而，该 URL 并不直接指向这篇论文，而是指向有关论文的信息，如摘要、引用位置等。在该页面上，没有指向实际论文的 URL（PDF 表示），而只是允许想浏览的读者登录或付费查看。

然而，整个系统要复杂得多。如果我使用个人计算机连接到该 URL，我的浏览器中有一个扩展程序，它做了非常复杂的事情，以至于我并不知道它是如何工作的。它知道我在 MIT 工作，并且 MIT 拥有 ACM 内容的站点许可，所以它将上面的 URL 重写为 http://dl.acm.org.libproxy.mit.edu/citation.cfm?id = 52336。如果你试图使用该 URL，MIT 图书馆网站将要求你使用 MIT 的双要素（two-factor）认证登录。只有通过测试，才能进入 ACM 页面。但是如果你成功了，页面看起来会有所不同。它不再提供可以登录或支付的 URL，而是提供内容本身的 URL。该 URL 是

http://dl.acm.org.libproxy.mit.edu/ft_gateway.cfm?id=52336&ftid=59511&dwn=1&CFID=794436021&CFTOKEN = 17429941。如果你尝试使用此 URL 而不首先向 MIT 进行身份验证，则会收到一条错误消息。

我怀疑最后一个 URL 对我和大多数人来说几乎都是毫无意义的。我可以看出这个名称中嵌入了数据库查询，但只能猜测这么多。更重要的是，在这个页面被发送到我的浏览器时，URL 几乎已经被合成了。URL 级联用于实现内容管理、访问权限和其他任务。这个 URL 实际上将会检索数据（论文的 PDF 格式），并不打算具有任何长期稳定性。如果 ACM 想要移动数据所在的位置，它们将更改用于生成此 URL 的信息。需要稳定和持久的 URL 是 http://dl.acm.org/citation.cfm?ID = 52336。通过使用级联 URL（在随后的链接中，有明确的人的参与），内容所有者已经实现了许多功能，包括权限管理，以及将必须稳定的 URL 与描述数据最终位置的 URL 分离。

数字对象标识符

我之前列出的命名方案之一是数字对象标识符（DOI）。顾名思义，创建 DOI 是为了给各种数字对象命名。DOI 由其创建者或其他权益方（interested party）分配给对象。ACM 给我的论文分配了一个 DOI：10.1145/52325.52336。第一部分（10.1145）表示 ACM 创建了 DOI，第二部分是论文的 ID。你将注意到第二个数字也出现在 URL 中。你也可以通过访问国际 DOI 基金会（IDF）的网站，将该 DOI 复制到搜索框来查找我的论文[⊖]。试一下，看看你最后会访问到哪里。你将回到以前访问过的地方，即描述论文的 ACM 页面，并收到相同的登录（或付款）邀请。

DOI 系统是一个计划宏伟的数字信息命名系统。它是由美国国家研究创新机构开发的，现在由国际 DOI 基金会管理，主要用于出版业。与 URL 命名方案相比，DOI 系统背后没有很多必需的机制（除了它依赖的 DNS 之外），它是一个更完整的架构，但只是一个*命名*架构，而不是网络架构。设计师使用一种非常直接的方法将 DOI 绑定到下一级信息，即由基金会运行的概念上集中式的名称解析服务。与 DNS（名称由对不同服务器的查询序列解析）和 PURSUIT 系统（名称由对嵌套作用域的查询序列解析）不同，DOI 系统只维护单一的映射数据库（我说它在概念上是集中式的，因为它在单个行为者的控制之下，但可以在物理上复制，以提高弹性和性能）。目前，DOI 的网站声称已记录了大约 1.5 亿个名字。

DOI 旨在保持稳定。在 DOI 基金会网站上进行查找是将它们和位置进行绑定的一种方法。其网站上写道："点击一个 DOI 链接……会把你带到一个或多个当

⊖ 参见 https://www.doi.org/index.html。

前 URL 或其他与单一资源相关的服务。如果 URL 或服务随时间变化，例如资源移动，这个相同的 DOI 将继续解析到新位置上的正确资源或服务。”当然，内容的所有者可以在适当的服务中更新 URL 以指向新位置。

我们从这些例子中学到的是，对象的命名方案是复杂的、成熟的，旨在解决许多问题，其中定位实际数据只是其中之一。这些设计表明权限管理更为重要。其中许多命名方案以复杂的方式交互（在许多情况下，可以将一种名称映射到另一种名称）。这个空间必须被视为一个生态系统，其复杂性（以及行为者的范围）至少与它所在的因特网生态系统相同。

鉴于这一现实，网络级数据命名方案如何适应更大的命名生态系统呢？如果一个网络架构建议在其方案中吸收了某种类型的数据名，那么，第一个问题就是，为什么网络架构要解决名称所服务的各种用途？以及要解决名称服务的哪些用途？对于我所描述的大多数方案，答案都是有限的——数据名称的作用就是方便定位和检索数据。这个答案似乎是合理的，但它引出了第二个问题，即网络的功能和更大的内容管理生态系统之间，在哪里进行准确的分割。将对象名称作为地址模式的不同方案，分割点略有不同，这具有重要意义。第 7 章中的两个例子 XIA 和 NDN 说明了选项的范围。

XIA 和其他几种方案使用从数据本身派生的数据名称，如果数据是不可变的，则是一些位的哈希值。这些名称具有以下含义。

- 自认证：名称可以自我认证。一旦接收端获取了一些数据，软件就可以重新计算哈希值并确认收到了正确的数据。当然，如果传送了错误的数据，恢复则是不同的问题。
- 名称派生：名称（哈希值）只能由已经拥有该对象的人创建。在此方案中，无法为了请求对象而为对象合成一个名字。因此，此方案需要一个更高级别的命名生态系统，作为检索对象的步骤，它能提供这个名称。
- 不变性：因为名称是数据派生的，所以，如果数据以任何方式发生变化，就需要一个新名称，所以这些名称的级别非常低，代表着对象的一种特定位级的表示。
- 位置：由于名称是从数据派生的，不能提供关于位置的任何指示，因此需要一些其他绑定来将名称映射到位置。正如我要总结的，有许多不同的方法能实现这一目标。
- 稳定性：名称是稳定的。只要数据不变，它们就不会改变（动态数据需要进一步讨论）。

NDN 使用类似于 URL 的网络级名称（名字标识的是数据包，而不是完整的对象，但这一点对于这种高级比较来说并不重要）。

- 自认证：数据包的创建者需要计算该数据包的哈希值并使用私钥对其进行签名。任何拥有公钥的人都可以验证签名，从而验证数据的真实性和完整性。然而，不要求此哈希值是名称的一部分。它与数据关联，而不是数据的名称。
- 位置：NDN 名称为定位已命名的对象奠定了基础。在 NDN 中，没有等效的 DNS 来将这些名称映射到较低级别的定位器。名称本身就是数据包中的地址，路由器必须将名称和转发决策绑定起来。各种方案都可以使用，从请求泛洪到使用为 NDN 名称前缀预先计算路由的全局路由协议（URL 中的 DNS 名称不同于名称的其余部分，而 NDN 允许路由器在适当的情况下，查看和路由尽可能多的名称）。因为名称标识着位置，如果对象的位置发生了变化，则需要改变名称或做出某种指向才能使名称继续工作。
- 不变性：不同类型的信息可以有不同的数据命名习惯，这些习惯将决定给定名称描述的数据是否可以更改。
- 稳定性：NDN 不要求也不阻止名称的稳定。所有者（或托管站点）可以决定如何管理对象的名称。
- 名称派生：如果接收端知道所需对象类的规则（命名习惯），就可以合成对象的名称。

有关平坦的和分层的数据名称的深入比较，参见艾德哈特罗等人（Adhatarao et al.，2016）的文章。

数字对象可以有多种表示形式。例如，视频编码可以采用高清（HD）、标清（SD）、针对特定显示优化和其他格式。在某种程度上，这些不同的表示是相同的对象，并且可能具有相同的名称，就像同一本书的精装版和平装版通常具有相同的书名一样。但是 XIA 和 NDN 名称都必须是指对象的特定表示（在哈希源于数据本身的情况下，这是很明显的，NDN 名称也是如此）。要检索对象的特定表示，必须有一个绑定，从高级名称映射到标识特定表示形式的低级名称。

NDN 的设计师提出了一个挑战，我称其为“荒岛”挑战。想象一下，有两个人被困在荒岛上，但幸运的是，他们配备了可以工作的无线设备。其中一个人的设备上碰巧有一份《纽约时报》，另一个人想看。这两个设备可以直接通信，但没有与外界的连接。NDN 方案的目标之一是使这件事成为可能。在 NDN 方案中，请求包携带所需数据的名称，如果一个设备发出请求，而另一个设备愿意提供，那么除了两台设备本身之外，可以在不需要任何系统组件的情况下获取数据。这种方法就是我在第 3 章中所说的“极简功能依赖”的一个很好的例子。然而，要实现这一目标，必须做到以下两点。

首先，接收端必须能够构建所需对象的名称（本例中为《纽约时报》）。接收端必须知道“纽约时报”用来命名其对象的命名方案[⊖]。

其次，在传送发生之前，不需要任何其他步骤。尤其是，不能对权限管理系统进行任何查询，因为它与外部世界没有任何连接。为了解决荒岛挑战，NDN的命名系统必须是完整的、独立的。作为设计的一部分，它必须包含所有需要的绑定，从对用户有意义的名称到对象的检索。

满足荒岛挑战的系统将是一个很好的数据共享工具，在那些共享未经授权内容的用户中会非常流行——否则就称为数据盗版行为。内容所有者将强烈抵制这种方案。对他们来说，权限管理比在荒岛上共享更重要。当然，很多内容都没有权限管理，没有限制共享的规则，但是需求和期望会有所不同。对于如何共享或应该如何共享数据，没有单一的答案。渴望完整或独立的系统必须解决命名的所有问题，包括随时间推移的稳定性（捕捉身份）和权限管理，还有位置。像XIA这样的方案，必须包含在一些更高级的命名方案中，并且可能会将此类问题留给高级方案。

规模。基于数据名称的分组路由的下一个挑战是规模。我估计可能有一百万个（在一个数量级内）基于服务的任播地址，但因特网上数据对象的数量可能接近一万亿（同样，只是非常粗略的猜测）。想象一下实际的路由方案，它可以计算到网络里万亿台设备的路径，单独处理其中的每一条，这是令人生畏的，正如期望国会图书馆的管理员记住所有书籍的位置是不现实的一样。如果要实现使用数据名称的传送，则必须设计某种绑定方案来支持这种规模。还要设计某种聚类方法或结构来帮助记录位置。

NDN和TRIAD所展示的一种解决规模的方法是，将某种位置知识嵌入名称中，但这种方法会给名称的稳定性带来问题。另一种方法是将某种位置线索与名称关联起来。我发现基于线索命名方案的思想是很有吸引力的。当你在图书馆找某本书的时候，分类号可以作为一个线索。当你向图书管理员询问某一本书的情况时，他可能会说这本书是当前的畅销书，所以它不是放在普通的位置上，而是放在“畅销书”书架上。在这种情况下，相比卡片目录，图书管理员给出了更好的线索，但在所有情况下，这本书的书名都是不变的。今天，当人们在网络上使用搜索工具时，返回的是一个URL，但是在不同的命名架构中，搜索工具可以返回唯一的名称以及一个或多个关于搜索引擎最近在哪里找到它的线索。

XIA、DONA、MF和Netinf具有与位置无关的数据名称——对于没有变化的

⊖ 另一种选择是持有《纽约时报》的人将对象的名称提供给想要它的人。有很多数据传送涉及一个人问另一个人：“那个文件的名字是什么？”在这种情况下，对名称最重要的要求是易于键入。或者情况可以变得更复杂一些，一台设备可以扫描另一台设备的屏幕。我详述这一点，只是想指出命名方案是怎样迅速地变得复杂起来。

数据，名称是数据的哈希值[注]。这些名称满足名称必须稳定的需求，但是需要一个大型数据库提供从名称到位置的绑定（如DOI系统或MF的GNS），或需要某种线索方案，其中线索可以更直接地映射到位置。XIA采用网络标识符（如AS号）作为线索的方法。其思想是，网络号用于将数据包发送到网络的一个服务或区域，该区域足够小，使系统能够在该范围内记录存储在其中的所有数据的位置。DONA使用创建者的标识作为线索（名称的形式为P:L，其中P是创建者的公钥的哈希值）。如果与特定创建者相关联的数据是在稳定的位置上，这种线索将有所帮助。

功能分配。在我看来，这段冗长且可能跑题的分析还没有回答核心问题：为什么网络层应该控制数据名和位置的绑定？考虑到已经存在的复杂命名生态系统中提供的所有绑定机制，网络里拥有这种能力，必然会带来某种功能上的好处。NDN提供了一个明确的答案。如果网络知道对象的名称（在NDN的情况下是数据包的名称），网络中的路由器就可以缓存流行的内容，并用对象来应答查询，而不是将查询一路转发到存储它的位置上。因此，确定网络级数据名称是否有价值的一种方法是，询问一下缓存方案多久才会被证明是有益的。数据多久才会足够流行，以至于短期缓存（在网络的路由器中）是有效的？内容提供商会坚持多久不缓存内容，而是从授权的源端来获取内容，以便管理权限、跟踪付款和版税，以及执行其他任务。如果网络架构师打算提供更复杂的服务，他们需要详细了解应用需求。

让网络理解数据名称（如果名称是自认证的）的另一个好处是，网络本身可以计算数据的哈希值，并检测是否因被欺骗而传送了错误的对象。如果网络控制了数据的获取方式，那么检测是否被欺骗可能是很重要的。（NDN的设计使这一行为更加容易实现。由于NDN名称指的是数据包，而不是完整的数据对象，所以返回的内容的有效性可以逐个包进行验证，不必为了计算哈希值而从包中重新组装整个对象。）

基于位置的地址

在因特网中找到位置或某种端节点地址，比我到目前为止一直讨论的高级名称要简单得多，但是有一些重要的设计考虑。

这类名称通常按某种层次或嵌套方式来组织。邮政信箱的地址格式一般为<国家、州、市、街、门牌号>。此外，邮政系统还创建了邮政编码，邮政编码又具有层次结构：第一个数字标识国家的各个州，接下来的两个数字标识分拣邮件的分区中心设施（SCF），最后两个数字标识村庄、城镇或城市的行政区。这种构造方式，

[注] 其他类型的名称将根据不同的规则派生。例如，端节点的名称可能是与该端节点关联的公钥的哈希值。

使得邮政编码与路线和邮递顺序的绑定尽可能高效。

电话号码的设计也是类似的，以获得高效的路由：区号和接下来的三个数字标识交换中心，最后四个数字标识该中心内的特定电路。但是，若用户要求在更换电话公司时能够带着自己原来的号码（或移植号码），电话号码系统就崩溃了。用户想要移植自己的号码，是因为其他人知道这些号码——作为一种标识符（它们对人是有含义的）和定位器使用。电话号码方案现在包括一个庞大的本地号码移植数据库，记录电话号码是否已移植。如果是这样，数据库存储第二个号码（看起来就像电话号码），称为位置路由号（LRN），它实际上提供了将呼叫路由到正确的交换中心所需的信息。这里的教训是，由于几乎所有的命名系统都有级联的标识符，所以位置名不应该用于除位置以外的任何目的。对于标识而言，可使用不同种类的名称作为标识符，并允许高效地绑定到某个位置。从务实的角度来说，设计时应使其看起来具有尽可能少的含义。

在数据命名空间中有一个很好的例子，可说明名称如何避免暗示任何含义。DNS 名称的元素标识了可以解析下一级名称的服务，但它们是文本字符串（如 www.mit.edu），人们将含义与文本字符串关联起来。对很多人来说，MIT 代表着某种含义，其结果就是引发了关于谁拥有哪个名字的商标之争。比如，DNS 的早期设计者认为，这些名称必须有含义，因为他们希望人们记住并输入这些名称。我认为如果没有含义会更好一些，但我输掉了这场辩论。相比之下，DOI 名称没有表达任何含义。我所写的关于架构的论文的 DOI 是 10.1145/52325.52336。第一部分意味着 ACM 给我的论文分配了这个 DOI。如果字符串的第一部分是“ACM”而不是“10.1145”，那么可能会爆发一场关于哪个组织拥有“ACM”名称的争论[⊖]。没有人会为“10.1145”这个字符串而争斗，但也没有人会记住它。这些名称仅作为名称解析过程中某个下一步的输入。

在大多数情况下，因特网地址都不太容易记住，随着 IPv6 的转换，地址是 16 字节长，任何人都不会试图记住它们。但是，总有一种诱惑要把它们用作某种形式的标识符，必须抵制这种诱惑。

如今因特网地址的复杂性在于，虽然它们最初具有两层或嵌套结构，支持在每个路由器上进行高效的转发操作，但随着因特网开始耗尽地址，这种结构也逐渐削弱。控制地址块的那些行为者，开始将这些地址的一个子集提供给通过因特网的不同路径可到达的另一个行为者。就好像在邮政系统中，一个由单一邮政编码服务的地区的某一部分，以某种方式被运往另一个城市。在任何地址技术方案中，地址耗尽都是一场灾难，这就是为什么因特网正在缓慢地转换为更大的 IPv6 地址的原因。

⊖ 这只是假设。我并不知道关于 ACM 这个名字有任何商标争议。

第 7 章中的许多建议都包含干净的两级方案，带有区域和区域内的端节点。原理上，新的架构中可以具有多级方案，包含全球区域以及这些区域中的子区域等。挑战在于，因特网路由不仅仅是地理上的。因为不同的 ISP 在同一个区域内工作，所以数据包需要路由到属于特定 ISP 的特定区域。电话系统也遇到了类似的问题。当该系统由美国的单一运营商（贝尔电话系统或 AT&T）运营时，基于地理区域的路由是有意义的。但当相互竞争的电话公司进入市场时，就必须将呼叫路由到特定公司内的某个地区。今天，电话系统通过使用前 6 位数字来标识呼叫中心，从而路由呼叫，这与呼叫中心的所有者无关（正如前面讨论过的，已经移植的号码除外）。因特网也是如此工作的。因特网地址的第一部分映射到服务商的一个区域，路由系统将它们作为平坦的标识符来处理。因特网上大约有 59 000 个 AS，但这些 AS 识别 ISP，而不是区域。在整个因特网上，大约有 680 000 个特定于服务商的区域块，路由计算将它们作为平坦的标识符处理。

如果我正在设计一个新的网络级地址方案，我首先会非常仔细地考虑这些特定于 ISP 的区域是否可以通过某种方式进行结构化，以加快传送，以及这个数字将来会如何增长。对于这些问题，我还没有看到任何出色的答案。

结论

在本书的最后一章中，在讨论网络的未来以及我自己对架构选项的看法时，我将回到对不同传送模式的比较，但是现在必须推迟进一步的讨论，因为我还没有讨论所有会影响命名方案设计的问题。特别是，关于安全性的第 10 章，将明确指出命名方案的目的不仅仅是让好事发生，还要防止坏事发生，因此是时候改变主题并继续前进了。

第9章
Designing an Internet

寿　　命

引言——寿命的目标

与许多计算机产品相比，因特网已经算是年长——超过35岁。人们对因特网的“年龄”有不同的看法，在一些研究人员中存在一种假设，认为从现在起之后的25年因特网可能会建立在不同的原理之上。不管25年后的网络是今天网络的小小演变，还是一种更激进的方法，未来互联网的设计要通过时间的考验，这应该是一项首要的需求。我使用术语“寿命”和“长寿”来形容这个目标。这个目标是很容易理解的，但为实现这个目标所使用的原理却没有得到很好的理解。关于怎样设计一种可以存活很长时间的网络（或者是其他系统），存在很多理论。在这一章中，我认为许多理论都是相关的，在不同程度上，利用这些理论的不同组合，人们可以用不同的方式来获得长寿的网络。虽然有些理论是不相容的，但也有很多理论是互相一致的。

我在本章中采用的方法受到《通信网络理论》（Monge and Contractors，2003）一书的启发。该书的主题并不是由路由器组成的网络，而是由人和人际关系构成的社交网络。作者利用许多已提出的理论来解释社交网络的形成和持久性。他们认为，在不同的社交网络中，这些理论在不同程度上都是有效的，因此，有必要建立一个多理论、多层次的框架来解释任何给定的社交网络的特征。因为现实世界中有很多社交网络的例子，人们可以做实证研究，从而试图确定利己主义、集体行动、知识交换、同质性和邻近性等理论如何影响给定的网络。虽然与社交网络相比，可供研究的数据网络要少很多，但我还是尝试对各种理论进行分类，这些理论可以解释为什么网络能长寿或不能长寿。我也会讨论一下，我所描述的各种建议架构的设计师是如何对寿命进行争论的。有些理论是由系统设计师阐述的，有些是我命名的，目的是使讨论过程更加清晰。

理论的类型

在有些过于简化的情况下，我将这些长寿理论归类为三个子类，具体如下。

变化理论。这类理论认为，随着时间的推移，需求会发生变化，因此必须改变长期存在的网络。这类理论有时用进化性而不是寿命这个词来描述所期望的目标，因为这类理论假设一个无法改变以满足不断变化的需求的网络很快就不再有用了。

此处使用的变化一词通常意味着不确定的变化，如果理解了系统需求未来的轨迹，花费又可以接受的话，人们可能会将这些需求纳入最初的设计过程中。XIA 和 FII 的建议就是基于变化理论的架构的例子[㊀]。

稳定性理论。和变化理论相反，稳定性理论认为，通过提供一种其他服务可以依赖的稳定平台，随着时间的推移，系统会一直有用。NDN 建议就属于这个类别。

创新理论。这些理论认为改变不仅是必然的，还是有益的。这些理论强调了作为经济驱动力的改变和创新的重要性。FII 建议就是这一类的典型例子。

这些理论类型并非互不相容。创新理论通常也是稳定性理论，网络作为一个平台，其稳定性允许在该平台上进行创新，而创新理论则称之为补充者（complementor）。举一个操作系统的例子，操作系统接口的稳定性，导致应用设计者来承担系统新应用的开发和销售风险。

架构和寿命

我定义了架构这一术语来描述构成系统（如网络）基础的基本设计概念，例如顶层的模块化、接口和依赖，以及各方所必须采取的全球一致性假设。在稳定性理论中，架构扮演着自然的角色：它是稳定性定义的一部分。然而对于变化理论，这种关系就更为复杂了。如果架构定义了那些我们希望长寿的东西，那么架构是如何包含变化的呢?

支持变化的稳定架构。在这个观点中，架构包含了系统中那些不改变的方面。正是架构的稳定性才允许系统的整体演化。带有灵活地址头的 XIA 建议就是这种类别的一个例子。

演化架构。在这个观点中，架构本身能够（且确实能）通过进化来满足不断变化的需求。如果架构不能充分进化，这就违反了架构的设计，（根据这些理论）会导致功能的逐渐丧失，使进一步的变化变得困难，也会导致系统僵化，进而逐渐削弱效用。FII 建议就是这一类别的例子，其中，更高级的架构框架允许随着时间推移引入新的实现（embodiment）。

僵化理论

僵化理论是由贝莱迪和莱曼（Belady and Lehman，1976）首次提出的关于操作系统的理论。他们提出了程序演化动态性的第一定律，即持续变化定律，该定律说明所使用的系统会经历持续的变化，直到冻结并重新创建该系统变得更合算为止。根据这个观点，最终，系统失去了随着时间推移而进化的能力，为了支持持

㊀ 这里使用的各种架构建议的例子，已在第 7 章中进行介绍和讨论。

续变化，必须从头再来。因此，变化理论是一种间歇性理论，它预测系统（或者架构）有一个自然的生命周期，在更具革命性的阶段到来之前需要不时地更新。

系统依赖于间歇性替换的思想，是更普遍的间歇性革命理论的一个例子。托马斯·库恩在他的著作《科学革命的结构》(Thomas Kuhn，1962）中认为，科学的进步取决于这样的时期，在此期间一种理论被逐步改进和美化（他称之为*常规科学*），并不时被这样一些时刻打断，在这些时刻，一种理论被另一种具有更好解释价值、更简单结构或更多解决异常能力的理论所推翻。我们可以把NSF FIA项目看作邀请研究界来思考这样一场革命。

新的设计理论认为，有可能通过一种严格和正式的过程从一组需求中得到一种架构（可以参考Chiang et al.，2007；Matni et al.，2015）。这样的架构将怎样解决变化还是一个未解决的问题。如果人们改变了需求，然后派生出一种新的架构，这种差异可能是无处不在的：本质上是一种新的设计而不是对旧设计的修改。但是，如果人们采用这种方式导出架构，并在事后对其进行了修改，那么所有适用于原先设计过程的理论都不再适用了。这种行为就像获取一个编译器的输出并修补机器代码一样。因此通过算法从需求派生出的架构可能在变化方面变得脆弱，或者（根据这些理论）很容易僵化。

效用理论

所有关于寿命的讨论都必须在所使用的网络背景下进行。一个长期存在的网络是随着时间推移持续有用的网络，因此“首先要是有用的”，这是长寿网络的先决条件（关于一种架构建议在多大程度上与目标相符合，第4章阐述了我的框架）。所以，任何长寿的理论都必须包含某种效用理论，它解释了网络为什么是有用的。我确定的第一个长寿理论，就是基于特定效用理论的。

通用网络理论

根据这一理论，一个能够满足所有需求、完全通用的系统将不需要演化，因而是长寿的。因此，通用网络理论是一种稳定性的理论。挑战就是准确地定义什么是通用网络。

理想网络与障碍理论。根据这个理论，网络所提供的是一种极其简单的服务，这种服务能按其理想的形式（如果无法按现实的形式）来描述。一种候选形式如下：

> 一个理想的数据网络，将可靠地在零时间内向（而且只向）任何一组预期的和有意愿的接收者提供任何数量的数据，并且是零成本和零能耗的。

当然，这样的网络是不可能实现的。有些限制（如光速）是不能突破的物理极限，其他方面（如成本）似乎会随着时间推移作为创新的成果而有所改善。综合起来，这些限制或障碍决定了任何实际网络与理想的偏离程度。在这个理论中，最通用的网络尽量减少了各种障碍，并尽可能地允许每组用户权衡各种障碍。因此，排队论反映了速度、成本（利用率）和延迟之间的一组基本的权衡。根据这个定义，如果存在与排队论一样有效的网络（对于给定的业务类型），能预测并允许用户沿着排队论定义的性能边界移动，那么这个网络就是最通用的网络。

根据这个理论，这样的网络会是长寿的：它关于基本障碍（稳定性理论）是最通用的，并能进化以响应随着时间而变化的障碍（创新理论）。

根据这个定义，我认为因特网就是一个很好的通用网络的例子，它的长寿就是这一事实的结果。使用数据包作为复用机制，已证明是一种非常通用且灵活的机制。数据包支持广泛的应用，并允许随着演化而引入新的技术。允许对 QoS 进行控制的机制，使得应用能控制成本、速度和延迟等参数间的权衡（从原理上而言，尽管它们没有部署在公共因特网上）。

实物期权理论

实物期权理论反映了这样一种思想，即人们可以尝试量化现在的投资成本与收益，以保持期权的开放性，换句话说，是为了处理不确定性。因此它是一种变化理论，在某种程度上，变化等同于不确定性。这也是通用网络的理论，但用经济学的术语来说，它表明了人们现在可以通过花钱购买灵活性来应对以后不确定的变化。它没有描述产生的通用网络是什么（与前面提供的定义相反），只是假设通常要有什么，但是有代价的，代价就是我先前提出的理想通用网络定义的障碍之一。

实物期权理论可能更多地应用于网络的构建（例如，现在购买多少备用容量），而不是网络的架构。然而，盖纳和布拉德纳（Gaynor and Bradner，2001）讨论了实物期权理论如何影响设计的标准进程，即关于模块化系统的一系列争论（如我在第 3 章讨论的）。

争斗和控制点理论

先前关于理想网络的讨论并没有完全反映网络内部发生了什么，因为这一理想是从一类行为者——渴望通信的一方——的角度来表述的。这种理想的表述并没有引起其他行为者的任何注意，例如想要合法拦截通信业务的政府、雇主和其他想限制网络传输内容的人，还有其他有理由参与的人。在当前的因特网上，各方的利益相关者众多，每个人都试图维护自己的利益，并且可能会以牺牲其他人的利益为代价。

在克拉克等人（Clark et al.，2005）的文章中，将这一正在进行的进程称为争斗。我们认为，争斗是任何系统（如因特网）的一个基本方面，它深植于更大的社会、经济和监管环境中。根据这一争斗理论，尽量减少争斗的破坏性后果的系统将是长寿的；因而，设计目标应当是争斗不会导致不同行为者为了追求自己的利益而侵犯网络架构。很多格言描述了系统应该如何设计以容忍争斗：

在风中弯曲的树不会折断。

你设计的不是比赛的结果，而是比赛的场地。

这些格言背后的思想是，设计系统时，应使其不试图抵制争斗和强加某个固定的结果，而是灵活面对不可避免的事。然而，对于怎样才能做到，这些格言几乎没有给出实际的指导，只是暗示人们可以偏向于关注比赛场地，使由此产生的争斗与设计师的价值观相一致。

争斗隔离。从争斗中产生的设计原理是一种新的模块化原理，称为争斗隔离。计算机科学有很多模块化理论，如分层（例如避免互相依赖）。争斗隔离隐含的思想是，如果设计师能预先识别出一块可能会有持续争斗的区域，那么设计时就应该隔离这个区域，以使产生的争斗不会扩散到网络的其他方面。下面是一些可以做到这一点的例子。

- DNS：如果早期的设计师明白 DNS 会包含引起商标纠纷的名称，他们就能设计一种单独的服务来处理这些名称，以便最大限度地缩小商标纠纷的范围。将名称设计得没有实际含义的命名系统（如 DOI 名称）将不会引起商标纠纷。
- 安全 Web 访问（TLS）：如果证书管理系统的设计师了解到，真正的争斗会存在于信任哪些行为者来为不同的网站提供担保，那么他们就可以设计一个不同的信任框架来限制或防止这些争斗。

接口的放置。除了隔离争斗外，人们还可以通过在系统中放置关键接口来转移争斗。另一种说法是，功能可以从一个模块到另一个模块跨接口移动。争斗模块化就是将系统模块化的非技术性原理的一个例子。模块的定义和由此产生的权力在不同类型行为者之间的转移，这两者间的关系是相当微妙的，这里有几个例子。

- 在当前的因特网中，在两个关键路由器功能（数据包的实际转发和填充转发表的路由计算）之间没有指定接口。软件定义网络（SDN）的开发人员定义了这样一个接口，该接口允许由不受路由器供应商控制的独立设备执行路由计算。这个选项改变了路由器供应商之间的竞争格局，允许 ISP 从一个供应商购买转发组件，从另一个供应商购买路由计算设备。
- 当数据包达到目的端时，必须将其派遣到该主机上的正确应用里。这种派遣是由包头里叫作端口的字段控制的。早先，关于端口字段是否应为 TCP 段头或 IP 包头的一部分，曾有过一场辩论。最终的决定是将端口字段放在 TCP 段头中。如果端口字段在 IP 包头中，则意味着路由器会访问它，这将会向 ISP 揭示更多关于端点正在做什么的信息。事实上，早在 20 世纪 80 年代，路由器就被编程来窥视 TCP 段头，提取端口号并相应地修改对数据包的处理方式。在争论数据包加密规范时，ISP 认为 TCP 段头中的端口字段不应该被加密，因为他们需要查看这一字段，即使 TCP 名义上是端到端的。保护隐私的倡导者希望端口字段是加密的，网络运营商（也可能是那些对元数据监视感兴趣的人）则希望端口字段是可以明示的。

去除接口。关于接口的另一个观点是：通过有意地去除接口并使系统有更少的模块或更加集成，人们可以增加拥有系统的公司的权力，限制竞争对手进入并限制其他形式的争斗。这个理论是通过市场力量和霸权实现稳定性理论的一个例子，我将在本章后面和第 12 章对此进行论述。这种减少争斗的方法可能不符合生态系统的最佳利益。

不对称的斗争。不同的利益相关者可以使用不同的工具和方法，这是造成许多争斗的原因。网络架构师定义了模块接口和移动功能，政府通过了法律和法规，网络运营商进行投资并配置物理网络。其中的每种行为都有利于特定利益相关者，而不利于对手的利益。鉴于这个事实，这些不同的方法如何相互作用是值得研究的，但全面的探讨超出了本章的范围。就如剪刀、石头、布的游戏一样，它们有时似乎是在无止境的循环中相互纠缠。我把一种描述某些相互作用的理论称为钝器理论，虽然每个利益相关者都有不同的权力，但通过系统某一部分的设计可以削弱其他人的控制工具，使其不那么有效。因此，使用加密作为网络设计的一部分，大大限制了其他行为者观察用户正在做什么的能力。在特殊情况下，网络运营商不会传送所有业务，它将阻挡所有的加密业务，或拒绝为相关客户服务——这是削弱网络运营商控制工具的一个例子。

争斗和寿命

争斗理论可以被看成变化的理论，但事实上它更接近于动态稳定性理论。稳定性并不意味着一个固定的系统，也可以是具有制衡或反馈能力的系统，逐渐接近于稳定的点。争斗是这样一种机制：在一组力量中，如果一些新的输入（例如，技术创新）使系统偏离了平衡点，这组力量趋向于让系统回到稳定的平衡点。可以将争斗看成一种动态且持续的机制，有助于系统的长寿。随着时间的推移，平衡点可能会偏移（因为社会规范随时间发生了变化），而在不同的文化中，稳定点也可能是不同的。容忍争斗对刚性系统是一种选择，它试图在不可行的情况下强加全球一致性。容忍结果的变化有助于长寿。

构件块和可组合组件理论

通用网络理论认为，人们可以描述一个理想的或完全通用的网络会做什么，但是这一理论认为网络具有非常简单的核心功能。另一种观点认为，网络应该能够提供更丰富的服务集（可能不是在同一层）。根据这一理论，衡量网络的成功与否并不取决于它在多大程度上限制了损害的影响，而是取决于通信各方之间吸收新类型的服务有多么容易。在这个观点下，由固定功能路由器构建的网络是限制因素而不是稳定因素。我在第 6 章中关于表达能力的讨论就是在这种矛盾中进行的：网络应该追求极简性的表达能力，还是应根据需求追求一组丰富的工具来增加新的 PHB。i3、DOA 和 Nebula 建议允许任意服务的组合，通过允许根据需要发明的新服务，能潜在地延长寿命。

如果不只是查看简单的数据包转发层，而且还看该层之上的服务，构件块的概念就会更加丰富，这些服务可能包括转换信息格式、身份验证、提供安全服务等。在这种分层的观点中，人们会询问数据包层是否最适合支持这些高级服务的部署和配置。例如，为了确保安全服务的正确操作，确保数据包不能绕过这个服务是很重要的。因此部署这些高层服务的意愿可能会改变和扩展数据包这一级的需求，即使这些服务是较高层的服务。

构件块和可组合组件理论似乎有两种——最大和最小，看起来是自相矛盾的。在最大理论中，如果网络具有丰富的表达能力，那么它的寿命就很长，这样就可以添加新的服务组件。通过添加更强大的寻址模式（如源路由技术，可以通过一系列服务组件路由数据包）和数据包头中的额外字段，向服务组件传递额外的信息，这种方法能够增强架构的表达能力。关于服务组件和表达能力的最小理论产生于争斗理论。在这个观点中，由于不同的利益相关者试图控制服务，任何服务组件都将是竞争和争斗的焦点。因此，ISP 有时会阻塞访问第三方邮件传送代理，试图迫使客户使用他们的邮件服务；通过这种做法，ISP 可对客户强加一些限制。最小理论引导网络设计者刻意限制设计的表达能力（可能在某些层上），以限制网络中的争斗点，从而通过稳定性来求得长寿。

可编程组件理论（主动网络）

构件块带来有益灵活性的理论有一种激进的版本，在这个版本中，网络中的组件可动态地进行编程，或许是通过数据包本身携带的程序来实现。我在第 7 章中讨论了这种设计方法，即主动网络。可将主动网络看作减少了争斗，而不是促进了争斗，因为它使比赛场地有利于最终用户，削弱了控制网络的利益相关者拥有的控制工具。这些程序来自边缘，运营网络的利益相关者只是为这些程序提供平台。除非对这些程序的表达能力加以限制，否则他们不能控制这些程序。我在第 7 章中讨论的多种主动网络方案（ANTS、智能分组方案、PLANet 和 PLAN）说明了一些不同方法，来限制其在程序中的表达能力。只有“钝器”能限制程序的组成方式，结果（根据这一观点）就是一个稳定的平台，在这个平台上可以从边缘来推动创新。

稳定平台理论

稳定平台理论涉及创新。根据这个理论，通过有稳定接口和服务定义的稳定平台（下面一层）为某一层（上面一层，代表一种有价值的变化形式）上的创新提供了便利。采用这一理论的语言，那些在平台上创新的人被称作补充者。如果平台本身不稳定，受变革和创新的影响，那么这种变化会增加利用开发平台构建补充系统（例如应用）的成本，因为必须更新应用才能跟上平台的变化。这种变化还增加了由于平台中变化的不确定性而带来的风险，这可能会减少应用的功能。因此，IP 的稳定性鼓励应用开发人员在该层之上进行创新。因此，稳定平台既是一种变化理论（在补充者层面），也是一种稳定性理论。与因特网有关的平台理论的扩展讨论，参见文献（Claffy and Clark，2014）。我假设平台在一段时间内能保持稳定，但随着时间推移，会遭受越来越大的进化压力，这可能导致平台的某一部分被替换。另外，以稳定为目标的平台可能会以这样的方式进行功能扩展：不破坏旧功能，但提供增强功能的选项。

稳定平台理论可以用动态形式表述：在补充者使用自己的力量来支持稳定性平台的情况下，会吸引更多的补充者加入，这是一种正反馈情形。这种动态的反面也是理论的一部分：如果一个平台已经没有用了，那么它的稳定与否就无关紧要。我认为因特网的分组转发服务是稳定平台的范例之一，它允许在该平台之上进行创新；在我看来，IP 平台（以及运行在平台上的 TCP）的稳定性是因特网长寿的一个重要原因。

无语义服务理论

关于平台应该实现什么功能以便有用和通用，稳定平台理论并没有提到任何内容。通用网络理论为这个问题提供了一个答案：平台应该提供接近于理想的通用服务（最低损害集），就像设计者做到的那样。

通用网络理论的最简版本是网络应该只传送字节。与可组合构件块理论相比，在最简版本中，网络不应有任何模型来说明这些字节意味着什么，或者应用的高级目标是什么；网络应该是无语义的。这种理论也称作透明网络，或者（用更口语化的术语），“所出即所进”。如果网络开始基于应用正在做什么的模型来处理数据包，可将其看作一种非常有益的优化，但同时也是对通用性的损失和对网络中立性的侵蚀。

我认为因特网的长寿源于它的无语义设计，设计者不允许优化协议去适配当今流行的应用。在这个方面，无语义服务是效用理论的一个例子，但尚不清楚的是，要使用什么样的推理路线来预先说明这一点。然而，通用网络理论可能意味着无语义服务理论，因为（如前所述）通用网络被定义为传送数据，这似乎就意味着一种无语义的服务。

无语义服务与端到端论点密切相关（见第2章），但开始时，端到端论点是关于规范运营而不是关于通用性的。其理由是，由于业务到达的统计特性，分组网络（尤其是那些在路由器中没有每流或每包状态的网络）总会具有一些遗留的不可靠性。由于不同的应用有不同的可靠性需求（有些应用并不需要完美的可靠性），网络设计师不应当通过某些定义来试图建立额外的机制，从而让网络完全可靠；相反，让端节点来纠正所有网络错误，以满足特定应用（而不是网络）的需求，应当控制在各种损害间做好权衡。作为一种通用性的论点，端到端论点的解释可在原始论文中隐式地找到（Saltzer et al.，1984），但在随后一些关于这一论点的文章中，这一解释变得更加明确了[⊖]。

全球一致性理论

我在第3章中提出的网络架构的一个方面是，架构定义了系统的某些方面，这些方面必须是全球一致的：架构定义了系统中总是以相同方式工作的那部分。在此背景中，全球一致性和寿命也有两种变体：最小理论和最大理论。

最大全球一致性理论。这个理论假定明确定义的系统方面越多，平台就越稳定。通过为平台提供一个明确定义的功能说明，最大限度地降低了实现挑战的风险和补充者面临的风险。最大这个词可能是对该理论的夸大，更谨慎的说法是，在一定程度上，增强的说明和细致的定义是有益的。

最小全球一致性理论。这是一种变化理论，它指出我们都必须同意的东西越少，在面对一系列不同的需求时我们就适应得越好。只要平台仍然有用，拥有更少的全球一致性就是有益的，这将允许网络随时间而演化，同时不会影响平台的效用。因此，与最大或“上到一个点”理论相反，这是一种“下到一个点”理论，或者（像我之前所做的，改述一下爱因斯坦的语录）：架构应该尽可能小，但不要过小。FII建议显然是这种理论的一个的实例。

虚假一致性。在这个理论的两个版本中，有一个问题是，何时全球一致性才能

⊖ 对于端到端论点，文献阐述、误读和攻击几乎是无穷无尽的。我很抱歉没有提供一些引用，但是若对文献进行批判性回顾，恐怕需要一本书的篇幅，或者至少也需要一整章。

成为真正的一致性，而何时又只是一致性的幻想。例如，因特网最初的假设是基于全球一致性，有单一的全球地址空间。我们认为这种一致性很重要，也是稳定 IP 平台的基本原则之一，但随后 NAT 设备被引入了，因特网得以生存下来。有人会说，由于 NAT 设备损害了某些类型的应用（特别是位于 NAT 设备后面的服务器），我们应该将 NAT（以及全球地址的用尽）视为对稳定架构的严重违背。IETF 现在开发了一些协议（在第 6 章讨论过），这些协议允许在 NAT 设备中动态地安装“状态”（可能是构件块理论的一个例子），这在根本上有可能支持全球地址时代的所有应用。

无论从这个例子中我们能吸取什么教训，关于一致性的更普遍的问题是，如何测试所提议的全球一致性，看看为了拥有一个稳定的平台，我们是否确实需要这种一致性。若要实现聪明的重新概念化，在不损失网络能力的情况下，可能得允许人们将被视为全球一致性的东西搁置到一旁。

研究者可能会提出一种非正式的时间测试（test-of-time）方法：设计师应该事后根据人们是否真的依赖它，来判断全球一致性的假定点。但这种方法看起来像是一种糟糕的设计原理。另一方面，我们可以通过强迫依赖性来促进稳定性，然而持此立场看起来也是困难的。效用理论认为，如果某个功能并没有用，那么它是否稳定或是否满足名义上的全球一致性就并不重要。

技术独立性理论

技术独立性理论是面对变化的另一种稳定性理论。这一理论指出，对于补充者来说，如果新一代技术能够纳入系统中而不破坏稳定的平台，那么系统将是长寿的。由于计算机世界里的技术发展很快，长寿的系统必须不能被新技术所淘汰。

同样，我将用这个理论来解释因特网的寿命。简单的、基于数据包的因特网平台可以实现在各种通信技术基础之上。在其生命周期中，因特网容纳的电路在速度上至少提高了 6 个数量级。它容纳了多路访问局域网、无线网络等。运行在 IP 接口上的应用在很大程度上并没受这些创新的影响。

沙漏理论

稳定平台理论和技术独立性理论的结合，形成了沙漏式架构的概念。如图 2.1 所示，窄腰代表 IP 层上的公共约定，下层的技术和上层的应用都是多样的。沙漏所蕴含的结构一旦被看作一种长寿理论，进一步的研究就会揭示出因特网内有很多沙漏：电子邮件所处的可靠字节流（电子邮件的因特网标准在 TCP 以外的传输协议上运行得很好），HTTP，等等。

跨层优化理论

跨层优化理论与沙漏理论相反。我在第7章的无线网络背景下讨论过这个理论，这个理论认为，从长远来看，技术的进步将会是如此巨大，以至于相比应用和技术相互适应的方法，稳定且独立于技术的平台将成为限制，并最终失去竞争力。与稳定平台相比，通过额外的设计工作来使应用适应不同的技术，意味着应用设计人员将面临更艰巨的任务，但换来的好处是，设计人员将大大提高平台的性能和功能。

过去，或许是从多路访问局域网开始，很多技术使其发明者主张跨层优化。稳定平台理论曾经占主导地位，如今，人们提出了无线网络的跨层优化，尤其是针对极具挑战性环境的那些网络（如战场网络）。现在还不清楚寿命是否是战术战场网络的主要需求。

可下载代码理论

可下载代码理论是一种稳定平台理论，也可能是创新理论。它指出，将代码下载到通信组件中的能力可以最大限度减少对全球一致性的需求。一致性不是通过全球标准授权实现的，而是由运行兼容软件的本地约定来实现的。

如果代码被下载到路由器中，这便是我所描述的主动网络。在现实世界中，主动网络并没有获得很大的吸引力。但是，下载到端节点的代码（最常见的是在应用层或作为应用的支撑服务）一直是支持创新的强大工具。如果端节点可以下载新的渲染代码，则很容易引入新的音频和图像格式（静止图像、动画和视频）。像PDF、Flash、各种音视频表示等标准的创建者，提供了免费软件供下载，以此作为进入市场的一种方式。实际上，一旦一种格式可以实现在可下载的软件（而不是硬件）中，竞争标准的增生似乎并不妨碍进步和寿命。

可下载代码理论是稳定平台的一个例子。在这种情况下，这个平台是一种软件平台，而不是网络服务平台（如IP层）。今天的浏览器凭借“插件”结构成为一个稳定的平台，可以在平台上构建创新（例如，新的可下载模块）。

以上观察表明了这样一个问题，即网络的哪些部分可以基于可下载的代码而不是基于全球一致性。例如，今天的传输协议（如TCP）或多或少地需要全球一致性。由于性能原因，TCP通常是在操作系统的内核中实现的，而不是在应用中实现的，这使得下载其他方法变得更加困难。然而，这是由于传输协议的某些方面而导致的根本结果，还是仅仅是一个历史事故呢？也许可以设计一个平台，支持下载不同的传输协议，就像Web浏览器为更高层的可下载代码提供了一个平台一样。如果这个框架被论证了，那么，相比全球一致性理论，可下载代码理论可能是一条更好的长寿之路，即使在协议栈的传输层也是如此。

变化：难还是易？

更抽象地说，可下载代码理论要求我们严格地审视是什么使变化变得困难或容易。对全球一致性的需求似乎让变化变得困难，尤其是当每个人都必须立即改变时。

作为一种管理变化的技术，有时候要使用版本号。协议中的版本号允许两个不兼容的设计并存，既可以在变化期间短暂存在，也可以（更为现实）永远共存。只要能够验证某些操作中将涉及的所有组件至少支持一个共同版本，版本号就可以工作。像 XIA 和 FII 这样的建议试图（以不同的方式）促进变化，使其更容易在不同的时间、不同的网络部分中逐步进行变化。

产品代码有时很难变化，或者至少不会很快变化。供应商需要确信变化的必要性，然后将变化安排到开发周期中。这种变化可能需要几年的时间，特别是当变化基于的是需要广泛同意的标准时。然而，人们不应该浪费时间来做困难重重的改变。使变化容易实现或难以实现的是其与系统其他部分的交互。由于交互随时间增加，并与僵化理论相一致，变化的复杂性将随着时间的推移而增加。另一方面，当要做的更改更多的是漏洞修复，且需求紧迫时（就像发现安全漏洞那样），变化通常会在几天或几周内进行，而且，当前自动下载新版本的趋势（例如，操作系统和微软 Office 等主要软件包）允许在几天内大量部署更新。

总的来说，目前的因特网（以及附属在因特网上的系统，如操作系统）有一种趋势，那就是让变化（更新、补丁、新版本的发布）更容易完成。这一趋势引发了一个问题，即哪些变化很难做出，原因何在？最小全球一致性理论认为，有了允许软件被替换的正确工具，原理上几乎没有什么是不能改变的，在实践中可以改变的东西越来越多。在功能从硬件转移到软件的趋势下（例如，软件定义的无线电），传统上被视作固定、静态的功能已被证明是可以改变的。

FII 建议和 DTN 工作呈现了目前因特网的一个方面，虽然不是架构的正式组成部分，但似乎在某种程度上已经通过冻结来抵制变化。如今大多数应用通过 TCP 服务的软件接口（所谓的套接字接口）访问因特网，该接口假定端点间是双向交互的可靠流。相反，在 DTN 中，许多节点只能间歇性地连接，应用必须容忍端点之间更多次的存储和转发传输模式，因此更通用的网络 API 可能是构建更通用稳定平台的重要组成部分。在其所需的一致性要点中，FII 包含一组允许网络 API 进化的工具。

霸权理论

霸权理论是一种稳定性理论。对于一个系统，如果由单个行为者负责该系统，且该系统能（与人为善地）平衡变化和稳定性，并以有序方式平衡各种利益相关者的需求，那么就假设系统将是长寿的。通过将争斗从技术领域中提取出来，并将其归入控制行为者的规划或行政（监管）背景中，平台变得更可预测，从而更吸引人。因此，霸权理论是一种基于稳定性的创新理论。然而，霸权思想并不总是善良的，可能会利用其地位榨取高额利润，同时也不会特别刺激生态系统其他部分的创新。

电话系统就是这类系统的例子，在大部分时间中，其根据霸权理论进行管理，有单一的供应商，在大多数国家（但不是美国）都是政府机构的一部分，还有通过审议机构 ITU（或更早的 CCITT）制定的标准。一种历史解释是，这种方法带来了一个非常稳定的系统，它易于使用但却阻碍了创新。20 世纪 70 年代和 80 年代，许多国家将电话系统私有化，这一举动在一定程度上是要刺激创新。然而，由政策和决策所引发的创新根本不能与因特网触发的创新相比。创新的低速率可由效用理论来解释：电话系统 3kHz 音频频道所提供的创新平台并不是很通用，因此，创新失败的原因一半是平台效用有限，一半是控制利益的存在。

目前的因特网

以上给出了很多理论，其中一些是使因特网长寿的原因，包括：通用网络理论、稳定平台理论、无语义服务理论、技术独立性理论、沙漏理论、最小全球一致性理论，以及（在某种程度上随着时间增加）端节点上的可下载代码理论。因特网的设计似乎拒绝了霸权理论，以及网络中的可组合服务与可下载代码理论。

全球一致性

因特网的早期设计者认为，大量的全球一致性将是迈向可互操作网络的必要步骤（在那些日子里，可下载的代码并不是一个实际的概念）。随着时间的推移，在我所说的时间测试方法的应用中，对全球一致性的真正需求已经出现。

地址技术。原先的地址技术模型已突变为一种复杂的结构，其中有许多私有地址空间，一些地址空间通过使用 NAT 设备来进行变换。然而，网络内核中仍旧只有单一的公共地址区域，其中地址池被赋予了一致的共同含义。若希望某个服务能被广泛使用，则在公共地址区域获得一个地址，以便其他端点能找到这个服务。

TCP。最初的设计师都很谨慎，不让 TCP 成为强制性的——他们认为可能需要替代 TCP 的方案。TCP 的套接字接口并没有指定为因特网标准。然而，随着时间的推移，在稳定平台的应急形式的例子中，足够多的应用使用了 TCP，使其实际上成为强制性的标准，这意味着其他应用使用它时承担的风险很小，这使得 TCP 逐渐成为必需的全球协议。

TCP友好的拥塞控制。这个思想并不是原先设计的一部分，起初，设计师对于如何解决拥塞并没有明确的想法。然而，在20世纪90年代（前后），随着基于慢启动算法的拥塞控制及其增强功能的成熟，人们感觉到，每个应用和每个传输协议都需要以相同的方式运行，因此，有人呼吁基于所谓的“TCP友好的”拥塞行为实现全球一致性。在很大程度上，这种规范已被接受，但如今似乎偏离了这种做法（基于经济问题和争斗理论）。网络是否会在未来的拥塞控制方面发挥更积极的作用，仍有待观察。

DNS。对于DNS是否是架构的核心部分，因特网的架构师一直心存矛盾。它并不是绝对必要的，人们可以使用其他工具将名称转化为地址（像一些应用所做的那样），或者在通常输入DNS名称的地方（例如，在URL中）只输入IP地址。然而，实际上对于任何真实的应用来说，DNS都是因特网的一个必要组件，并且，围绕DNS的众多争斗（商标、各种字母、监管、创建顶级域名（TLD）等），也使其成为争斗的主要例证。实际上我并不清楚DNS的哪些方面需要全球一致性。简单的DNS接口（向DNS发送名字，获取返回的因特网地址）是一种稳定的接口，在这个接口下发生了各种各样的变化。

Web。Web标准是因特网发展的一个关键平台。虽然Web只是众多应用中的一个，但明显（到目前为止）是一个占主导地位的应用，因此它包含了许多可以使用不同理论（争斗、平台及可下载代码）来探索的属性。如果没有在Web的许多方面达成全球（大概的）一致性，因特网体验就不会像今天这样。另一方面，可下载代码的使用使得快速创新成为可能，同时也增加了复杂性。

数据包头。参与因特网通信需要就如何格式化数据包以及字段的含义（至少一些）达成一致。地址字段可以在数据包穿越NAT设备时重写，但规范的确施加了所有参与者都必须遵守的一些约束（例如长度、TCP伪段头等）。IP包头似乎是稳定平台的一种表现，而不是受变化理论影响的某种东西，这在一定程度上解释了为什么当前转换为新的包头格式（IPv6）的努力是如此困难。

未来

我讨论了许多关于如何设计未来的网络并使其长寿的理论。我所讨论过的多种架构建议采取了不同的方法来实现长寿（例如，稳定性与变化，极小性与丰富服务），但是只有当架构通过了基本测试，这些选择才会变得有意思，这就是效用理论。如果网络没有用，也就没有机会证明自己有能力长寿。

在接下来的章节中，从安全性开始，我将详细介绍在第4章中确定的一些关键设计需求。在本书的最后一章，我将纵览这些需求，结合包括寿命在内的众多需求，对未来因特网的设计提出一些看法。

第 10 章
Designing an Internet

安 全 性

引言

在本章中，我将从历史、架构、实用的多种角度，探讨一下为什么大家都认为今天的因特网提供的安全级并不太高[㊀]。

本章不同于大多数安全方面的论文，那些论文一般会识别出特定的漏洞，然后提出解决方案。本章解决了更为普遍的挑战：如何识别和分类全球因特网环境中出现的各种安全问题。它关注的是*安全架构*，更传统的安全论文或许可以弥补本章缺漏的部分。我将从这一分类过程中得出两个一般性的结论。第一，不同的安全问题出现在网络生态系统的不同部分，必须由不同的行为者来处理。第二，其中的很多问题不能通过架构本身的变化来解决，但是架构的变化却会引发新的安全问题。

定义安全

我们的第一个问题是，*安全*一词的真正含义是什么。如果对这个词的含义没有明确的定义，讨论我们是否拥有足够的网络安全性就不太有意义。安全的概念反映了一系列问题，这些问题之间实际上可能没有多大关系——对于许多不同的问题，安全是一个“篮子词”，就像我将在第 13 章阐述的*管理*这个词。

计算机科学倾向于根据系统的正确操作来定义安全性：安全的系统是这样的系统，做应该做的事情，不做不可接受或意外的事情，甚至在受到攻击时也如此。当然，这一概念要求明确规定系统的功能。在安全专家中间流传着一句老话：“没有规格要求的系统不会失败，它只会令人吃惊。”[㊁]

因特网用户可能不会以同样的方式看待安全问题。用户关心的是，发生不良事件的总概率是否很低，低到可以容忍。用户关心输出，技术人员则倾向于解决输入问题。与物质世界的类比也许会有所帮助。家庭安全专家可能会说，如果家里的门有一把好锁，而且门又很结实，不至于被踢烂，那么屋子就有一扇安全的门；而房主关心的是，综合来看，被盗窃的可能性是否足够低。

或者，现实主义学派的政治学家可能这样定义安全：如果一个国家能以可接受的代价维持和平，或者能在战争中获胜，那么就说这个国家是安全的。安全与和平

㊀ 本章得益于我与 MIT 的约瑟芬·沃尔夫、雪莉·洪、约翰·沃克拉夫斯基和纳兹利·朱克利的讨论。

㊁ 我不知道是谁先说的。我询问过这一领域的一些长者，所有的人都承认他们说过这句话，但都认为是从别人那听来的。

并不是机械地相等，无条件投降也会创造一种和平状态，但不是一种安全状态，因为无条件投降的代价可能很大。在这种安全框架下，没有人试图定义“系统的正确运行”意味着什么；总的来说，这对于一个国家而言毫无意义。

虽然用户可以关心输出——将危害风险保持在现实水平——但网络设计师不得不解决输入问题。正是因为因特网是一个通用的系统，设计师必须要通过让组件变得强壮（正确）来解决安全问题。就像我们在设计因特网时不知道它要用来干什么一样，在尚不准确地知道网络使用时会带来什么安全问题的情况下，我们不得不设计它的安全组件。大多数人都明白，如果不知道是为一座房子还是为一间牢房来设计大门，这项工作将是没有意义的，但解决这种不确定性正是构建通用网络的代价。或许，解决功能通用性比解决安全通用性本质上要容易一些，也许我们还没有弄清楚如何以一般的、抽象的方式来看待安全问题。但这却是我在本章里必须要解决的挑战性问题。

本章的其余部分将按如下方式展开。首先，我给出一种方法来厘清安全问题的概貌，为接下来的讨论提供某种结构支撑。我将具体审视构成网络安全的问题范围。在此基础上，重点关注信任和信任管理问题，这是提高整体安全性的关键。然后，进入一个更狭义的话题，回到这本书的主题：架构与安全诸方面的关系。我考虑的是，在极简的框架内，架构如何为实现更好的安全性做出贡献。

定义网络安全性

安全专家通常将问题分解为三个子目标来表达安全性：保密性、完整性和可用性（CIA 三元组[㊀]）。我将在相关时机提及这一结构，但实际上，对于许多安全问题，这一框架并没有多大帮助。首先，通过查看系统的结构来开始我对网络安全的讨论，这是一种松散地从因特网分层结构派生出来的分类法，然后探寻恶意行为出现在何处。在本章的后面，我将回到基于损害的安全分类，探寻在对输入的思考中，这个观点能给我们带来什么启示，也就是说，考虑被攻击时系统组件的正确运行。

以下是我的分类，基于的是被攻击的位置：

- **对通信的攻击**。这一问题有时被归为信息安全类，当试图完成相互通信的各方受到攻击阻挠时就会产生这一问题，攻击或许来源于网络，或者已经控制某个关键控制点的某个人[㊁]。在第 6 章关于表达能力的讨论中，这类攻击反映

㊀ 不要与“中央情报局”搞混。

㊁ 几年前，由于康卡斯特公司通过向数据流中注入伪造的数据包，阻塞了对等音乐共享应用（BitTorrent），在美国引起了轰动。当时，这种阻塞没有被看作安全事件，而是被看作破坏了正常服务，但在安全的语言中，阻塞毫无疑问是一种对网络通信的攻击。端到端加密就能检测到这种特殊的攻击，但由于这是对服务可用性的攻击（稍后讨论），康卡斯特可能使用了其他方法。

了这样的情况，即通信行为者有一致的利益，但网络中的某些组件反对这些利益。这是一个空间，其中传统的保密性、完整性和可用性三元组有一定的有效性，正如我将要讨论的那样。这个类别中的另一个问题是业务分析，在这种监视形式中，观察者看的不是被发送的内容，而是发送者和接收者是谁。他们的目标是知晓谁在和谁通信，就像揭示通信的确切内容一样，这也能够提供一定的信息。

- **对网络上主机的攻击**。由于与某恶意方（使用某层的功能进行攻击的人）进行通信，或者一个不请自来的数据包在一定程度上利用脆弱性发起了成功的攻击，对网络上主机的攻击就可能会发生。在第6章关于表达能力的讨论中，这类攻击对应于通信的不同端节点利益不一致的情况。接收方可以选择利用网络中的资源（PHB）作为一种保护手段。攻击者和防御者都将利用网络的表达能力来实现各自的目标。
- **对网络本身的攻击**。这包括对网络组件、路由协议、DNS之类的关键支撑服务的攻击。在许多情况下，网络的一部分会攻击另一部分，在全球网络中，并不是所有部分都同样值得信任。当前因特网的核心功能实际上相当简单，所以只有少数关键服务，有趣的问题是为什么它们仍然不安全。稍后我再回到这个问题。如果网络层无法在内部检测和补救故障与攻击的后果，则更高的层就必须采取行动来减轻此类攻击的后果。
- **拒绝服务攻击**。拒绝服务攻击（通常称为分布式拒绝服务攻击，即DDoS攻击，因为攻击者会使用许多机器发起攻击）并不完全符合前面任何一个类别。如果是耗尽链路或交换设备的能力，它们可以归类为对网络的攻击；如果是耗尽主机的能力，则可归类为对主机的攻击。我将分别考察这两类问题。

历史视角

批评人士抱怨说，早期的因特网架构师，包括我在内，从一开始就没有考虑安全问题。这种批评在某种程度上是有道理的，但事实上我们确实考虑了安全问题，只是当时我们不知道该怎么考虑。我们做了一些简单的假设，结果证明是错的，我将对此进行描述。有趣的是，我们早期关于安全的建议来自情报组织（IC），他们的特定观点左右了我们的思维。

情报组织有一个非常简单的保护主机免受攻击的模型：主机保护主机，网络保护网络。他们不准备将对主机的保护委托给网络，因为他们不信任网络。因此，我们的工作是传送一切，包括攻击，然后主机会识别它。我们现在看到，这种观点过于简单，不完全切合实际。

在 CIA 框架内，情报组织把保密作为最高优先事项——防止解密和窃取机密。他们的观点是，一旦秘密被窃取，就会造成损害。我们现在看到的是，用户关心 CIA 框架中的可用性，也就是完成任务的能力。

由于情报组织假设攻击者具有很高的技能水平和动机，所以他们只赞成完善的机制。对他们来说，一种只提供部分保护的机制只是定义了对手需要付出多少努力，而且他们认为对手会付出相应的努力。今天，我们看到，许多攻击者出于经济动机，并不准备付出无法带来良好投资回报的努力。在这种情况下，那些不为绝对保护而只是让攻击者的工作更困难的机制是合理的。我所描述的典型房主，并不期望自己的房子能够抵抗任何形式的攻击，而只是安全到足以阻止典型的罪犯。

CIA 框架将世界分为两组行为者——授权的和未授权的。如果向未经授权的行为者泄露了信息，就违反了保密性。如果行为者被授权了，则允许他们看到信息，并允许进行修改（如果获得相应的授权）。如果某个行为者没有被授权，那么系统的目标就是拒绝他们的访问。

这一框架具有欺骗性，但它影响了我们的早期思维。我们知道某些路由器可能是可疑的，因此无法确保路由器没有复制数据包——包转发层本身无法提供保密性。另外，恶意路由器可能会修改数据包——包转发层本身无法为传输中的数据提供完整性。我们采取一个非常简单的观点，这与“端到端”的思维方式有关：只有端节点才能承诺减轻这种脆弱性并实现这些目标，因为只有它们才能知道目标是什么，只有它们（大概）是可信的，并且有权交换这些数据。端到端加密是显而易见的方法：如果数据是加密的，攻击者复制是无用的，并且接收者可以检测到任何修改。

最初开发因特网时，加密算法太复杂，无法在软件中实现，只有在专用硬件中实现才有足够的性能。这一现实阻碍了部署工作，不仅每台机器都需要这种硬件，而且还必须就使用哪种算法达成广泛一致的意见，而这是很难协商的。然而，早期的设计师期望因特网可能会在将来的某个时候，转而使用端到端的加密。

这种方法理论上解决了保密性和完整性问题，只给网络设计师留下了可用性一个挑战。当然，网络所做的就是传送数据包，所以可用性似乎是一个核心需求。在这方面，有趣的是，网络设计界并没有关于可用性的理论（这是第 11 章的主题）。

为什么这个安全概念具有欺骗性？它暗示了一个简单的生活模型（world model）——互相信任的各方相互通信，互相不信任的则不进行通信。这种世界观只强调相互信任的行为人之间的信息安全，分散了我们的洞察力，即因特网上的大部分通信都是在这样的人之间进行的——他们准备通信但不知道是否应该相互信任。我们同意接收电子邮件，即便知道它可能是垃圾邮件，或者带有包含恶意软件的附件。我们访问网站，即使知道（或应该知道）有可能把恶意软件下载到自己的计算机。

考虑到信任方之间的通信以及一个用户对另一个用户的攻击，面对这两方面的挑战，使用端到端加密并不是一个完整的解决方案。加密解决了保护可信用户之间通信的问题，使内容免遭泄露或破坏，但不能解决使用网络协议互相攻击的敌对端节点的镜像问题。打个比方也许会有帮助。如果可信的人想发送一封私人信件，需要确保这封信在传送过程不被打开，但如果收件人突然意识到他们有可能收到一封装满炭疽的信，那么，他们的安全目标就会逆转——希望这封信由训练有素、值得信赖（并受到良好保护）的中介机构打开和检查。攻击者和被攻击目标之间的端到端加密可能是被攻击目标最不想要的东西，这意味着被攻击者无法从可信的第三方那得到帮助。与不可信的一方进行加密通信，就像在黑暗的胡同里遇见敌人，没有目击证人也没有保护。在不可信的世界里进行操作的问题，必须由系统的更高层（尤其是应用层）来参与解决，早期的设计师既没有清楚地阐述这个设计问题，也没有探讨如何补救它。在这方面，端到端原则并不是错误的，只是不完整，需要重新解释（在信任的背景下，重新认识关于端到端的原理，参见（Clark and Blumenthal，2011））。

在短暂的离题之后，我将更详细地审视前面列出的四个安全方面的挑战问题。

关于加密的简要教程

尽管我曾经说过，因特网上持续存在的安全问题并不是技术性的，但还是有必要了解一下加密是如何工作的。加密是许多机制的构件块，用于增强安全性。从概念上讲，加密的思想很简单。加密方法的核心是这样一个过程：将某种材料（明文或普通文本）转换为不同的表示形式，从而掩盖原始材料的含义。这一程序是可逆的，以便获得原始材料。通常情况下，密码学家不希望对转换过程（加密算法）保密，他们希望其他人来检查其中的缺陷或实现这一过程，等等。因此，加密算法旨在利用明文和密钥，产生加密的版本（密文）。密钥必须要保护起来，作为有权对材料加密和解密的那些人之间的一个秘密。一个加密方法的成功，既取决于加密算法的强度——若采用强大的方法，基本上不可能或很难从没有密钥的密文中猜出明文，也取决于通信各方保守密钥的能力。我将在本章中给出几个例子，这些例子表明，密钥保密（密钥管理）是大多数已部署加密方法中最薄弱的环节。还有另一个说法，来自一位睿智的安全专家："外行认为必须要破解加密方法，专业人士只偷密钥。"[⊖]

⊖ 我的确知道这句话出自哪里，是厄尔·博伯特告诉我的。关于安全，他发表了大量简短而见解深刻的言论。

过去，加密方法使用相同的密钥进行加密和解密，解密是加密的逆过程。当通信的人数较少时（最多只有两人），这类方法效果很好。如果两个人共享一个保密的密钥，这个密钥在实践中还可能保持机密性，但是这种称为对称密钥的方法，随着潜在通信人数的增加会变得不太可行。我们考察一下这样一个挑战：在有数千万用户的流行网站中实现加密通信。如果该网站拥有一个密钥，与任何想要通信的各方共享，则该密钥将不再是秘密的，也不会有任何保护了。另一方面，在数千万用户中，如果网站试图为每个用户发一个单独的密钥，将会出现这样的问题：这些密钥如何发出？网站如何跟踪哪个密钥匹配哪个用户？当用户丢失密钥时怎么办？

规模问题是通过密码学上的一个突破来解决的，这种方法叫不对称密钥或公开 – 私有密钥。在这种加密算法中，加密和解密使用不同的密钥，知道一个密钥并不能导出另一个。今天因特网上最常用的方法叫 RSA，源自发明者的名字 Ron Rivest、Adi Shamir 和 Leonard Adleman[㊀]。公开 – 私有密钥系统可以用来支持大量的人向网站发送加密报文，过程如下所述。为了简单化，网站生成了一对密钥，并将其中的一个密钥（即公钥）分发给每个人，但对私钥进行保密。任何人都可以使用公钥加密报文，但只有网站才能解密。这就是今天在许多因特网应用中使用的方法。定义与网站加密通信的标准，被称为传输层安全（TLS），判断网站是否采用此标准的一种方法是，URL 以“https”开头，而不是仅仅以“http”开头。非对称加密的另一个用法是在叫作 IPsec 的机制中，它加密数据包（不完整的报文），并用来在因特网上创建加密的路径，例如用来支持虚拟私有网（VPN）。

非对称密钥系统也可以用于逆向解决另一个问题，即确保对象的真实性，换言之，对其签名。为了对一个对象进行签名，对象的创建者计算出该对象的哈希值[㊁]，然后用私钥对哈希值进行加密，用作签名。只有拥有私钥的人才能对哈希值进行签名，但是任何拥有该对象的人都可以计算出哈希值（哈希算法不是保密的），然后对签名进行解密，看看它是否能产生相同的哈希值。

在实际使用非对称密钥系统时，仍然存在一个问题：确保网站发出公钥的机制不会破坏自己。如果攻击者可以用不同的公钥替换该密钥，然后以某种方式将去往合法网站的包偏移到某个恶意的地方，该地方保存有与公钥相对应的假私钥，则毫无怀疑的客户端将会与错误的（恶意的）网站进行加密通信。在接下来的章节中，我将指出，在许多加密方法中，公钥分发的问题是一个严峻的挑战。

在此背景下，我现在将讨论前面列出的四个安全问题。

㊀ 我并不认为自己是密码学方面的历史学家，非对称加密是一种共同的发明，涉及保密界和非保密界。冒着不够学术的风险，我建议读者查阅维基百科网站，从中了解关于公钥密码学的更多信息，而不是在这里列出一堆引文。

㊁ 参见第 7 章对哈希函数的讨论。

网络本身的攻击和防御

因特网的“物理层”由链路、路由器、服务器等组成。路由器和服务器是计算机，因此潜在地容易受到跨越因特网的远程攻击。链路本身似乎对这类攻击具有较好的免疫性，但通常易受到基于近距离侵入的物理攻击——切割器和爆炸物。对于近距离侵入的物理攻击有物理上的应对策略，例如硬化链路以防止攻击（防止破坏和切割），运营商还可以将路由器放置在物理上安全的设施中。

因特网是将数据包从入口点转发到出口点的链路和路由器的全球性的集合。正如我说过的，这项服务的功能规范相当弱：期望这些组件做它们该做的，什么也不做的时候除外。尽力而为的服务模型意味着，期望网络尽自己最大的努力，但故障是可以接受的。我们知道链路会发生故障，路由器会崩溃，等等，假装认为这些组件能够百分之百地可靠是愚蠢的。

在可接受故障的系统中，每一层的设计必须要考虑到下层的预期故障。网络层处理链路和路由器故障，包括一个动态路由方法，在路径失败时寻找到新的路径。端到端传输控制协议（TCP）处理所传送的数据包的丢失。TCP 对数据包进行编号，对哪些接收了、哪些丢掉了进行跟踪；它会重发丢失的包，在接收端进行正确的排序，然后将数据送到上一层。

系统的整体弹性和功能不是基于每一层提供服务的精确规范，而是基于每一层工作的实际均衡。每层工作得越好，其上层需要做的就越少，或许产生的行为就越好。运营商可以安排因特网的不同部分，使其达到不同的性能和可靠性水平（在许多情况下是出于实际成本的考虑），上面的每一层设计都必须应对这种变化。低层的投资有利于上一层的功能，但低层的过度投资可能会给服务增加不必要的成本。解决这种平衡并不是因特网规范的内容，随着因特网的演化，不同层的性能和可靠性之间的相互作用存在一个适应点。

但是，给定了这个弱规范，我们将如何看待安全规范？又如何描述因特网包转发服务的安全性？一个形式上正确但无用的响应是，既然允许网络失败，就无须担心安全问题。从务实的角度来说，这毫无意义。如今，人们对因特网服务的期望已得到充分理解，而一次实质性降低服务质量的攻击，就是一次成功的攻击。但退化是一个程度问题，退化的服务可能仍然是有用的[⊖]。由于因特网功能规范是松散的，确定如何使系统抵抗攻击，可能需要一种特殊的方法。我们必须看一看特定的机制，而不是规范，才能了解攻击可能来自哪里。因特网提供的关键服务是转发功能

[⊖] 安全专家明白，最危险的攻击是这样一些攻击，其可能导致组件大规模、相关联的故障。例如对路由器的攻击，利用常见的故障模式弄出好多路由器，以至于淹没了网络的动态路由算法，网络本质上停止了工作。

本身、路由协议和 DNS。因此，人们可以看一下路由协议，并询问它们是否对攻击具有健壮性（正如我将要讨论的那样，它们不具有）。但因特网的核心功能很简单。如果存在连接路由器的链路，路由器正在工作，路由协议正在计算路由，那么数据包传输多半也在工作。

因特网提供了一种通用服务，在很多情况下，这种服务对许多应用都是有用的。这种通用性引发了一个安全难题：不同的环境将面临不同的安全威胁。并没有统一的威胁模型，供我们据此来设计网络防御。然而，设计师必须面对安全挑战，并就转发服务对不同类型攻击的健壮性做出务实的决策。但是，任何安全分析都必须从评估网络攻击背后的一系列动机开始。我们今天看到的是，在大多数情况下，对网络的攻击并不是最终目标，而是对所连主机或（更有可能）通信进行后续攻击的一种手段。因此，为了防止对通信的攻击，如果能感觉到因特网的包转发服务是多么强大和可靠，那就好了，但对这个问题并没有任何统一的答案。

案例研究：为什么实现网络安全很难？在因特网上保护域间路由

实现安全性面临着很多困难，其中之一就是确保因特网上域间路由的安全，这是一个很好的研究案例，说明了缺乏可信性和难于协调所带来的挑战。组成因特网的每个自治系统（AS）必须要告诉其他 AS：哪些地址属于它，以及它与其他 AS 如何连接以形成互相连接的因特网。这种信息交换的工作方式是，每个 AS 都会向邻居通告其所包含的地址，然后邻居再传送给自己的邻居，以此类推，直到这些信息到达整个因特网。每个这样的报文在流经全球网络时，会逐渐增加 AS 表和 AS 的地址，数据包将通过这些 AS，从而到达起始的 AS。当然，可能存在许多这样的路径——某个特定的 AS 可以通过许多邻居到达，因此，发送方必须选择自己喜欢的路径，或者更准确地说，每个 AS 计算返回一组特定地址的路由，并且必须在其接收的选项中进行选择，然后依次将该选项提供给邻居。

最初，这一机制没有技术上的安全控制。流氓 AS 可能会宣告自己是一条到因特网上任一其他 AS 的路由（的确，一条很好的路由）[⊖]。如果其他 AS 相信了这个宣告，它们就会将业务转发到这一假的目的地，在那里业务可能被丢弃、检查或者另作他用。错误的路由声明在今天的因特网上并不少见，这在 CIA 的每个维度上都会引起故障。

⊖ 设计师早在 1982 年就知道，通过虚假声明 AS 可以破坏路由。RFC 827（Rosen，1982，section 9）中写道："如果任一网关发送一条带有虚假信息的 NR（邻居可达性）报文，声称它是到达某个网络的最合适的第一跳，但事实上它甚至不能到达，那么，去往该网络的业务可能永远不会被传送。负责实现网络的人员必须牢记这一点。"这种情况被认为是一种脆弱性，而不是危险。"牢记这一点"的建议，也可能有多种解释。

今天，这些攻击通过运维进行管理。网络运营商监控系统，可达性问题由端用户每隔一段时间（或许几个小时）从网络边缘报告一下，从而识别出令人讨厌的AS，停止或阻塞错误的声明。然而，目前的因特网生态系统中鲜有工具来处罚这种不良行为。

若忽略细节，技术上的解决办法是，使用公钥加密方法对每个AS发出的声明进行签名，这样就不能伪造声明了。事实上，这就是安全BGP设计师开始时选择的道路，但这种方法有两个障碍，一个与向新方法迁移有关，另一个与可信性有关。

迁移问题很容易理解。在全球因特网上，每个人都不可能会立刻转向更安全的体系中。除非AS运营商强加一些严厉的处罚，例如将违规的AS与网络断开，否则某些AS可能拒绝进行升级，并继续发出无签名的路由声明。接收未签名路由报文的AS可以拒绝（这是将发送报文的AS断开的严厉后果），也可以接受（在这种情况下，恶意的AS和懒惰的AS看起来一样）；在最终AS开始对其声明进行签名之前，AS之间的路由系统会一直包含漏洞。

可信性问题较为复杂。当AS对声明进行签名时（例如，当MIT对AS3的拥有一组特定地址的声明进行签名时），必须使用某个加密密钥来对该声明进行签名。设计师提出了一种基于公开－私有密钥或非对称密钥的方法，其中，MIT拥有一个私有（保密的）密钥，用来对声明进行签名，还有一个公开密钥，用于发给每个人，以便他们能对签名进行解密并确定是MIT签名的。这种方法到目前为止还不错，但为什么公开－私有密钥对是值得信赖的呢？如果MIT只能给自己发一组密钥并开始对声明进行签名，那我们的处境似乎就不太好了，因为恶意的行为者也能完成同样的事情——编造公开－私有密钥对，并对声明进行签名，说自己拥有AS3，可控制那些地址，等等。为了防止欺骗性的声明发挥作用，设计师建议创建一个可信的第三方，这个第三方会尽职尽责地确认哪一个公开密钥实际上与真正的MIT关联。但是，相应的问题是，为什么人们会相信第三方呢？这样的方法最终会建立起信任层次，其中需要有一个信任根（root of trust），即一个网络所有部分都信任的节点，它告诉其他节点应该信任哪些二级成员，直到我们找到这样一个成员，声称它知道真正的MIT是谁。

工程师可能会认为这是一个简单而优雅的方法，但在更大的世界里，这种方法搁浅了。首先，世界上的所有地区会同意信任什么样的单一实体呢？联合国吗？这个问题是严峻的，不只是假设的，而且是具体的。几个国家（包括俄罗斯）声称，他们不同意与美国一起建立共同的信任根。有权验证这些声明的第三方，几乎肯定也有权废除它们。想象一下这样一个世界，在这个世界里，联合国通过某种投票方式，撤销了对某个国家的信任声明，并从根本上将其从因特网上驱逐出去。在某些法律管辖范围内，因而受该区域法律制度管辖的实体又如何？这种恐惧不是假设的。分配因特网地址的机构是那些区域因特网注册中心（RIR）。欧盟的 RIR 是 Réseaux IP européens（RIPE），位于荷兰。荷兰当局为其发布了一项警察命令，要求取消某一特定 AS 的地址。RIPE 正确地回应了这一命令：它没有技术手段来取消分配。然而，如果他们为 AS 分配签发真实性证书，就不能再提出这个要求了。可信的认证层次和单一信任根，在技术上具有一定程度的健壮性，如果信任关系是有效的并被所有各方所接受，那么它将给出正确的回答。这种方法在技术上可能是健壮的，但在社会上却不健壮。

有了这些考虑，已签名但可撤销的 BGP 声明会使因特网更加稳定和安全吗？还是更差呢？一旦人们了解了这一方法的社会后果，对其部署就会带来很大的阻力。给因特网添加“杀死开关”（如取消）的问题，是在控制谁能访问它。一旦我们掌握了运转的复杂性，设计问题就变得复杂起来了：在这样一个空间中，并非所有的行为者都共享相同的动机；按照不同的度量，并非所有的行为者都具有相同的可信性；而且这些必要的行为者都在系统中。作为一种成功的方案，显然应具备的特征包括：信任关系的管理，这种关系的表达和表现，以及关于信任的集中决策和局部决策之间的平衡（而不是使用密码的某种确切方式）。

今天发生的事情是，因特网并没有试图通过技术来解决这些问题。运营商通过管理来解决其中一些问题，如由训练有素的网络管理人员对系统进行监管。我们只是容忍了遗留的一些后果。

现在我将简述一下另一种方法，不同于前面描述的“信任根”方法，它说明了一种不同的社会健壮性方法[⊖]。之前，我否定了 MIT 只组成一个公开 – 私有密钥对并开始对其声明签名的想法。如果域间路由基于此方案，会发生什么？首先，如果在 MIT 开始发送其有效声明的同时系统中存在恶意的 AS，则因特网的不同区域可能会得到冲突的声明。这种情况虽然是人们不期望看到的，但正是我们今天所面临的——冲突声明。不过，随着时间的推移，无论是几个小时还是几天，真正的 MIT 匹配什么密钥会变得很清晰。网络中的每一个 AS 能够自己获知这一点，而互相信任的 AS 组能够通过相互协作来获知。如果有必要，行为者可以通过次要通道交换有效的公开密钥。一旦因特网上的其他 AS 决定了信任哪个密钥，它们对这一决定拥有独立的控制，没有任何权力能强迫第三方推翻的信任假定。该方案分散了控制：任一 AS 都可以自己决定，停止向 MIT 转发业务，就像今天一样。这种方法在技术上不太健壮（人们不能证明在某些假设下它能够给出正确的答案），但社会健壮性更好一些。

⊖ 据我所知，这个想法尚未得到认真评估。作为思考如何设计社会系统的另一种方式，我在此将其作为一个实例。

这个方法所利用的不是一种传播信任的技术方法，而是一种社会协议，叫作“了解你”，人类一直在使用它，或许已经数百万年了。我们可能被骗了，但事实上我们对此很擅长。这种方法也很简单。它不需要受信任的第三方，管理需求很少（不过，每一个AS都应当尽力不弄丢自己的私钥），对信任环境的变化具有很强的适应性。通过这个视角，安全的语境变就成了信任的语境。相互信任的区域将连接得更紧密、更有效，互相不信任的区域仍会尝试通信，但是有了更多的约束和限制，也许还会出现更多的失败，特别是在可用性方面。在任何试图根据通信方之间的信任度调整其行为的应用中，都可以找得到这种模式，无论该应用的功能是交换路由信息还是交换电子邮件。

对通信方的攻击

这类攻击涉及试图进行通信并受到一些恶意行为者攻击的各方。三个传统的CIA子目标（保密性、完整性和可用性）在这里是有意义的。信息不应被泄露，除非是有权查看的那些通信方，也不应被破坏，而且还应当是可用的。对于网络通信，这些目标采取了相当简单的形式，特别是在完整性方面。由于当前的因特网不对数据执行计算，所以简单的完整性形式就是数据不经修改地传送[1]。

正如我讨论过的，加密算法适合CIA三元组，强力保证了数据不被泄露，如果数据被修改也能给出明确的指示。加密是提高安全性的有力工具。然而，重要的是要了解加密方法在更大的背景中是如何发挥作用的。它们通过停止通信来保护用户不受完整性故障的影响。它们将广泛的攻击映射为一个共同的结果——停止通信。但这一结果只是CIA第三维度（可用性）的失败，可能比机密性或完整性的失败还要好一些。从本质上说，这些方法所做的，就是将广泛的攻击转化为对可用性的攻击，这不是期望的结果，毕竟对于CIA的所有维度，我们都想提供保证[2]。

如果我们使用加密能做到的最好结果，就是将不可信的行为者的攻击范围变成对可用性的攻击，那么，什么样的系统设计可以提高可用性呢？可用性是一个如此重要的问题，涉及安全性以外的其他因素，因此我将可用性的主要讨论推迟到下一章进行。然而，简单地说，有两种方法可应对不可信的行为者：约束或处罚它们，或者减少甚至避免对它们的依赖。对不可信或恶意的行为者施加约束，迫使其不要做出不当行为，并迫使其执行起来十分困难。强制正确操作的唯一方法就是，设计

[1] 如果在传输过程中，转换数据的PHB被添加到网络中，则需要更复杂的完整性理论，如文献（Clark and Wilson，1987）中提供的理论。该框架采用的方法是，转换数据的PHB（或一般处理）必须由可信方来审计，以确保转换是有效的。我和我的合著者设计的方法是基于信任基础的，而不是防止不正确转换的技术方法。

[2] 这一观察提供了一种解释，说明了为什么许多用户通过单击“继续”选项（他们想做的就是继续前进），来处理警告潜在安全隐患的对话框。当然，另一个原因是这些警告的内容常常莫名其妙。

更大的生态系统，使得行为者被驱逐出系统的代价超过放弃恶意行为的代价。这可能适合于这样的ISP，该ISP正在承载着合法的客户和垃圾邮件发送者（同时，该ISP因承载垃圾邮件发送者被逐出因特网后，被迫停业），但是，怀有恶意的个体表现出很强的抗约束和抗纪律能力，特别是跨越管辖范围的那些人。这让另一种选项成为一条通往可用性的道路，即接受系统中不可信的行为者的存在，但要预防它们，这种方法我在下一章里探讨。

因特网上使用的密码体制的真正问题（例如用于保护网络传输的TLS协议），并不是加密本身，而是公钥分发。作为这个问题的一个具体例子，想象一下，有一个用户想要安全地连接到Google，网址是www.google.com。该用户需要谷歌的公钥来加密他的报文。TLS解决这个问题的方法如下。当用户第一次连接到Google时，服务器将公钥发送给用户。但要使之可信，需要对该公钥进行一些验证。如果没有验证，虚假的Google网站可能会向用户发送一个虚假的公钥，然后用户会启动到虚假网站的加密连接。为了防止这种危害，Web服务器实际发送的是包含网站的URL及其公钥的*证书*，这个证书由受信任的第三方——*证书颁发机构*（CA）进行了签名，这就验证了证书中的公钥与真正的Google相关联，而不是连接到恶意的克隆网站。但是这种方法只是把问题推到上一个层面：为什么用户应该相信这个CA是实际有效的，而不是恶意克隆呢？在TLS方案中，CA必须证明自身的有效性，由更高一级的CA进行签名，以此类推。同样，就像我描述的用于验证BGP路由声明的可信第三方层次结构一样，必须有某种信任根。然而，TLS的设计者想避免单一信任根的问题，因此，该方法允许多个信任根。我们假设的试图连接到谷歌的用户，必须预先配备这些可信的根服务器列表。今天，这个列表是嵌在浏览器中的，当用户下载浏览器时，它就包含在所获取的内容中。因此，主要浏览器的提供商，如谷歌、苹果、微软和Mozilla基金会（火狐的开发商），都是决定哪些信任根实际上值得信赖的最终裁决者。有一个名为“证书颁发机构 / 浏览器论坛”的行业小组，讨论将哪些根CA包括在列表中。

这种方法的问题是，某些根CA（或者其下面的二级CA）被证明是不可信的。问题可能是破坏、恶意方的渗透，或仅仅是利益不同。DigiNotar（荷兰的CA）显然被伊朗人渗透了，伊朗人利用他们的访问，为包括Google和Facebook在内的网站签发了假证书。DigiNotar产生了不幸的副作用，许多荷兰政府网站的证书都失效了，最终，荷兰政府迫使DigiNotar关闭。我不知道伊朗人民会受到什么样的伤害，他们认为自己有一条安全的、受保护的通往Google的路径，但从全球用户的角度来看，其造成的结果可能是可怕的。具有重大外交影响的事件不仅发生在国家之间，而且发生在国家和强大的私有执行机构之间。

针对这种情况，谷歌的两名员工开发了一种可能的解决办法，即证书透明，谷歌正在推行这种做法。证书透明的思想是，任何CA都可以颁发自己想颁发的任何证书（包括名称所有者认为的假证书），但浏览器不会接受Web服务器发送给它的证书，除非该证书也能在公开的日志中找得到。此方案并不阻止创建虚假证书，但由于创建者必须将证书发送到日志，因此证书的存在是公开的。任何人（最明显的是网站所有者）都可以扫描日志以查找假证书。CA可以撒谎，但不能秘密撒谎。谷歌之所以能够将这一变化推向CA的生态系统，因为它具有运行安全的公共日志的能力（但其他行为者也必须运行日志才能使该方法有效工作），还因为它控制着一个重要的浏览器（Chrome），并且可以单方面进行更改，以要求在公共日志中查找证书。

这个方案说明了我所说的社会健壮性的设计，与技术正确性相反。它不防止CA签发虚假的证书，而只是照亮了它们的行为，这样就能给它们带来各种压力（包括在最坏的情况下，从可信的根CA表中清除）。这个方案也说明了同样的教训，即我从安全BGP的尝试中吸取的教训。设计这些方案的核心挑战是理解信任的概况（以及生态系统中不可信的行为者的存在），以及设计能够反映信任程度的系统。可信性或缺乏可信性（而不是某种技术正确性的概念）是决定不同行为者如何交互的主导因素。

业务流分析

业务流分析描述了一种监视形式，其中观察者不看所发送的内容，而是看通信的源端和目的端。在因特网环境中，观察者可以采集诸如数据包中的IP地址和端口号之类的信息。这种记录有时（出于历史原因）被称为“笔记录器/捕捉器”和“跟踪记录”，它起源于记录电话呼叫的电话号码。从法律角度来看，在美国（和许多国家），获得法院命令以允许笔/捕捉记录比数据采集更容易，这导致了一组关于什么样的数据可以使用笔/捕捉器来收集的法律辩论。这种数据通常被称为元数据，因为它是关于其他数据的数据。因特网的复杂性使得数据和元数据之间的区别具有争议：由于数据包是一个包头序列，每个包头带有关于下一个包头的信息，每层的元数据就是另一层的数据。

从技术角度来看，加密限制了网络中观察者所能看到的内容，但是路由器（和其他PHB）处理的包头必须是可见的（使用非常复杂的加密除外，例如TOR），因此，关于业务流分析，网络设计可以在多大程度上改变权力平衡，似乎是有限度的。一个例外是NDN建议，它通过使用每个路由器中每个数据包的状态，从数据包中去除任何的源地址。在NDN中，观察者可以告诉人们有一条请求信息，但是很难说出是哪个源端发出了请求。在第15章中，我将描述一种对业务流分析更加健壮的方案。

结果是，通过观察加密的包流，观察者可以推断出大量的信息（可参见 Chen et al.，2010；Wright et al.，2008）。可以推断出的信息包括：正在传送什么，通信人是谁，还有其他信息。这种泄露在高度安全的环境下是一个严重的问题，随着分析工具的改进，对于典型用户，这也可能会变为严重问题，因此，虽然加密可以保护传输中的数据，但加密保护通信用户免受与保密有关的危害的观点值得怀疑。

为了限制业务流分析产生的危害，一种方法是，使路由数据包避免经过很有可能实施这种形式的监视的网络区域。对因特网路由协议的攻击，通常会导致数据包错误地路由到其他区域，也许是为了让这些区域能够分析数据包。没有明显的方法可以实时检测数据包是否遭受业务流分析，但是，如果一组用户能够判断网络中哪些区域不太可信，并且对路由有一定的控制，那么，就有可能在某种程度上减轻这种危险。Nebula 提供了这种控制。Nebula 的包头里包含有数据包要通过的区域序列，因此，是数据包而不是路由协议控制其路径（假设首先正确地构造了数据包头中的序列）。

对网络上主机的攻击

今天，我们在这类攻击中看到了各种各样的形式，从涉及发送到不愿意参与通信的计算机的恶意数据包序列的攻击（利用无意开放的端口、网络软件的缺陷进行攻击，等等），到使用蓄意通信行为（接收电子邮件或访问网站）下载恶意代码的攻击。

再次回到历史的角度来了解这类攻击的当前情形可能会有所帮助。正如我之前说的，我们在因特网早期咨询的安全专家大多来自情报机构，他们最关心的是保密——防止泄露机密信息。这种安全框架往往忽视各方之间的通信问题，通信各方彼此不一定信任。这种架构也倾向于将世界清晰地划分为可信的网络区域和不可信的网络区域。在保密工作方面，接受网络中存在可信区域是有意义的，可信区域通常位于这样的设施内：用户拥有许可权，且计算机是可信的。这些区域可以通过不可信的公共因特网连接在一起，但在这种情况下，跨越整个公共因特网的数据包将被加密，并封装在外部 IP 包头中，只能将数据包传送到远程的可信区域。从技术角度来说，这种被称为加密隧道的概念是有意义的，因为在可信区域和公共因特网之间的互连点上，只需要一台加密设备。当时，加密盒非常昂贵，甚至连一个点对多点的设备都代表着最先进的技术。为每个主机配备这样的设备是不切实际的。这个概念在当今的安全计算中也是有意义的。公共因特网上不可信的计算机不能与可信区域中的可信计算机建立连接，因为加密设备不接受在另一区域未加密的数据包。端节点不需要担心被攻击，因为在可信区域内攻击的可能性降低了，来自区域外的数据包被完全阻挡了。

这种架构的安全性分析是相当复杂的。有人担心这种可能性：道德败坏的内部人士可能通过在秘密信道中隐藏信息来达到泄露信息的目的，低带宽通信信道可利用诸如信道中包的时序等特性。人们很早就认识到了限制问题（Lampson，1973）。这些担忧最终并未成为真正的威胁，对这一框架的关注可能分散了早期研究者对安全前景的更广泛考虑，例如，有权限的用户与没有这种权限的人进行交谈的需求。

网络和主机之间的这种简单的责任分工被证明是有缺陷的，原因有几个。首先，当然，今天的操作系统是有缺陷的。其次，应用设计人员偏爱功能而不是安全性，并且所设计的应用功能丰富（例如，下载和执行程序的能力），因此，应用已经成为攻击的载体。在因特网设计早期，美国国家安全局的丹尼尔·爱德华兹发现了一个“特洛伊木马”程序问题。情报界的专家明确表示，他们认为，如果可执行代码在网络上传送，唯一可行的保护就是从可信的源端传送它——试图检查代码以发现恶意内容是一件没有胜算的事情。

因此，我们现在有必要从头开始重新考虑所有这些假设。首先，我们至少已经开始依赖（换句话说，信任）网络中的某些组件。防火墙提供了粗略的保护，可防止与数据包有关的攻击——将数据包发送到不希望参与通信的计算机。防火墙阻挡了一些业务流，这些业务流不应当被访问而且（如果与 NAT 结合）隐藏了计算机的 IP 地址。要使这种保护起作用，网络的拓扑和路由协议必须防止业务流绕过防火墙。这种信任既简单又局部，但是反映了这样一种认知：被保护的主机以及它们所在网络的当地区域（至少是），必须分担保护责任。

下一个问题是包转发层能提供哪些服务，以使主机和更高层的安全工作更加容易。在第 6 章中，我提出了一个问题：当端节点的利益不一致时，如何设计网络的表达能力来为防御者提供帮助。网络不能保证端节点的安全，但也许可以成为解决方案的一部分，而不是尽最大努力传递攻击。也许有一些新型组件或新的行为者能够提供保护服务。采用第 6 章中的语言，也就是说，我们可以设计什么样的 PHB 来保护端节点，在部署和操作时什么样的行为者是最可信的，最后，需要什么样的架构支持（如果有的话）。如果我们允许自己从零开始重新思考这个安全框架，可能会出现新的设计方法，在主机和网络之外会有更多的行为者和服务。

在设计方法方面也取得了很大进展，端节点的操作系统除了自身能更好地抵御攻击之外，还可以帮助保护运行在端节点上的应用免受攻击。沙箱的概念描述了这样一种方法，其中应用代码在与网络交互之前被放置在一个受限的环境中，在交互结束时丢弃这个环境，这样就丢弃了所有恶意软件，也丢弃了可能由于交互而产生的其他修改。

应用的作用

正如我反复强调的那样，因特网是一个传送数据包的通用网络。但是导致数据包发生流动的，只是因为一些上层软件选择了发送和接收数据包。是应用定义了网络上实际发生的事情。如果因特网的数据包传送层能够保护一台主机不受另一台主机的攻击（或许可以通过创新的 PHB 予以适当的增强），且与正在使用的应用无关，这当然很好，但这种希望是不现实的。因特网的简单语义——尽力而为地传送数据包——（就目前而言）是网络所能做的一切。上层软件（即应用程序）将通过因特网发送的信息转化为端节点上的行为，而能造成伤害的正是这些行为。我们今天处理的许多安全问题，都是由应用层的设计决策引起的，因此我们必须转向这一层，以全面改进安全状况。通过相应的设计，应用既能创建安全漏洞又能同时做到限制漏洞。

从某个角度来说，我们从应用设计中吸取的教训是没有太大帮助的。当今的应用为了追求更强大的功能和吸引人的特性，将明知有风险的功能整合在一起，并且在设计时就知道风险的存在。从网站下载活动代码（例如 Javascript）并在客户端机器上执行，这从一开始就被认为是有风险的，在当时受到了安全界的公开反对。尽管如此，Web 协议的设计者还是实现了这一功能。我们必须承认，今天的应用在设计上是不安全的，同时，我们也必须弄清楚如何处理这个问题，因为这种对功能而不是安全性的偏好不太可能逆转。

一个答案存在于操作系统中，其中沙箱等功能可能会防止恶意代码产生任何持续的后果。另一个答案可能存在于应用设计中，使其只能在有充分理由信任通信各方的情况下，才能启用危险操作模式。选择相互信任的行为者，可能想以一种更具潜在风险的模式使用应用程序，这种模式施加的限制较少，允许更灵活的通信；而相互不太信任的行为者，可能需要一种提供更多保护的模式。作为另一个答案，由于应用定义了和控制实体之间的通信模式，所以应用设计中可以借助 PHB，将其作为安全架构的一部分。

应用可以在整个安全框架中扮演另一个关键角色。我对这一点的分析清除了一个隐藏的严重问题。如果保护主机不受攻击的尝试失败，并且主机处于恶意行为者的控制之下，该怎么办？在这一点上，恶意的行为者可能会从事合法的活动（例如，数据传送）。对于网络来说，这些活动似乎是完全合法的（它们似乎像是在相互信任的各方之间进行传送），但安全目标是阻止这种传送。换句话说，在机器被控制的情况下，安全目标会发生逆转。目标是“攻击”（阻止）原本是合法的通信。

通过行为监控，也许这种类型的一些案例可以被分类为恶意的，例如，突然将千兆字节数据从安全区域传输出去的用户在任何情况下都会引起注意。但是，考虑这种情况的一般方法是，区分渗透主机还是伤害主机。当应用的使用方式导致了不可接受的结果，就出现了伤害。应用可以这样设计，即使在机器被渗透时，它们也能降低受到伤害的风险。例如，某种设计可能要求只有多台计算机都同意，才允许潜在的危险操作。除非第二台计算机首先授权传送，否则，防火墙可能会阻挡超过一定大小的所有外出的数据流。第二台计算机应该以这样的方式实现：恶意行为者对第一台计算机的渗透，无法渗透或颠覆第二台计算机的功能。为了最大限度地减少正常工作流的中断，应用可以这样设计：在需要确认时通知第二台计算机，然后该计算机可以对身份、授权等进行一些独立的检查。

我在这里描述了应用开发人员面临的复杂设计挑战，但是，建议潜在危险的任务应要求双重认证并不是一个新想法。我的观点是，这种约束必须内置到应用中，或者至少由应用而不是网络来控制。我之前讨论了因特网的基本设计方法，即应设计一些层来处理其下层的故障。TCP 处理丢包和相关问题。我在这里建议的，只是这种方法在较高层上的应用——整个系统的设计必须考虑到以下各层发生故障的可能性，在这种情况下，运行应用或部分应用的计算机会被破坏。网络可以发挥作用，即确保只传送授权的流。人们可以想象一下，可以使用软件定义网络（SDN）技术，只允许符合应用定义的安全策略的流进行传送。我将在第 13 章中讨论 SDN。

身份的作用

我一再提到信任，这引发了一种更基本的关切：除非对彼此的身份有充分的了解，否则讨论行为者是否可信是没有意义的，因此，身份管理必须是任何与信任管理有关的框架的组成部分。相应地，这一事实提出了一个问题：系统内哪些实体或哪些层应实现身份管理机制。

有一种观点认为，网络本身（转发数据包的层）应该指定如何管理身份。有人呼吁建立一个“负责任的因特网”（例如，参见（Landwehr，2009）)，这可能意味着该架构确信了所有交互中参与者的身份。我觉得这是个糟糕的设计方法，正如苏珊·兰道和我所争论的那样（Clark and Landau，2011）。社会以一种非常微妙的方式使用身份，有时我们需要强有力的、相互确认的身份认同，有时我们又与完全陌生的人相处得很好。我们不会在额头上写着身份证号码而四处走动。应用环境决定了对身份的需求，在网络上，应用定义了应用环境。因此，正是应用必须建立相互识别的正确级别，并使用这种信息部署相应级别的保护。

对于每个新的应用，应用设计人员不必从头开始解决身份管理问题；他们应该得到建议和指导（或许只适用于某一类应用），从而了解如何着手处理这些问题。我们所需要的就是供开发人员使用的一组应用设计模式。有条理地思考设计模式会产生另一个好处，即通过查看不同的应用来了解共同的需求，对于共同的服务，可能会出现新的想法，那就是较低的层可以提供这些服务，以帮助提高应用的安全性。包转发层的一些新服务不太可能突然使应用安全起来，但是，可能会有一些使任务变得更容易的支持服务。发现这些服务的方法是查看应用需求，从中进行概括，看看会出现什么概念。

拒绝服务攻击

拒绝服务攻击使网络的一部分或一个端节点充斥着大量的恶意业务，从而使正常的操作退化或停止。从第一条原则来推理，DDoS 攻击的成功，可能表示对分层因特网架构的重要指控——正确分层设计的本质是，较高层的行为或错误行为不应对下层造成破坏。由于 DDoS 攻击只通过发送数据包就能破坏因特网层，所以，因特网层的设计肯定是有缺陷的。然而，人们对因特网设计的判定不应太苛刻。如果攻击者能聚集百万台攻击计算机，那么保护转发层的简单方法，如使用公平队列分离数据流、限制大数据流的流量，只能做这么多。

另一种观点认为，问题的产生是因为发送者可以随意发送，而不需要接收方的许可。如果在传送数据包之前因特网要求获得接收方的许可，就像 NDN 一样，某些类型的 DDoS 攻击就不可能实现了。然而，因特网上许多受到攻击的计算机，提供了诸如网站数据之类的服务。这些计算机要想达到预定的目的，就必须接受任何人的业务流。

但是，还有一种观点认为，DDoS 攻击是可能的，因为在许多情况下，用户支付的访问费用是固定的，而不是基于使用量来收费。该定价模型降低了用户删除恶意软件的积极性——如果用户因为自己的计算机已经被感染，并参与了 DDoS 攻击，突然收到一大笔意外的月账单，那么他可能就有更大的动机来纠正这种情况。

也许随着时间的推移，将有足够的机制来防止对计算机的成功攻击，这样攻击者就不能再聚集所需的受感染的计算机组来发起攻击（请参阅前一节对端节点攻击的讨论）。

一种防御方法是复制服务，通常足够多，以致攻击者不能编组资源来淹没所有的副本。攻击者要么将注意力集中在一台计算机上，而让另一台机器正常工作；要么攻击全部，这会使攻击分散到无效的程度。包含间接概念（i3 或 DOA）的网络架构可以分散针对间接节点发起的攻击。当前因特网上的一些商业性 DDoS 减轻服务采用这种方式：使用 DNS 将攻击分散到一大组计算机上，然后这些计算机试图使用各种启发式方法过滤攻击业务流。

在我看来，一旦我们考虑到服务（服务器计算机）对来自任何地方的连接均开放的需求以及 DDoS 攻击的潜在规模，实际的缓解技术将不得不识别攻击业务流，并将其降到使攻击无效的水平。然而，一旦我们考虑到某些业务流将被归类为恶意业务流，那么就必须考虑这种机制本身作为攻击媒介的可能。我们必须要问，哪个实体将有权（或可信）来声明某个业务是恶意业务，并期望哪些行为者尊重这一声明。再一次，这是一个构建架构表达能力的练习，以便“正常”的行为者可以优先利用这种能力。在本章后面讨论架构和安全性时，我将回到这个主题。

平衡安全的各个方面

前面的讨论表明，有四个一般性的安全问题需要解决：保护网络区域不被攻击、保护利益一致的各方之间的通信、保护利益相反的各方不受对方的伤害和减轻DDoS攻击。如果能独立地、尽其所能地解决这些问题，那就太好了，但我认为保护主机和保护通信之间存在着矛盾关系，架构的总体安全设计的部分内容就是平衡这些目标。

人们可以想象这种设计是按以下方式进行的：

- 第一，确定支持关键PHB的算法是安全的。域间路由就是一个明显的例子，由于目前设想的路由是一种分布式算法，网络的所有区域都参与其中，因此它为一个区域攻击另一个区域创造了机会。还有其他的PHB，如任播和多播，可能需要更好的安全性。
- 第二，实现保护通信的方法。假设应用（其定义了通信模式）将使用加密来处理保密性和完整性问题，并假定应用将有意将通信路由到它们需要的任何服务组件。为了实现可用性的目标，应用必须设计其通信模式，并利用系统提供的任何表达能力来检测和定位某个PHB或服务组件是否发生故障以及在何处发生故障，之后重新配置以避免故障发生。
- 第三，实现PHB，这可以防止或限制不信任或敌对的端节点之间的通信。假定应用能基于充分的身份信息来调整行为，并可以在必要时添加或删除保护性的PHB。
- 第四，实现合适的机制来分散或禁用DDoS攻击。

这一评估既圆滑又不完整，总的来说是肤浅的，因为它将非常困难的任务琐碎化，即使是明确定义的。更详细地说，首先，关于故障定位和可用性问题，它就很肤浅。然而，由于目前的因特网在这方面没有任何作为，任何新的能力都会比我们今天所拥有的要好一些。其次，关于它在多大程度上依赖于应用开发人员来确保设计正确，这也是肤浅的。要使这种方法起作用，应用设计人员将需要帮助和设计指导，甚至对于架构未包含的问题也是如此。

尽管如此，如果这个安全挑战的分解结构合理的话，还是能勾勒出一种研究方法，即使它淡化了挑战。然而，我仍然认为这是不完整的。这份清单提出了这样一个问题：这些任务是否是独立的，也就是说，我们是否可以分别处理每一项任务，在给定的时间里尽我们所能做到最好。事实上，我认为任务并不是独立的。安全运营的设计空间可能意味着两个危险之间的权衡：对通信的攻击和一方对另一方的攻击。简而言之，为了保护一端不受另一端攻击而实施的保护越多（按第 6 章的语言，有更多的 PHB），攻击者就可以创建更多的攻击点来破坏通信。在两个端节点之间建立一个干净的、加密的通道是一个简单的概念，鲜有失败模式，对手可以利用 PHB 破坏通信的点也很少。

不同的目标相互纠缠，对这一领域里的决策构成了挑战。更好的加密方法增强了隐私保护，但削弱了对业务流的拦截，即使是合法的行为。保护一个节点不受其他节点攻击的 PHB 增加了这种可能性：这些组件本身可能会被策反，转而与网络上的用户为敌。重复一下我之前说过的话，安全性不是单一维度的、越多越好的目标，而是利益可能不一致的行为者的目标之间的一种平衡。在这些目标之间找到平衡点并不是一种技术挑战，而是一种政策挑战。简单地声明政策目标，如呼吁完全隐私或允许国家访问所有加密通信，无助于找到这种平衡。

架构的作用

前面的讨论提出了一种从宏观上看待网络安全的方法。本书的重点是架构，本章的最后一个问题是什么样的架构与安全性有关系。我的极简性理论认为，架构应该尽可能小，但不要过小。架构本身并不决定系统如何满足需求（例如安全运营的需求），而是为后续设计提供框架和充分的起点，从而满足需求。先前关于表达能力及其潜在危险的讨论提出了一个出发点，但还有一些更具体的概念。我将再次审视我对安全目标的四个划分，这次是从架构的角度来看的。

对网络的攻击

攻击网络的方式可能有两种：对网络上的设备进行攻击（实现某种其他 PHB 的路由器或设备），或者对控制协议进行攻击。网络中的设备本身就是计算机，原则上可能被攻击，就像端节点可能被攻击一样。然而，有一些实际的原因导致它们可能不太容易受到攻击。这些设备不是运行独立开发并具有潜在风险的应用的通用平台。实践当中，可以提升它们的抗攻击标准。我对那些涉及路由器渗透的成功攻击并不了解（但成功的攻击一般都不宣传）。

然而，一旦我们认识到作为系统的一部分存在着中间组件（及其 PHB），在设计的某个部分中就应该包含这样的分析：如何处理对这些设备本身的攻击。如果那些 PHB 是有保护作用的——首要的组件暴露在完全开放的因特网中，以保护它们背后的资源——那么它们将成为引人注意的攻击目标。更一般地，我们必须要探讨一下针对这些设备的 DDoS 攻击。如果这提供了一种方式来破坏 PHB 提供的服务，那么，带有 PHB 的中间组件将受到攻击，因此，保护首要组件免受 DDoS 攻击的能力，是架构应该解决的一般性问题。

当今因特网面临的网络级安全问题，是这些协议中的一些参与者对控制协议的攻击。我在前文中讨论了为什么保护当前因特网的路由协议不是一个简单的技术问题，而是一个嵌入在信任管理和斗争空间中的复杂问题。一定程度上，如果设计者增加了网络的复杂性（例如，附加有带分布式控制算法的 PHB），故障模式和攻击模式可能会变得更加复杂——这是一个简单的论点。

设计一个分布式控制协议，能够抵抗其中一个参与者的攻击，这是一个必须由协议的创建者而非网络来解决的问题。在计算机科学中，这个问题被称为拜占庭将军问题（Lamport et al.，1982）[⊖]。问题的名字来源于，当一些将军可能不太诚实，且某些通信兵可能会修改信息时，一组将军如何协调做出进攻或撤退的决定。拜占庭故障是指失败（或恶意）的设备可以以任意方式运行，而不是导致设备停止运行的简单故障。发生拜占庭故障时仍能幸存一定数量组件的分布式算法，具有拜占庭健壮性或拜占庭容错性。拉迪亚·珀尔曼在她的博士论文（Perlman，1988）中展示了一种具有拜占庭健壮性的分布式网络控制方案。这个方案相当复杂，使用非对称密钥对所有报文进行签名，使用全局可信服务器分发所有设备的正确公钥，并在所有设备中进行复杂的能力分配。

一个具有重要安全含义的关键设计选择，是包头中表示域间路由的表达能力。在当前的因特网中，BGP 以递增的方式为路径上每个 AS 计算域间路径（路径向量），任何被感染的 AS 都会干扰数据包到目的端的正确传送，使源端别无选择地围绕该 AS 进行路由。类似于 Nebula 和 XIA 里的 SCION 的那些方案，允许发送端在数据包中放置加密签名的域间源路由。类似地，Pathlet 建议（Godfrey et al.，2009）要求包头具有足够的表达能力来描述路径序列。在这样的方案中，发送方或其代理根据网络不同区域的路由声明来组织路径。如果这些基本的路由声明不可信，产生的传送序列仍可能被破坏，但是发送端对最终路由还是有更多的控制权，因为路由是由源端或其有理由信任的代理计算出来的。

考虑到前面的讨论以及在第 7 章中我所回顾的所有架构方法，我没有发现任何架构创新可以帮助解决分布式控制算法中的恶意节点问题。但是，任何包含分布式控制算法以将 ID 和位置绑定起来的架构，例如 i3 和 DOA 使用的分布式哈希表或

[⊖] 在后来由兰波特发表的这篇论文的摘要中（https://www.microsoft.com/en-us/research/publication/byzantine-generals-problem/），他说道，在拒绝汉语和阿尔巴尼亚语之后，他选择了拜占庭这个词，试图找到一个不会冒犯任何现有群体的标题。接着他说，这篇论文的主要目的是为这个问题指定一个新的名称。怪念头在计算机科学界确实存在。

MF 中的全局名称解析系统，都必须包含这样的分析：具有不一致利益的行为者如何有效地操纵这些方案，以及如何应对这种攻击。

对通信的攻击

如果使用加密来管理保密性和完整性，那剩下的问题就是可用性。可用性是下一章的主题，但关于架构和对手的利益，我在这里给出一些思索。

对通信的攻击主要是由于数据包通过网络中的某个敌对节点而产生的[⊖]。该节点可能是敌对的，因为它已被某些攻击者渗透，或者因为该节点所有者的利益与通信端节点的利益相反。如果一个架构赋予端节点使用网络中哪些 PHB 的控制权，并且可以从通信路径（第二个挑战）中检测和排除不可信的 PHB，也许可以将攻击的风险降到最低。但是，我们今天在因特网的一些地方看到的，是一种使这个问题成为尖锐焦点的情况——更具压制性或限制性的政府，要求其 ISP 作为国家代理去控制通信、删减或阻挡国家认为不可接受的内容。在这种情况下，从用户的角度看，网络中存在不可信的 PHB，而且用户无法避免使用它们。在这种情况下，对威胁分析的结果意味着这些 PHB 可能会采取任意的行动。假定攻击 PHB 所能做的有限，那么基于任何建议来减轻这种情形都是不现实的。

对于那个国家的用户来说，没有办法避免使用该网络（它可能是唯一可用的网络），因此，通信变成了一场猫鼠游戏，其中网络的表达能力被双方用来实现自己的目标。发送方可以尽可能多地加密，以限制敌对方 PHB 可以看到的内容。国家的 PHB 可能试图通过阻挡加密的数据包来强制进行更多的披露。发送方可以通过隧道技术到达出口节点，而 PHB 可能通过阻挡这些目标地址来进行响应。通过减少泄露，发送方试图阻止 PHB 进行细粒度的识别，从而迫使 PHB 做出“钝器”响应，例如阻止所有加密的数据流，这可能会造成更多附带损害，甚至超出审查人员的忍受程度。因此，架构（在表达能力方面）能做的一部分工作，就是提供工具来改造这场游戏，这或许会偏离结果。这是使用架构的工具来进行的经典的争斗实例。

在这种背景下，丰富的表达能力可能本身就很危险。它可以向对手泄露更多的 PHB，这使其能够进行更细粒度的控制。允许用户在多种操作模式中进行选择的应用也具有潜在的危险性。加密连接网站页面就是一个简单的例子，它说明了选择是多么危险。今天，关于是否使用 TLS，是由网站服务器进行决策的，客户端没有控制权。如果 PHB 审查阻挡了加密，那么它就会阻挡所有到 TLS 网站的访问，但是，如果 TLS 的使用是在用户的控制之下进行选择，阻止所有加密只会迫使用

⊖ 我在这里忽略了几种攻击，比如用强大的无线信号干扰无线网络。这些攻击针对特定的技术，除了强调弹性和多样性对于提高可用性的重要性外，我不知道架构上如何去应对。

户选择明文通信。如果端节点被强迫做出不良的选择，则选择可能是一个无益的选项。

数据包中的显式信息越少（端节点试图利用架构的表达能力越少），不良组件中断通信的机会就越少。另一个例子，在应用讨论中我曾经建议，应用可能想根据端节点期望彼此信任的程度来调整它们的操作模式。如果其中一种模式能更多地揭示用户正在做什么，网络可能会进行选择性阻挡，以迫使终端节点使用该模式。当目标是保护通信不受网络攻击时，最佳架构设计点可能是极简的表达能力，对于如何利用这种表达能力，终端节点没有可选择的内容。几乎可以肯定的是，这种方法会使可用性目标更难实现。

威胁分析的另一个方面是，数据包中的显式参数是否需要特殊保护。某种敌对的 PHB 对包头的严重腐蚀也许不值得考虑——如果某个组件是恶意的组件，则只能通过避开该组件来解决问题（如果可能的话）。更有趣的问题是窥视信息，或者更有针对性地修改数据包中的信息，再设法沿着路径破坏 PHB。作为一种极端的补救措施，可设法对数据包中的每个显式参数进行加密或签名。这意味着需要相当大的处理开销，还需要某种可靠的方法来获得正确的公开密钥。Nebula 建议具有这样的复杂性，和 TOR 系统类似，因此我们有证据表明，当它能带来价值时，用户愿意容忍这种开销。然而，这种高级的推测或许并不具知识性，具体的设计需要具体的威胁分析和减轻威胁计划。

对数据包报头腐蚀的担忧，只是我前面讨论过的更普遍问题的一个例子——如果一个中间组件是不可信的，通常唯一的选项就是尽量减少对它的依赖，或许是完全避开它。这种方法在很大程度上取决于发现和定位问题的能力，以至于能防止问题的发生，因此，围绕包头中显式参数架构所采取的设计方法，应该侧重于故障定位以及避免具有不当利益的组件。同样，在这一点上，专制政府的情况也要注意考虑。

攻击主机

在很大程度上，应用层创造了攻击的机会，应用（由端节点中的机制来支持，如沙箱）必须降低这些风险。网络，特别是网络架构，能做些什么来帮助缓解这些问题呢？一种答案是，网络能够提供某些手段来防止那些未经网络中可信组件授权的数据流。如果应用的设计是这样的——在危险数据流被允许之前获得可信组件的授权（例如，从可信区域流出数据），那么，网络应该能防止流氓应用（可能基于恶意软件）发出这些数据流。可信组件也许能够使用 SDN 等机制，SDN 提供了将转发策略下载到路由器的方法，以防止在应用层面上未经授权的数据流模式。

架构的另一个潜在角色是，添加某种方式向数据包头的表达能力传递身份信息，以便主机和应用在启动通信之前就能区别可信和不可信的行为者。我会讨论这个想法的好处和风险。设计者也应该仔细考虑一下这是否有好处：在数据包中可以看到更明显的身份指示或者这种信息应当在高一层上（端到端，或许是加密的）传送，使得身份问题成为通信端节点之间的私事。

架构与身份

我认为，未来的互联网架构如果采用固定的方法来管理身份并将其作为规范的一部分，那将是个糟糕的理念。这样做会（抽象地说）在网络中嵌入太多的语义，但作为包头表达能力的一部分，也许应该有一个字段，发送端可以将接收端所需要的任何类型的身份信息放入其中。不同情况下的不同应用可能需要这一字段里的具体信息，以便根据接收的第一个数据包检查证书，这或许由网络中的某个组件来检查，这个组件就像 PHB 一样具有证书检查功能。NewArch 建议在会话初始包中包含一个约会字段（rendezvous field），其含义对通信节点来说是私有的。

就像给架构增加某种形式的表达能力的任何建议一样，这必须从各个方面进行审查，既可以保护接收方不受发送方的攻击，也可以保护通信不受网络的攻击。例如，保守的政府可能要求发送者在数据包中添加一些明确的标识信息，作为连接到国外的条件。今天，并没有可行的方法来要求人们这样做，因为包头没有足够的表达能力。当我们使包头更具表达能力时，就得考虑一下，设计如何来改变不同行为者之间的权力平衡。

DDoS 攻击

必须在网络层减轻 DDoS 攻击的危害（至少在某种程度上）。网络必须有管理和保护资源的方法，不能将此问题提升到应用层。但问题还是在于，什么样的架构支持会有助于减轻 DDoS 攻击。

由于我认为缓解 DDoS 攻击是互联网架构的职责，所以，我将较为详细地探讨以前的工作。这一段有相当的技术难度，如果太难，你可以跳过不读。

关于如何处理 DDoS 攻击，有几种方法可以考虑。DDoS 攻击通常是从一组已被恶意行为者渗透的端节点发起的，随后这些端节点就用作攻击业务源。以这种方式使用的端节点称为*僵尸网络*（botnet）。控制 DDoS 攻击的一种方法是增加僵尸网络构建的障碍，使其变得没有太大作用。也许要留心一下本章到目前为止讨论的所有可能的问题，但我还是暂时搁置这一做法。第二种方法是，一旦僵尸网络创建完成，我们能较容易地破坏其控制。同样，一个不同的架构也许更容易实现这个目标，但是，为了控制被渗透的主机，可以有很多方法与其通信，所以，阻断控制路径需要重新思考一下架构的基本通信模式。

NDN 等建议不允许发送未经请求的数据包，因此攻击者所发送的是兴趣包（interest packet）。这一限制无疑改变了攻击的格局。

假设攻击者可以汇集并控制大量被渗透的计算机，之后它们发送业务流来过度消耗目标资源，那么，减轻这种形式的攻击似乎有两个组成部分：一是确定哪些计算机正在发送业务，二是要阻挡这个恶意的数据流。在当前的因特网背景中，关于 DDoS 的大部分工作都集中在确定哪些计算机正在发起攻击。在当前的因特网中确定攻击源是一个难题，因为发送方可以在数据包中放置假的源地址。在包中放入非发送端的源地址并非总是恶意行为，这样做有一些正当的原因：移动 IP（RFC 5944）要求包中的源地址是“归属代理”（持久地址）的地址，而不是分配给移动设备的当前地址。IETF 通过提出“最佳当前实践”（BCP 38，RFC 2827）来解决假的源地址问题，它推荐 ISP 检查并验证其客户发出的数据包的源地址。然而，没有要求 ISP 遵守 BCP 38（除了某些温和的、可能无用的同行压力和羞辱），并且遵守 BCP 38 会给 ISP 带来额外的成本和复杂性。BCP 38 于 2000 年颁布，有些 ISP 遵守了，但绝不是全部都遵守了[⊖]。

或许某种别的设计能够防止伪造源地址的攻击。设计人员可以采取单纯的方法，使得测试与 BCP 38 中提出的 ISP 强制性测试类似，但是设计如何强制（ISP）实施这样的任务呢？正如我在第 6 章中所指出的那样，作为架构的一部分所描述的功能，如果不是网络运营实际必需的，就具有随着时间而萎缩的趋势。一种解决方法可以是，让源地址检查成为包转发的固有部分，例如，某路由方案根据数据包的来源和去向确定如何转发数据包。NIRA 解决方案（Yang，2003）具有这样的特征。

一些架构方面的建议，明确允许源地址（返回数据包应该去往的地址）不同于发送端的地址（位置）。DOA 关注将服务委托给网络中的其他点，它清楚地指出，包发送端可以指示返回包应该经过的一系列服务。发送端的地址不在正发送的包中，但相反的是，包承载有服务的地址，返回包应当发送到这个地址。这种设计可以给发送方提供某种保护，免受连接另一端的攻击，但似乎为 DDoS 攻击提供了很多机会。DOA 论文（Walfish et al.，2004，参见第 7 章）讨论了使用中介保护服务器免受 DoS 攻击的问题，但没有讨论恶意的源（返回）地址问题。在另一个极端，像 Nebula 这样的方案要求发送者在发送数据包之前从控制平面获取 PoC，这似乎避免了源地址的伪造。

跟踪回到源的业务流。研究者已经提出了许多追溯方法，使得受害者能识别恶意的业务发送端（有一定的精度范围），即使源地址是伪造的。一般来说，这些方法混合利用了两种机制——包日志和包标记，前者扩充了路由器来跟踪流经的数

⊖ 参见 https://spoofer.caida.org/，这是一份试图考量遵从程度的报告。截至 2017 年 8 月的报告是，他们检测到大约 50% 的 AS 发现了虚假的源地址。

据包，后者在转发的数据包中加入了关于路由器身份的某种信息。看起来这和架构无关，第一种方法给每个路由器带来了巨大的处理成本，第二种方法必须处理如何以可行的方式将这些信息写入数据包。包日志技术的一个例子是源路径隔离引擎（SPIE），在论文（Snoeren et al.，2002）中有描述，其中路由器计算并记录它们转发的每个数据包的哈希值[㊀]。为了确定该数据包的源头，受害者可以计算出单个攻击包的哈希值，并向网络发送查询，这个查询沿着后续路由器中记录有哈希值的路径进行转发。虽然如何计算哈希值的细节显然取决于IP包头的具体情况，但这个方案似乎可用于不同的架构。

大多数包标记建议都认为，将转发数据包路由器的完整序列记录到数据包中是不切实际的。IP记录路由选项确实提供了这种功能，最多可达到固定的最大跳数[㊁]。一种简单的包标记方法要求每个转发路由器，以一定的概率将其身份记录到数据包中的单一字段中。接收到足够多数据包的受害者，将获得路径沿线每个路由器的标识，并且（配备了一些拓扑信息）能重构到发送端的路径。也许更好的方法是为数据包提供足够的空间，来记录两个路由器的地址。接收数据包的路由器会以某种概率将地址记录在数据包的第一个字段中（如果该字段尚未被填充），这个字段将触发路径上的下一个路由器，将其地址放入第二个字段中。因此，标记后的包记录了两个路由器之间的一条链路或一段路径。同样，有了足够的数据包，受害者就可以通过连接这些记录来重构到攻击者的路径。参见文献（Savage et al.，2000年）中关于边缘标记这一方法的描述。文献（Song and Perrig，2001）描述了链路的不同编码方案，对于标记技术，它包含更高的安全性。文献（Wang and Xiao，2009）描述了一种混合方案，在该混合方案中，数据包记录了离开源AS的出口路由器、进入受害者AS的入口路由器，同时这些路由器也记录数据包的有关信息。

许多这样的包标记方法都是由这样一个事实决定的，即它们的设计目的是在当前的因特网上工作，因此，设计者花费了大量的精力让标记技术匹配现有的IP包头。唯一可用的实际选项是，重新使用那些一般不太使用的段偏移量字段。事实上，这些论文如此专注于必须遵从IP包头的极端约束，导致它们对于如何在不同的架构中最好地进行包标记没有给出太多研究，在这种架构中，包头能够包含为此而设计的表达能力。

阻挡攻击。假设受害者知道恶意业务的实际地址，那么受害者该如何利用这些信息？DDoS缓解的关键是阻挡业务流，而不是仅仅弄清楚哪些机器正在发送业务

㊀ 该方案建议使用布隆过滤器，以进行高效记录。布隆过滤器是一个数据结构，它有效地记录某个元素是否是集合的成员。

㊁ 此选项本身对于跟踪攻击数据包并没有用。该功能目前尚未得到广泛实现，它还依赖于发送方将该选项插入数据包中，而攻击者不太可能这样做。能跟踪攻击者的方法必须是强制性的，并且不易被攻击者击败。

流。这里引用的大多数回溯论文没有解决如何以安全的方式进行阻挡的问题，这可能是这些方法没有在实践中流行的原因之一。

研究者已经提出了很多阻截不受欢迎业务的方法，包括我在第7章里提到的间接方法，如i3。SOS（Keromytis et al.，2002）通过在承载端节点的网络区域设置一组过滤器，来保护端节点免受DDoS攻击，让所有的业务必须流过那些过滤器（按照第6章的语言，SOS依靠拓扑传递来迫使业务流经过滤器）。他们试图通过过滤器的地址保密来防止进一步的攻击。Mayday（Andersen，2003）详细说明了SOS的设计方法。许多论文提出了这样的思想：将一种能力（capability）放入从合法的发送端发出的数据包中，以便过滤器能将合法业务与未认证或恶意业务区别开来（Anderson et al.，2004）。这些论文包括TVA（Yang et al.，2005）、Pi（Yaar et al.，2003）、SIFF（Yaar et al.，2004）和Porcullis（Parno et al.，2007）[㊀]。

这些论文并没有把他们的建议描述为一种新的互联网架构，但都要求在包头中引入新的字段（新的表达能力），在路由器中引入新的功能，并且为连接建立引入新的协议和机制。因此，应当将其视为新的架构建议，而且应当用本书中列出的所有标准来评估这些建议。在路由器中放入包过滤器的概念带了许多问题。其中一个与动机有关——为什么可能远离受害者的路由器会同意提供此项服务？阻挡的另一个关键方面是，确保任何阻挡机制本身都不能被用作攻击载体。如果一台恶意计算机能够伪造一个请求来阻挡从源端到目的端的数据，它就能终止正当的通信——这是另一种形式的可用性攻击。

互联网创新框架（FII）采用不同的方法来限制DoS攻击，即关闭报文或SUM。FII建议总体上只是架构如何实现极简性方面的一个应用，其复杂性很大程度上与阻挡DoS攻击有关，其作者（Koponen et al.，2011）认为，这是需要架构关注的安全的唯一一个方面。SUM方案要求每个发送端与可验证发送端源地址的可信任组件相关联，当目的节点发送SUM时，会将从源端到相应目的端的业务流阻截掉。作者在包头中定义了两个必须具有全球意义的字段：可信代理的有效地址和该代理可用于映射到实际发送端的标识符（在此设计中，发送者的实际身份不会透露给网络中的观察者。只有这个可信代理才能将数据包中的标识符绑定到实际的源）。科波宁等人详细讨论了SUM机制的设计，目的是防止攻击者滥用该机制。最终的方案很复杂，需要由可信代理进行大量的加密处理。

阻挡攻击的一个方面与源地址的设计有关。暂时搁置伪造源地址和伪造阻挡请求的问题，源地址中的哪些信息对于实现阻挡方案是有用的（或者是实际所需的）？我描述的许多架构在身份和位置之间都使用了某种形式的分离。身份的目的

㊀　关于这些方法的更完整讨论参见附录。

是经久耐用，而位置信息可能是暂时的。像 NewArch 这样的方案，包中唯一的强制信息是定位器，不可能提供有用的框架来阻挡不受欢迎的业务。许多地址技术的建议（包括 IPv6）允许发送端使用各种各样的定位器，这在一定程度上掩盖了观察者从定位器映射到实际机器或身份信息的能力。显然，若定位器在 AS 中是有意义的，则这些 AS 必须能够解析定位器和特定机器的绑定，但出于隐私的原因，该方案通常避免执行这种绑定。在这种方案中，能够执行阻挡的唯一网络区域可能是承载源端的 AS。距离受害者越近的地方，源地址和具体机器之间有意地不存在稳固的映射。

信任假设。任何减轻 DDoS 攻击的方案都将最终取决于网络中某些组件的可信操作（例如，恶意发送端的可信网卡，或沿着该路径的一台可信路由器）。减轻 DDoS 是另一个例子，在这种情况下，方案的设计不仅取决于良好的技术设计，而且还取决于对信任和动机做出正确假设的系统设计。总的来说，我所讨论的架构并没有完全关注 DDoS 的问题，这可能错失了良机，因为 DDoS 攻击的选择范围可能在很大程度上取决于架构的具体情况。

结论

当前因特网中的安全问题在一定程度上是技术设计决策的结果，但有缺陷的技术并不是错误或缺乏关注的结果。受迫切要求和可用性这一较大经济考虑的驱动，通过精心设计仍不安全的应用或许是最难的挑战。阻碍分布式系统（如域间路由系统、电子邮件或网站）安全的是这样一些问题：协作和激励的共同行为、处理负面的外在效应和强加给先行者的成本、理解如何处理整个系统缺乏统一信任等。克服这些障碍需要良好的系统设计，但这种设计并不完全是技术性的，还需包含技术的补充方面、运维需求、监管等。

在本章的开头，我从计算机科学、用户和政治学的角度给出了安全的三个定义。安全的计算机科学定义——即使在受到攻击的情况下，系统也只能执行指定的操作——防止意外的结果或行为，但不一定防止特定的伤害。对于系统工程师来说，这是一个很有吸引力的定义，因为它将安全问题限制在所讨论的系统上。从防止危害（考虑一下防止信用卡欺诈）的角度来说，框架安全会在其范围内增加更多的组件。例如，预防或减轻某些形式的信用卡欺诈，最佳方法可能是修改信用卡结算系统。这种安全性定义使组件的设计者感到沮丧，因为解决方案已不在设计者能描述的范围之内。当然，如果所讨论的系统有多个组件，由多个行为者来负责，即使计算机科学对安全的定义也可能难以适用，但只有仔细考虑潜在的危害，人们才能着手确定为保护系统组件所需付出的努力程度。正如我在本章的引言中所说的，因特网的设计假定底层是不完美的，因此，使其坚固的努力程度一定是判断问题，而不是追求完美。

在这一分析中反复出现的内容是，将旨在提高安全性的技术方法放入更大的信任管理背景中。与密码学相比，信任管理就是安全中的丑小鸭。密码学是一门复杂的数学，具有可证明的边界和工作因子，并且具有惊人的能力。管理信任的工具是杂乱无章的，在社会上是根深蒂固的，且不易进行正确性证明。可悲的是，密码学几乎总是被包裹在一个更大、更混乱的环境中。至少，密钥管理问题就是始终存在的。保护因特网路由协议（或者 DNS），提高可用性，或者允许应用根据明显的威胁调整其行为，这些挑战都取决于信任，信任是一个核心问题。

选择信任哪一个组件的行为者有可能左右安全情形。创建控制点的机制最初可能更容易探讨，但考虑到围绕任何集中控制点（例如证书）可能发生的争斗，更好的、真正的解决方案可能更倾向于社会稳定的解决方案，如高度分散的控制和决策。

可 用 性

由于网络最基本的任务是传送数据，因此，即使在不利条件下，网络执行此功能的能力也是首要考虑因素。用来描述这个一般特征的术语就是可用性。在此背景中也用弹性这个术语，这反映了这样一种思想：可用性的挑战是在事情出错的时候发挥作用，而不是当一切都正常运转的时候。可用的网络是指在面对故障时具有弹性的网络，不可用则意味着网络中断了。

可用性表征

只有在网络特定功能规范的范围内，可用性定义才有意义。一个延迟容忍网络（这种网络的效用是另一个问题），在正常运营情况下确保一天内送达电子邮件，它对可用性失败的定义，与保证在两倍光延时送达的实时传送服务对其的定义大概会不一样。

可用性（或缺少可用性）至少有两个维度：时间和范围。服务故障持续了多长时间？故障发生在网络的哪个部分？时间的维度在这里是必不可少的。在目前的因特网上，我们不认为丢包是可用性失败。TCP 重传数据包，应用设计人员对这种传输时间的波动进行了正常的预见和处理。链路或路由器的故障可能导致连接丢失，这会持续很长时间，以致中断某些应用，如语音通话（Kushman et al.，2007），因此，将这些事件描述为可用性的暂时丢失可能是合理的。然而，像这种短时中断不会引起跟踪故障的监管者的兴趣，持续数小时或数天的中断往往更具破坏性。

范围这个维度也同样重要。美国的因特网用户甚至不会注意到与非洲一个小国的连接断开，但对那个国家的公民来说，这种断开的后果将是严重的。可用性度量（以及对故障的重要性的评估）是观察者的观点问题。

这些例子还表明，可用性是一个需要分层分析的概念，就像安全性一样。较高的层（在许多情况下）可以弥补低层的故障。例如，即使在通信基础设施出现故障时，在许多位置上缓存数据也可以提高数据的可用性，但如果数据正在更改，缓存的数据可能不会反映最新版本的数据。

可用性理论

我首先假设系统是可用的，其组件正按照规范进行工作。虽然网络可能有不同的服务保证，但谈论一个在正常运营下无法定义可用性的网络是没有什么意义的。

这种框架将潜在的可用性丢失与系统的部分故障绑在了一起。如果出现故障，可能会发生两种校正。第一，发生故障的层可以校正故障。第二，较高的层可以采取校正或补偿措施。理想情况下，不同层上的行为不会发生冲突，这意味着某层上有价值的功能会以某种方式将故障的特征和持续时间告知上层，或者说明故障的正常持续时间[⊖]。在第 13 章中，我将回到用于管理的层间接口的问题。

为了使某一层从故障中恢复，要么故障组件本身必须恢复，要么必须有足够的可用冗余组件来恢复服务。利用冗余来实现高可用性需要进行职责划分。所部署的系统必须包含足够的冗余以应付故障，这些冗余也必须是可用的——不管有什么冗余，系统的设计都必须能充分利用它。为了使系统从故障中恢复过来并恢复其可用性，必须既有冗余又要可用。因此，在抽象的层面上，作为方案的一部分，必须采取一系列步骤来应对故障：

- 必须能检测故障。
- 必须能定位系统的故障部分。
- 必须能够重新配置系统以避免依赖于这些部分。
- 必须能将故障发生的信息通知给某个责任方。

这些似乎都是显而易见的，但所有这些都可能很棘手。以上清单具有迷惑性。它绕过了这样一个问题，即对于这些步骤，哪个行为者负责哪个步骤。

检测故障。关于检测故障，简单的“失败 - 停止”故障是最容易检测的。最难的是这样一些故障：部分运行组件响应了（例如，管理探测），但没有完全执行。完全失败的邮件转发代理很容易被发件人检测到（发件人可以使用 DNS 中的信息切换到备用转发代理），不过，接收邮件但不转发的邮件转发代理则较难检测。一些未来的互联网设计可能会认为，其架构能让网络层检测到运行中的所有故障，但我觉得这是一个大胆的断言。或许可以枚举网络中的所有组件（尽管如此，随着越来越多的 PHB 悄悄地渗进网络，这个任务变得越来越困难，尤其是当 PHB 的执行基于不确定传送时）。然而，随着网络功能变得更加复杂，枚举所有故障模式（或者创建一个涵盖所有类型错误的健壮分类法）似乎是一个相当艰巨的挑战，特别是在与安全相关的故障方面。通常，只有端到端检查能够确认某事是否失败（例如，邮件未送达），但是端到端的检查对第二步——问题定位没有用。因此，解决哪个行为者应当检测故障的方法是，当某层尽力而为时，必要时端节点也要发挥重要作用。

⊖ 例如 SONET（同步光网络）技术的环形拓扑设计，在一定的时间内，如果单根光纤被割断了，要保证网络能够恢复。高层的设计应该是，在执行任何自适应步骤来处理故障之前，等待这么长的时间，看看 SONET 恢复是否成功。如果在这段时间内连接没有恢复，那问题就更为严重了，高层的行为就是合理的。

这条关于错误检测的推理特别适用于通信攻击背景中出现的可用性问题（见第10章）。如果恶意的错误可能是狡诈的、拜占庭式的，错误的检测和定位可能都非常困难。

考虑一个简单的例子：有一个路由器，它丢掉或向某个数据包流加入数据包。这种行为不会破坏转发层，而只是破坏端到端的通信。包转发层应当统计数据包数并交换这些计数，看看丢失什么或得到什么吗？或者考虑一下在加密数据包中更改一位信息这种更精细的攻击。这种攻击扰乱了高层的数据流。网络是否应该在每个节点上重新计算加密函数，来检测数据包是否被破坏（以及哪儿被破坏了）？这种验证在特定情况下可能是一种有用的机制，但其复杂性和性能成本似乎是令人却步的。

错误定位。对于简单的、层本身就可以检测到的错误，发现错误通常就定位了错误。路由器反复地互相发送报文，用来构建路由，也用来确定远程路由器是否还在正常工作。当它们检测到故障节点时，动态路由协议用来进行恢复。

当端节点检测到问题时，会出现更复杂的情况。在这种情况下，似乎没有单一通用的方法来定位故障。一种方法可以是网络内互连点上的监视器或"验证"单元，它们能记录通过的信息——通过比较来自不同监视器的记录，可以定位数据包在哪儿被操控了。ChoiceNet（第138页）包含有这种机制，但问题仍然存在，即什么样的架构支撑有助于这种方案，或许数据包中的某种控制标记会触发记录和调试。另一种方法是路由多样性，尝试对系统进行选择性再配置，依次避开系统的不同部分，来看看问题是否仍然存在。

正如我在第6章中讨论的那样，我们并非总是期望确保可用性。当端节点受到攻击并阻止攻击到达时（或许通过使用网络中的某个PHB实现），它会故意失去可用性（正如攻击者所看到的）。在这种情况下，发送方和接收方的利益不一致，发送方不仅不需要补救此损害的工具，而且也不应拥有能够定位损害来源的工具。如果解决这一困境取决于能够告诉发送方和接收方是否有一致利益的网络，那么当前的因特网没有明显的解决方法。

重配置以避免失败的组件。设计者完全理解重新配置的思想，以补救特定情况下发生的故障。例如，电子邮件系统使用DNS，允许发件人尝试备用的转发代理，而动态路由使用探测技术来尝试检测失败的组件，然后绕过它们进行路由。

然而，关于增强包转发的可用性（网络层可用性的基本要素），当前的因特网面临着一个严重的难题。路由器可以检测到一些简单的故障，但通常故障（尤其是恶意攻击导致的故障）只能在端节点上检测到。假设端节点检测到一个故障，它能做什么呢？在当今的因特网中，端节点对网络功能（如路由）几乎没有或者就没有控制权。如果端节点之间的通信被破坏了，不管是由于故障还是被恶意破坏，端节点都没有通用的方法来定位问题，也没有办法来绕过它进行路由。

在因特网中，有一些手段可以让用户控制来信任哪些实体。支持这种控制的源路由机制在1981年的标准中进行了描述，但随着时间的推移基本上消失了。反对源路由有几个原因。一个是经济原因，由于让用户选择路由可能会增加服务商的成本，那么，这一选择是否应该与用户选择使用资源的收费方式关联起来呢？另一个原因是安全，如果网络设计让端节点选择路由，那么这种控制可能会被用作攻击媒介。让用户有更多选择的机制必须要精心设计[⊖]。

今天，发生的事情是，我们承认一系列攻击将导致可用性的丢失。如果网络必须高可靠地运行，我们就使用非技术手段来确保系统中只有可信的组件和行为者。因此，要实现对CIA的全面补充，既需要技术手段，也需要运维和管理手段。

在系统的高层，当前的因特网关于服务版本给了用户一定程度的选择权。如果默认服务器不可接受，有经验的用户可能知道手动选择不同的DNS服务器。就像我说过的，如果一个代理没有响应，电子邮件系统就使用DNS为发件人提供另一个转发代理。富有经验的用户可能知道，可以编辑自己信任的CA表。我认为，虽然这些功能确实存在，但关于如何改进可用性，它们并不是总体概念的一部分。

故障报告。我把关于故障报告或可用性丢失的讨论推迟到第13章，那一章是关于管理的。

可用性和安全

对这一点的讨论表明，通过允许系统和端用户都有足够的控制，来选择使用正常工作的组件，这样可以提高可用性目标。在攻击通信的情况下，需要对这一目标做更细致的说明。端用户应该做的是，选择“不攻击他，也不以其他方式破坏他”的组件。粗略的方法可能是进行随机选取，直到找到能避免该问题的方法。一种更具建设性的方法是，允许端节点安排交互，使得它们仅依赖于自己认为可信的组件。如果存在恶意的ISP，路由时不要经过它。如果某个电子邮件发送端似乎只发送垃圾邮件，就阻止从它那接收邮件（这种处理就是反滥用组织（如Spamhous）试图要协调的）。本质上说，对于通信安全，如果我们期望保证全部的CIA三元组，就必须组织好系统，使得即使其中有不可信的行为者，我们也不去依赖它们。如果实在没有更好的办法，我们可以容忍不可信的行为者，但不会使相互信任的行为者之间的任何交互都依赖于不可信的组件，除非它们受到非常严格的约束，以至于我

⊖ 与源路由相关的潜在安全风险的探讨参见 https://www.juniper.net/documentation/en_US /junos12.1/topics/concept/reconnaissance-deterrence-attack-evasion-ip-source-route-understanding.html。

们可以依赖它们。

对于某些安全机制的设计者来说，这一观点迟迟没有引起注意，因为这是一种思想观念的转变。安全界有着注重保密性和完整性的历史，对于一些人来说，他们认为可用性必须依赖于对信任的评估而不是技术机制，这种想法也许令人困惑，也许令人失望。

路由技术和可用性

虽然第三方或网络本身的攻击可能导致一组通信设备失去可用性，但从可用性的角度来看，安全性的一个更基本的方面是对网络本身的攻击，从而破坏可用性，其中最明显的是破坏路由协议。显然，路由技术的稳定性和正确运行，对于网络的可用性是至关重要的。

除了使路由机制更能抵抗攻击外，在网络被攻击时，具有并行运行的多个路由方案可能是提高弹性的一种方式。XIA 实现了这一想法，使用了不同类型的端节点标识符（内容、服务、网络、主机等），不同的路由方案用于不同类型的实体，而且，如果首选的方案不工作了，它具有回退到另一种方案的能力。同时运行的新路由方案的出现，带来了这样一个问题：用户如何传达自己想要的服务。包头中的一个字段（有点像 XIA 所做的）将允许发送方指示应该使用哪种路由方案。使用不同的目的地址范围，触发不同的路由方法（就像当前的因特网针对多播所做的那样），让接收端来控制使用哪些方案以使数据能够到达（通过控制为自己发出的地址类型），并允许发送端从中挑选（通过选取要使用的目的地址）。通过将路由协议选择与地址范围绑定，网络中的第三方不能通过重写路由器中的字段来覆盖端节点选择。NIRA 方案（Yang，2003）就是以这种方式使用地址来控制路由的技术。这允许发送端和接收端根据具体需要，在更高可用性和更多保护之间做出选择。

架构和可用性

未来架构的一个关键挑战是解决我前面指出的难题：如果只有端节点能够检测到攻击所导致的可用性故障，但是不能信任由端节点重新配置网络，以免这是另一个攻击媒介，那么如何解决故障？解决这个难题是一个具有挑战性的设计问题。其中一种方法是创建由网络信任的新组件，该组件介于用户和网络之间，以便向检测到故障或攻击的端节点提供选择和控制措施。

架构的另一个潜在作用是便于故障定位。正如我所指出的，如果接收方正受到攻击，发送方的错误定位并不总是符合接收方的利益。也许有必要探索一下因特网基本架构的改变。今天的因特网是“默认传送”，即发送端可以根据意愿向任何接收端发送信息。或许接近于“默认拒绝”的方法会好一些，以便接收方必须采取某种行动，来表明其是否愿意接收所有业务，或者只接收来自一组特定发送端的业务。我在这本书中讨论的几个架构更接近于“默认拒绝”。

通过参考第6章中关于调用PHB的讨论，可以弄清楚故障定位方面的利益平衡。在那一章中，我提出了一条规则，声明（路由技术本身除外）任何对PHB的调用都应是有意的，以促进有意愿的各方之间的通信——数据包中的地址应该是所期望的PHB的位置。更抽象的说法是，当发送方和接收方有一致的利益时，端节点应该明确地说明正在调用什么PHB。（这个行为可由代表端节点的应用来执行，在这种情况下，当发生故障时，应用必须尝试定位故障点。）

这个规则意味着，第三方不应要求通过将PHB插入发送方和接收方都不知道的路径上来为应用提供帮助。一旦这条规则生效，使用加密可以限制未知PHB显现的故障模式，这些未知PHB是路径上出现的PHB。使用加密方案可能更干净（实际上也更安全），让被选中的PHB对传送（或部分传送）进行解密，而不是在路径上的发送方、接收方和任意PHB之间存在着模糊关系。

第7章中的不同建议提供了一系列机制来处理可用性的各个方面。在某种程度上，这些方案都依赖于端节点，将其作为可用性丢失的最终检测器。关于定位，Nebula和XIA（都带有基本的寻址方案，特别是称为SCION的转发方案）为用户提供了一种选择不同路由通过网络的方法，潜在地做出选择以避开不可信的区域。ChoiceNet提供了在区域边界上监测组件的机制，以确定用户正得到保证的服务，但目前尚不清楚监测器能探测的问题范围有多大。ICN带来了可用性的挑战，版本上稍有不同。ICN试图利用网络中的所有冗余，通常通过某种类型的任播搜索附近的数据副本。任播搜索可以避免一些故障。能破坏ICN中可用性的攻击是恶意的提供者，它提供了格式错误的数据版本。即使能检测到假的副本，任播机制也难以避开，无法发现另一个有效的副本。DONA增强了FIND操作，允许用户请求第n个最近的副本，而不是最近的副本。NDN允许接收方在数据请求包中包含发送方的公钥，这样，路径上的节点就能自行检查数据的有效性，并拒绝格式错误的副本。

结论

可用性方面在网络设计中的研究还不充分。虽然存在处理特定故障的一些机制，但在出现错误或恶意组件时，对于端节点和网络之间重配置操作的责任平衡这个一般性问题，我们还没有答案。让端节点能够更多地控制要使用哪些资源，就能使其避开失败的组件（假定它能定位故障），但同时也可能为恶意的端节点攻击网络提供了新的机会。一般来说，故障定位这个挑战本身就是一个尚未解决的问题。

如果通过让终端节点更多地选择使用哪些资源而可能造成的攻击，具有对所选组件施加额外负担的特性，则一种缓解措施可能是向用户收取使用费。总的来说，ISP 一直拒绝给予用户更多的控制权（例如对路由技术的控制，和源路由一样），因为结果可能会给 ISP 带来更高的成本。针对各种用户（错误）行为，将这些成本转化为收入可能是一条有效的准则。

第 12 章

Designing an Internet

经 济 性

引言

现实世界中互联网架构的可行性和成功与其部署和运营的经济性密切相关。然而，文献中很少关注架构的其他替代方案和经济可行性之间的关系。

作为理解这些问题的一种方式，我把当前的因特网作为一个案例来研究，然后将我们从中学到的东西进行归纳。目前的因特网由很多区域（AS）组成，这些区域由不同的行为者部署和操作。截至 2017 年，约有 59 000 个 AS 活跃在因特网上。其中约有 5000 家是 ISP（因特网服务提供商），他们向其他各方提供中转服务（因特网连通性）。其余的是这些服务商的客户。许多服务提供商都是私营部门和追求利益的行为者。因特网就是这些 AS 互连起来形成的网络。

因特网已成为基本的或至关重要的基础设施。它可能没有水、下水道或道路那么重要，但它现在是社会所依赖的基础设施。与其他基础设施（道路或供水系统）相比，目前的因特网主要由私营部门的行为者提供。道路和供水系统通常由政府建造，历史上在许多国家里，政府还提供电话系统[㊀]。许多国家都在进行电话系统私有化运动，部分原因是为了刺激投资和创新。因特网在 20 世纪 90 年代中期从政府投资转向私营部门投资，现在很大程度上受到私营部门的影响。

如果今天私营部门（在很大程度上）给我们带来了因特网，未来会怎样？目前因特网的存在是因为 ISP 选择投资。没有什么迫使他们这样做。回头看，他们为什么这么做？展望未来，这种情况还会继续吗？我们为什么要假设私营部门将继续以适合社会需要的水平进行投资？甚至今天也是这样吗？或许投资会停滞下来。更麻烦的是，如果因特网是社会基础设施，我们为什么要假设私营部门会建设和运营社会所需的因特网呢？私营部门的因特网服务提供商，可能会将他们的服务转变成一些不同的东西，可能更为封闭或专用于特殊目的，比如传送商业视频。

本章（以及第 14 章）中最高层次的问题是谁将影响因特网的未来。因特网的未来应该完全由私营部门来决定，还是整个社会未来都有发言权？如果是这样，社会将如何规范私营部门的行为？社会，无论这个术语意味着什么，它如何讨论和决

㊀ 美国与众不同，因为其电话系统（以前的通信基础设施）是由私营部门建设的。美国最初有许多小型电话公司，其中大部分合并到贝尔电话系统。贝尔系统是一家受到高度管制的公司，在其服务领域作为一种政府认可的垄断来运营，与当今的因特网服务提供商完全不同。

定互联网应该是什么？政府是否应该介入并定义因特网的未来？这个问题与经济性的联系是直接的——试图影响未来（而不是让它成为私营部门可选择建立的东西）可能会降低私营部门投资的动机。

事实上，无论好坏，政府都开始影响因特网的未来。在美国，最明显的证据就是美国联邦通信委员会（FCC）在因特网上实施网络中立性规则所做的一系列努力[㊀]。这些法规涵盖的 ISP 的一种回应（或威胁？）是监管将会遏制投资。

FCC 的这项活动似乎反映了一个监管假设，即行业或多或少地在做正确的事情，只需要再推动一下。许多州和市政当局做出更激进的决定，使用公共部门资金来建设部分因特网，要么是因为他们认为竞争不充分，要么是因为他们认为在美国某些地区（特别是农村地区）私人部门没有投资。

展望未来，乐观主义者可以看到因特网是如此引人注目，它显然将继续存在，而悲观主义者可能看到未来的几条道路都充满了危险。就社会继续依赖私营部门投资建设因特网来说，这肯定会进退两难，社会总是在危险之间航行，一方面要避免扼杀投资，另一方面又要避免得到不适合社会需求的因特网。如果导航失败，因特网可能会发生另一次重大转变，更多地方的公共部门资金将取代私营部门资金。关于 ISP 是否会继续投资以及是否会建立社会想要的互联网这一问题，并不是抽象的。正如我们看到的，现在人们正在研究答案。我个人担心，我们可能无法指望私营部门来建设我们未来的因特网，而公共部门将不得不像投资道路或供水系统那样进行投资。今天，我们看到公共部门的市政网络要么提高竞争力，要么为没有得到服务的人带来服务。

技术人员（例如，互联网架构师）可能会试图远离这些关于因特网未来的高级问题，他们会说，“这超出了我的薪酬水平”。然而，网络设计师不能忽视这个问题，原因有两个。首先，不同的架构设计可能会改变私营部门投资的动机。其次，一个非常适合私营部门的架构可能并不同样适合由公共部门资助的互联网。技术可以驱动结果，而结果可能需要驱动技术。

在本章的大部分内容中，我将审视目前主要由私营部门塑造的经济格局。最后，我将回到这个问题：未来架构如何关联不同结果。

回顾

因特网（以及帮助我们走到这一步的投资）实际上是如何发生的？我在第 2 章回顾了因特网的历史，但这里有一些与经济和激励机制直接相关的亮点。在早期，

㊀ FCC 的初步行动是一项政策性原则声明（FCC，2005）。此后，FCC 三次试图将这些原则转化为可执行的规则，前两次被法院推翻。第三届（FCC，2015）还没有在法庭上受到质疑，但特朗普政府（截至 2017 年）已经制定了一个规则来撤销这项法规。谁知道未来会发生什么？

政府资助的因特网通过电话公司拥有的线路运营——ARPAnet中的长途线路就50kbps的电话线路。由于许多原因（经济、政治和时间），建设新的专用于因特网的远程能力线路的选项并不现实，因此早期的因特网工程师使用的是ARPA可以购买的产品。ARPA确实在分组无线等其他技术上进行了投资，但因特网协议之所以被设计成“在什么上面都能工作”，其中一个原因是，使用手头的东西是前进的唯一途径。

20世纪80年代中期，NSF从ARPA那里接管了国家骨干网的运营，并（再次利用公共部门基金）建立了NSFnet，以取代ARPAnet作为因特网的广域骨干网，在实用性上提高了其容量[㊀]。这种公共部门的领导和投资证明了因特网作为一种信息技术的可行性，并为追求利润的私营部门行为者进入ARPA和NSF创建的市场提供了动力。如果NSF没有采取这一高风险的步骤（从私营部门的角度）来建立这个市场，以看看需求是什么，那么关于私营部门是否会选择进入这个市场，我们目前还尚不清楚。

但即使在90年代中期，NSFnet退役以支持私营部门的其他方案，因特网作为一种产品的吸引力对许多私营部门的行为者来说也不是很清楚。1995年前后，在一次关于宽带入户的谈话中，一家电话公司的老总对我说了下面的话：

> 如果我们不来参加你的聚会，你就没有聚会。我们也不太喜欢你的聚会，你让宽带入户的唯一方法是，让FCC强迫我们这么做。

当然，他认为铜电话线入屋是宽带接入的唯一选择。也许这位老总可能更具有前瞻性，但鉴于这种态度，为什么电话公司开始投资家庭宽带呢？在很大程度上，这是因为电缆行业作为竞争者在住宅市场的出现，它使用单独的物理基础设施来提供宽带接入。竞争是一个强大的驱动力。我就互联网的经济可行性提出以下问题：

- 私营部门投资基础设施的动机是什么？投资能否持续？
- 在某种程度上，整个社会想要在未来的因特网上有发言权，什么方法可以影响私营部门的行为，以获得社会所希望的结果？
- 在一定程度上，接入市场存在竞争，竞争会继续还是逐渐消失？未来更多的是通过直接监管而不是通过竞争来定义的吗？监管能够刺激或保护竞争吗？有没有证据表明，竞争会促使私营部门建立一个最能满足社会需求的因特网？

㊀ 正如我在第7章中讨论的那样，ARPAnet是一种先于因特网的截然不同的技术，具有不同的架构，具体描述见附录。因特网作为一种跨越式的架构在ARPAnet上运行。相反，NSFnet本身是基于因特网架构的。这种方法标志着思维的转变，因特网技术既被用来通过互连网络构建因特网，也被用来构建自己的网络。

对于这些问题中的每一个，都有关于架构的相关问题：

- 架构决策能否塑造（或重塑）因特网生态系统，从而更好地提供投资激励？我们是否应该基于私营部门将继续建设互联网的假设来进行架构决策？如果未来的互联网是公共部门的基础设施，不同的决策是否更可取呢？
- 架构决策能否推动私营部门投资的结果朝着满足社会需求的方向发展？
- 在一定程度上，人们接受竞争作为塑造未来互联网的一种理想原则，那么架构决策能否提高竞争的潜力？

在之前的章节中，我用争斗这个词来描述那些试图影响因特网的行为者之间的争论，他们有着不同的也许是不一致的利益。我认为，最根本的争斗发生在以下两者之间，即声称应该能够以他们认为合适的方式使用其支付的基础设施的那些ISP，以及希望限制基础设施如何部署和运营来获得适合社会需求的因特网的那些人员（和政府）。

什么塑造了产业结构？

经济理论能告诉我们系统设计、由此产生的产业结构和系统中行为者为健康的经济生态系统做出贡献的动机之间的关系吗？事实上，根据经济学家罗纳德·科斯的研究，有一个很棒的框架可以帮助解释这一空白。

科斯因建立在交易成本概念上的企业理论获得了诺贝尔奖（1937）。当企业从事买卖时，除了产品或服务本身的实际成本外，还有其他成本：寻找供应商的成本，讨价还价的成本，以及由于缺乏关于其他企业的准确信息而产生的成本。总的来说，这些都是交易成本。当交易成本低时，可能会发生有效的企业间竞争，但如果交易成本很高，企业可以通过内部实现服务或功能来降低总成本。竞争在原则上降低了成本，但在实际操作中，如果交易成本很高，竞争就不会降低成本。这种情况的一个概念是，企业间的竞争与企业内部的计划和协调本身在竞争，以达到最低的生产成本。如果通过内化功能节省的成本超过竞争所节省的成本，大型公司就会存在了。

我认为，科斯的理论和网络架构之间的联系在于模块之间定义良好的接口的作用。如果模块之间的接口定义明确且易于理解，那么利用该接口作为企业间竞争性交互的基础，可能会使交易成本低到切实可行的程度。另一方面，如果在某个特定点上没有明确的接口，则很难对企业间的行动开放该点，它很可能仍然是企业内部的。因此，技术专家可能会在功能方面思考因特网等系统的模块化，这种模块化很有可能影响到系统的产业结构。

许多年前，我访问了一个致力于标准化电话系统技术的组织。我询问了不同的组做的东西，当问到一个特殊的组时，我被告知他们的工作是删除接口并降低系统的模块性。我问为什么这是一个好想法，他们说，如果系统有干净的接口，FCC可能会将它们确定为系统可以开放竞争的点。他们的目标是使这种监管干预在技术上不可行。他们可能在开玩笑，但我不这么认为。

定义因特网服务提供商

因特网协议（IP）定义了三个接口，它们影响着因特网的产业结构，特别是ISP。

因特网服务。IP 定义了因特网的数据包传输服务——网络给上层提供的服务。IP 指定的服务是 ISP 提供的服务的基础。如果定义的 IP 不同，ISP 的业务也会不同。例如，如果 IP 指定了可靠的传送，ISP 将负责可靠性。IP 规范指定的服务是很少的。RFC 791（Postel，1981b）中写道：

> 互联网协议范围特定地限于提供必需的功能，以通过互连网络系统从源到目的传送位包（一种互联网数据报）。没有用于增强端到端数据可靠性、流控制、排序或主机到主机协议中常见的其他服务的机制。（1）

也许更关注服务特性的其他服务规范，将为 ISP 创造不同的创收机会。（另一方面，后来使用 QoS 等新功能来增强 IP 服务规范的尝试在市场上失败了，即使它们可能产生了额外的收入。我将在本章后面再回到这一点。）

通信技术接口。IP 规范创建的第二个接口是，服务本身和用于传送服务的较低层的网络技术（通常称为第 1 层和第 2 层）之间的接口。IP 规范除了能够转发位序列之外，就没什么别的内容了。这种解耦虽然或许是隐含的，但意味着规范允许（并因此鼓励）网络传送技术的创新。自 IP 被指定以来，几十年里，人们已经发明了许多网络技术，包括局域网（LAN）、WiFi 和蜂窝网络，IP 对这些技术的有限需求促进了这些创新。

ISP 之间的接口。与 IP 层相关的第三个接口是 ISP 之间的接口。这个接口在因特网的原始设计中没有指定。在最初的因特网中，设计师低估了这个接口的重要性（有时称为网络 - 网络接口（NNI））。这个决定或许是短视的。最初的设计师并没有考虑产业结构——他们是政府资助的研究人员，设计了一个由路由器连接的网络系统。正确地实现功能是设计师最初关注的焦点。

当架构师开始关注不同实体拥有和操作网络的不同部分这一事实时，对于如何实现互连存在一些困惑。一种观点是，有两个路由器，分别属于各自的提供商并互相连接。从技术上讲，这看起来效率不高——为什么是两台路由器相邻？另一种观点是，可能有一个路由器，由两个提供商共同运营。这个想法减少了系统中路由器的数量（在当时是一种认真的考虑），但是需要在这个路由器中进行某种程度的责任划分。如果设备出现故障，将由哪个提供商负责？如果路由器开始干扰其中一个提供商的正确操作怎么办？只有在明确了共享路由器因操作和管理原因完全不工作之后，才会出现这样的问题：属于不同提供商的两个路由器需要相互交换什么信息。(今天，我们确实看到了另一种配置，用一台公共交换机连接一些ISP的路由器。这种配置称为因特网交换，通常由中立的第三方来运营那台共享的交换机。)

对于当时AS之间接口的理解水平，1982年发布的RFC 827（Rosen，1982）给出了一些见解。

> 未来，因特网有望发展成一组独立的域或“自治系统”，每个域由一组一个或多个相对同质的网关（现在称为路由器）组成。协议，特别是这些网关之间使用的路由算法，将是一个私有问题，不需要在特定域或系统之外的网关中实现。(1)
>
> 外部网关协议使此信息能够在外部邻居之间传递……它还使每个系统都有一个独立的路由算法，其操作不会因其他系统的故障而中断。(3)

控制平面的表达能力

第6章通过表达能力来区分不同的架构：一些数据包头比其他包头具有更丰富的表达能力，可以在网络中实现更丰富的服务（以及引入新的潜在安全问题)。表达能力的另一个维度是为控制平面定义的一组协议。控制平面协议定义了可以在网络组件之间交换的报文。影响ISP之间交互的报文，是互连点上路由器之间交换的那些报文。域间路由协议（边界网关协议（BGP)）是当前因特网中为该接口指定的唯一重要的控制平面协议。

BGP可能是因特网上第一个协议的例子（或者至少是第一个实质性的例子)，旨在影响产业结构。BGP的前身是在ARPAnet作为因特网骨干的时代设计的。外部网关协议（EGP）假定区域（AS）之间存在一种互连的分层模式，层次结构的顶部是ARPAnet和之后的NSFnet。如果EGP已经成为商业因特网的路由协议，那么单一的商业提供商将取代NSFnet，其地位似乎接近于架构上产生的专营。BGP的一个具体目标是允许多个相互竞争的广域ISP。

与此同时，BGP的表达能力是有限的，可以说，这些局限性限制了互连ISP之间的业务关系。尤其是，BGP的表达能力限制了单个ISP在选择到特定目的ISP的备选路由时所能做出的选择。如果不同的ISP在竞争的路由中做出任意选择，那么到该目的地的业务流可能会在ISP之间循环而不是到达目的地，因此存在某些潜在的业务关系无法用BGP表达。有关BGP4的有限表达能力的讨论，请参阅

(Feamster，2006)[1]。

在向商业因特网过渡的时候，业界对关键接口的重要性有了明确的认识。正如我在第7章中所讨论的，跨行业工作团队（Cross-Industry Working Team，1994）提出了他们对NII架构的构想，其概念的核心部分是一组关键接口，包括ISP之间的接口。他们明白，这个接口的详细说明对出现的私营产业的健康发展至关重要。因特网协议的设计师可能没有充分认识到这个接口的重要性。

其他架构

要明白架构可以影响行业结构，请考虑一下以信息为中心的网络（如NDN）的含义。与IP相比，NDN转发层具有更多的职责，并且可以访问包头中一组更丰富的显式信息。NDN互联网中的ISP将能够看到正在寻找的东西的名字而不是端节点的地址，这为业务识别提供了不同的机会。NDN路由器可以包含数据缓存以支持协议的有效操作。ISP可以控制缓存什么和在什么基础上缓存。为了更好地理解这种架构的经济含义，人们不能仅仅通过互连路由器网络的视角来看待NDN这样的方案，而且要把它看作一种具有独立牟利动机的互连AS网络。原始因特网的设计师可能没有以这种方式评估他们的设计，但在当今世界里，这种分析是强制性的。

另一个例子是，Nebula和ChoiceNet就如何以及是否承载业务作为设计中一个明确的部分进行协商。这些设计包含一个控制层（在ChoiceNet中是一个经济层），在这个控制层中可以进行服务协商和支付。设计师试图提取出架构的经济问题，并使之成为方案中一个明确的部分。该方案包括新的组件，如AS边界的数据包监视器，以验证正在提供的服务；设计师强调，他们的控制平面为竞争和用户选择创造了新的机会。

资金流

如果架构定义了行业结构，并且至少定义了行为者之间的关系的一些特征，那么下一个问题是什么定义了这些行为者之间的资金流动方式。不久前，我与一位研究因特网的著名经济学家进行了一次对话，对话内容是这样的：

经济学家： 因特网是关于路由钱（routing money）的。路由数据包是附带产物。你把货币路由协议搞砸了。

我： 我没有设计任何货币路由协议！

经济学家： 这正是我所说的。

[1] 对于那些对深入研究技术感兴趣的人来说，BGP中有一个特性确实提高了它在路由之间表达偏好的能力：community属性。

那么，正如经济学家所说，我们是否应该设计货币路由协议呢？实际上，已经有人尝试将货币路由添加到因特网架构中。

最早的建议之一来自文献（MacKie-Mason and Varian，1996）。论文中提出，除了发送数据可能的固定成本外，还应该有一个*拥塞价格*，这反映了用户在网络满负载时发送数据而对另一个用户施加的成本。他们的方法是构建一个*智能市场*，其中，用户指定自己的支付愿意，但是向被服务的用户收取的价格是由边际用户指定的价格——可以容纳的最低支付意愿的用户。这种思想是维克里拍卖的一种形式[㊀]，它鼓励用户公开自己的真实支付意愿，因为并不会按这个价格对他们收费，除非这是能让他们获得许可的最低价格。

麦凯 – 梅森和瓦里安将此方案描述为初步方案，方案中也确实存在一些问题，例如，用户是想为单个数据包付费，还是为整体传送付费？两位作者很清楚，如果实施这个方案，将会出现很多琐事和修正之处。其对于架构的含义是，价格在包头中，并且根据那里的拥塞情况，钱将沿着路径流向 ISP。他们利用表达能力来实施定价方案，即货币路由。

其他的定价方案是在 20 世纪 90 年代提出的，我涉足过这个领域。1989 年，我撰写了关于策略路由的 RFC 1102（Clark，1989），其中在控制平面路由报文中包含一个标志，以指示路径中间的特定 ISP 是否应该由起始 ISP、终点 ISP 付费，或者由发送方单独付费（当时发生在长途电话服务中）。在 1995 年，我提出了一个更复杂的方案，在包头中带有标记，来指示区域之间的边界，在这儿发送方和接收方应当为转发数据包付费（Clark，1997）[㊁]。毋庸置疑，这些建议都没有任何进展。没有商业利益促使这些复杂的支付模型成为生态系统的一部分。

当前互联网中的货币路由

自从商业 ISP 进入生态系统以来，资金流模式发生了许多变化。AS 之间数据包（和货币）路由的早期模式是*中转*：小型 ISP 向大型、广域 ISP 付费，以将其业务传输到因特网的其余部分。付费从客户到提供商，与数据包流的方向无关。数据包数量作为计费系统的输入就足够了。“发送方付费”与“接收方付费”（类似于电话系统中的 800 个号码）的想法从未出现过，似乎也没有任何意义，尽管如果从一开始包中必要的指示符就存在，可能会出现这种想法。我与 ISP 的对话表明，考虑到中转的大宗支付方案的简单性，将支付与特定包流相关联的更复杂方案并不值得

㊀ 在维克里拍卖中，投标者提交密封的投标书，出价最高者获胜。然而，赢家支付的价格是第二高的出价。由于赢家支付的金额不超过获胜所需金额，维克里拍卖鼓励竞拍者按实际价值出价。

㊁ 该论文选集中的各种论文（McKnight and Bailey，1997）对 1995 年因特网经济的理解状况做了极好的概括。

费心研究。无论如何，都没有办法让ISP在市场上尝试这个想法。

大型ISP（第1层或远程的ISP）互连起来，以交换客户的业务。这些互连称为对等连接。与允许用户访问所有因特网的中转服务不同，对等服务允许ISP只访问对等的ISP和该ISP的客户。对于中转服务，很明显用户向提供商付款，而对于对等服务，谁应该向谁付款？

另一个故事描述了创造收入中立的对等互连的神话。据说，当最初的两家商业ISP开会协商他们的对等互连时，一位参会的工程师/商人在会上说："等等，我以为你要付我钱。"他们意识到，大家甚至没有共同的基础来商定资金应该流向哪一个方向，更不用说如何设定金额了。然后，随着故事的发展，这些工程师听到了奔跑的脚步声，并意识到律师即将开始为期三年的互连协议谈判。他们看着对方说："快，在律师到这儿来之前，让我们达成协议，双方都不给对方付钱；我们只是互连起来，握手。"于是，故事就这样展开了，收入中立的对等互连诞生了。

随着时间的推移，对等服务在因特网上变得越来越重要，因为为了交换客户的业务，不仅是一级ISP，较小的ISP也加入其中。如果没有对等网络连接，两家规模较小的ISP将不得不向一家中转提供商付费，以实现彼此之间的传输；而若使用对等互连（如果是收入中立的，就像往常那样），则双方都不支付任何费用。与此同时，美国国内电话系统的支付模式正朝着这个方向发展，从电话公司为其传递的业务互相支付的支付方案（"结算"），转变到所谓的"记账并保留"模式，其中，客户向当地的电话公司付费，每个公司保存那些支付记录。电话是在收入中立的基础上进行交换的。鉴于电话系统正在向收入中立的互连方向发展，人们对将更复杂的方案引入因特网兴趣不大，尤其是它需要提供商之间达成一系列复杂的协议，而这些协议又很难协商。

互联网支付模式的下一个转变主要发生在过去几年，因为内容提供商与接入提供商进行了协商，将内容缓存直接连接到访问网络。像Netflix这样的公司，需要传送海量的视频业务，在全球拥有许多服务器来缓存内容，这些服务器与宽带接入提供商的网络之间有着高速连接。从路由的角度来看，这些连接类似于对等连接，但在一些公开的争论之后，通常出现的支付模式是，内容提供商向接入ISP支付大容量专用互连费。

这些协商中隐含的一个未阐明的假设是，价值流与包流匹配，即发送方向接收方付款。有人可能会争辩说，当观众观看视频时，观看者比发送者获得了更多的价值，但接收者会付费的可能性很小。在我接触过的谈判各方中，没有任何一方对资金流向有疑问，只是在金额上存在分歧。不需要包标记去通知某个支付模型。

（我相信在某些情况下，宽带ISP确实向内容提供商付费以进行互连。很难查明实际发生了什么，因为所有这些互连协定似乎都包含在保密协议中了。然而，一些规模较小的 ISP（它们的总计业务量不足以证明，由于内容提供商或 CDN 安装直接连接缓存而带来的成本），可能会向这些提供商支付连接缓存的费用，因为这种做法实际上节省了 ISP 的资金，否则这些资金将流向中转服务提供商。）

我们现在看到内容提供商和接入 ISP 之间出现了更复杂的支付模式，例如“免税”的概念，其中具有月度使用配额的用户可以接收某些内容而不计入该配额，这可能是因为 ISP 与内容提供商之间的业务安排。这个概念在移动接入网络中最常见。同样，该模式似乎不需要任何类型的架构支持，比如数据包中新的表达能力。一个原因是免税是两个行为者之间局部的、双边的安排。

新服务的失败

通过额外的服务增加因特网简单的尽力而为的转发服务，可能为 ISP 提供了新的收入机会。多播和 QoS 两种新的服务建议，受到了研究界和标准化界的广泛关注。两者在技术上都很成功，但作为商业产品却都失败了。这一失败提供了信息丰富的案例研究。

多播。多播（参见第 2 章）允许发送方的数据包通过因特网向多个接收端散开。设计师看到，多播比向每个接收端发送一次数据包更有效（还有其他好处，例如无须发送方记录所有的接收方）。ISP 从相反的眼光看待经济问题。他们的观点是，根据访问链路的容量向发送方收费。如果客户发送一个多播数据包，ISP 将承担传送所有副本的成本，其中一些副本可能跨越互连链路到达其他 ISP，但客户只需支付发送一个副本的容量。ISP 认为多播产生成本而不是收入，拒绝提供这种服务。

我们中的一些人花了一点时间，思考如何为多播设计一个货币路由协议，但最初的方法很复杂。多播用户可以根据数据包被复制的次数来付费，但是技术界还没有开发出能够提供这些信息的多播协议。事实上，对于路由方案来说，计算接收端的总数是非常困难的，因为数据包可能在去往不同接收端的路径上的许多点上被复制。由于数据包在因特网上散开时，可能会在所跨的每个 ISP 内部被复制，计算多播费用的问题将在 ISP 之间的每个互连点重复出现。ISP 对添加复杂的 ISP 间支付方案的想法非常抵触，特别是在收入中立的对等互连的情况下，它没有现成的支付机制。

服务质量。服务质量（QoS）这个术语描述了一组机制，它们以更适合特定应用需求的方式，增强或修改因特网基本的尽力而为服务。最好的例子是具有低延迟变化（低抖动）的服务，它改善了多人游戏和交互式语音和视频的用户体验。在 20 世纪 90 年代，许多人（包括我）努力将这项服务添加到因特网上。同样，它在技术上是成功的（通常部署在单个域中），但作为商业产品却失败了。

以下是我的另一次谈话，大约发生在 1995 年。一旦我们制定了增强 QoS 的标准，就与思科等主要路由器供应商进行了交流，并鼓励他们实施。他们回答说会响应客户的需求，所以我们应该帮他们找到客户。我跟一个主要 ISP 的首席技术官（CTO）沟通，大致谈话内容如下：

我：我认为 QoS 工具将来会非常重要，您应该部署这些工具。

CTO：不。

我：为什么不呢？

CTO：我为什么要花钱，让比尔・盖茨卖 Windows 因特网电话赚钱？

然后，停了一会儿：

CTO：如果我确实安装了 QoS，为什么你认为，我会为除了我以外的其他人启用它？

在这段简短的对话中，我学到了两件痛苦的事情：第一，在商业因特网上提出一个新想法就是浪费时间，除非我能解释如何从中赚钱；第二，可能需要一个现在所谓的网络中立监管。这是 1995 年。

技术研究界认为，因特网架构已经僵化并抵制创新。ISP 之间的经济规范和商业惯例就像技术架构一样僵化。障碍在于协调，多播和 QoS 需要技术和业务协调。ISP 在技术上是相互连接的，但它们也在业务层面上相互连接，并且有关于对等互连和中转的协定。对这些协定进行重新谈判是有风险的，因为一旦开始讨论，所有的条款都可能被重新考虑，而不仅仅是关于新产品的条款。就新产品的收益分成问题进行谈判是一个大动作。公司也担心，如果他们聚在一起讨论关于收入分享方面的合作，可能会引发反垄断关注。

我从这些不成功的实践中得出的结论是，中立的机构不仅要开发技术协议，还有必要开发出货币路由协议。在 20 世纪 90 年代，我与 IETF 领导层讨论了该机构是否会解决货币路由问题，他们拒绝了。IETF 将自己定义为一个技术标准机构，不会触及他们眼中的商业实践。他们（合理）的担心之一是，这项工作会使他们脱离自己的专业领域并可能损害整体声誉和尊重，但没有其他中立场所可以完成这项工作。我们 MIT 的一些人邀请主要的 ISP 来到 MIT，以中立的态度谈论 QoS 的部署。他们准备的讨论是有关技术协调的问题，根本不愿意讨论收入如何流动。鉴于这种态度，QoS 在公共因特网上的失败就不足为奇了。关于这一点的详细讨论，请参见（Claffy and Clark，2015）。

与技术僵化相比，ISP 之间传统业务关系的僵化可能更大程度上是创新的障碍。正如我在第 3 章讨论模块性时所观察到的那样，接口是解除限制的约束。在这种情况下，ISP 之间稳定的业务实践限制了在服务提供和创收方面可能卓有成效的创新。

市场上发生的情况是，新进入者没有试图改变现有行为者之间稳定的业务接口，而是创建了新的接口来提供新的服务。创建新接口的一个例子是内容分发网络（Content Delivery Networks，CDN）。CDN 是高度分布式的内容缓存和传送系统。如今，大型 CDN 会在因特网上的数千个位置上部署服务器；通过复制这些服务器中的内容，内容传送不但更高效也更可靠，因为内容可以从用户附近的服务器传送。这些服务器通常位于主要宽带接入提供商附近，与这些接入网络直接相连。一些 CDN 由 Netflix 等主要内容提供商构建，供自己使用；另一些 CDN 则为自己的客户提供服务，这些客户有内容需要传送。

从技术上讲，ISP 可能已经实现并销售了 CDN 服务——他们有机房和其他技术上的基础设施。但如今，CDN 主要由另一组公司实施，而不是 ISP。我认为 ISP 提供类似 CDN 的服务的失败，是协调问题的一个例证。如果一组 ISP 试图提供 CDN 服务，那么一个有需求的内容客户，必须与每个 ISP 协商托管协议（这可能意味着非常高的交易成本，参考 Coase）；而且，ISP 还必须制定出复杂的、关于技术问题（哪台服务器应该将内容传送给特定用户）和业务问题（什么样的支付将在 ISP 之间流动）的多边协议。罗纳德·科斯再次用语言描述了这种情况：在缺乏商业关系的惯常模式的情况下，解决如何提供新服务的交易成本可能太高，尤其是在商业关系是多边的情况下，可能无法证明市场进入的合理性。另一方面，当由单一的公司提供 CDN 服务时，内容提供商只有单一的协议要协商。CDN 公司必须与每个希望连接服务器的 ISP 协商一致，但这些协商（业务接口）是双边的，而不是多边的；它们只发生一次，而不是针对 CDN 的每个内容客户。如今，这些协定通常涉及给 ISP 支付费用，因此 CDN 业务确实为它们带来了一些收入，但 ISP 不是 CDN 创新的一部分，只是简单与服务器互连的提供商。对于创建早期 CDN 公司的原始创新者，不管他们是否考虑过以这种方式来做什么，都会移除业务接口以消除对创新的限制。

架构和资金流动

与其他目标一样，在路由资金方面，如果架构要起到作用，那么并不在于定义系统如何工作，而在于使一系列期望的事情真正发生。然而，网络技术界在货币路由方面经验很少，这一领域基本上还是一个未知领域。一般来说，通过查看应用设计者在前几代（应用）中试图做的工作，架构师能够认识到什么东西应该或能够构建到系统核心中。因此，鉴于因特网商业化的 20 年经验，我们能从资金流动中得到什么教训呢？我没有发现什么教训，这既没有提供信息，也令人不安。

也许可以设计一种新的货币路由架构，作为未来互联网架构的一部分。

ChoiceNet 的设计师明白支付流是一个关键的机制，并为其提供了一个框架。然而，他们并没有勾勒出典型的商业术语是什么。

除了缺乏多边业务计划之外，QoS 的部署还存在第二个障碍。IETF（在我看来）没有将该方案的关键要素进行标准化，这个要素就是端到端服务模型。尽力而为的服务模型规定得不够明确，应用设计者已经学会了如何应对这种不确定性，但如果 ISP 打算销售增强的服务，客户需要了解它是什么。服务期望（service expectation）需要某种程度的标准化，以便应用开发者能设计应用来使用这种服务，不管由哪一个 ISP 提供。应用开发者将不会为因特网上的每个 ISP 重新设计应用。IETF 将路由器应该做什么（PHB）标准化了，但不会定义应用如何通过接口与路由器关联起来。他们的观点是，该标准会定义一个应用编程接口（API），应用通过该接口启动服务，并且 API 不是网络协议，而是操作系统的一部分。IETF 的任务不包括操作系统的功能标准化工作。我认为他们做错了。服务的规范（使用较早的术语来说，即它的语义）与该服务接口的细节不同。Metanet 和 FII 建议清楚地表明，服务的定义必须是网络架构的一部分。

我问过许多 ISP，为游戏玩家提供增强的 QoS 是否能够成功，他们说利润将非常高。ISP 不能提供这种服务，是因为他们不能向应用设计者描述如何利用它，而且他们没有做好准备来解决将服务推向市场所必需的问题。这类提议存在着巨大的协调障碍，而且主要不是技术性的：最可怕的障碍与经济和信任有关。

架构和投资动机

如果私营部门将成为继续建设未来互联网的投资者，那么什么将激励他们进行投资，尤其是在资本密集型的接入基础设施方面？在高水平上，投资的动机是预期有足够的投资回报（ROI），风险越大（ROI 的不确定性），预期的 ROI 必须越高才能证明投资是合理的。这种对 ROI 的高度关注在通信部门中以多种方式展现出来了。

竞争。竞争可能是投资的强大驱动力。特别是，拥有独立物理接入技术（设施）的公司之间的竞争可以刺激对这些设施的投资。电话公司和有线电视公司偶尔还会受到新进入者的刺激，兴高采烈地将光纤引入家庭，并在升级容量方面进行了大量投资。然而，他们的竞争意愿一直都不一致。Verizon 于 2005 年宣布了对光纤入户（FIOS）的雄心勃勃的投资，然后在 2010 年暂停了新的投资，之后在 2015 年又宣布了一些有限的新投资[⊖]。我不知道是否有明确的研究将基于设施的竞争与投资联系起来，但我知道曾经有一家（来自世界另一个地方的）运营商明确表示，他们只在有设施竞争的地方投资升级，在其他地方，他们认为没有理由改善服务。

⊖ 这是一篇取自我的世界之角的文章：（Brodkin，2016）谈到了 Verizon 在波士顿投资 FIOS 这一承诺的反复。

有时，即使投资回报率不确定，对竞争对手的恐惧也会激发投资。当电话公司第一次考虑是否超越简单的数字用户线（DSL）服务的部署，以及考虑先进的技术（包括将光纤至少部分地拉进他们的接入网络）时，我问这样一家公司的一位高管，他们是否有清晰的模型来说明这项投资的回报是多少。他或多或少地说了以下几点：

> 我们实际上没有清晰的商业模型来进行这些升级。但如果我们不这样做，关于将会发生什么，我们有清晰的模型：10年后，我们将退出有线业务。宁可赌不确定的成功，也不要赌确定的失败。

在世界其他地区，例如欧洲，基于不同的规则，出现了不同的ISP竞争模式。在那里，规则要求接入设施（特别是电话公司的铜线）的所有者必须将这些设施租给其他公司，以便在这些共享设施上形成零售ISP竞争。这种方法的术语是解绑（unbundling），结果是一个解绑的网络组件（UNE）。一般来说，为刺激进入零售市场，这些UNE必须分摊的规定利率被定得很低。设施供应商抱怨说，如果他们承担所有风险，同时又没有获得竞争优势，投资回报率又低，那么他们就没有动力投资升级，这有一定道理。

由于这种管理方法在世界上许多地方都很流行，因此有必要考虑网络架构是否能影响其实现方法。解绑的早期模型是租赁物理组件，例如从交易所到客户场所的铜电路。然而，物理线路的解绑可能不足以维持竞争性的进入。进入市场的门槛仍然很高，因为新进入的公司必须在打算为客户服务的任何交易所安装自己的开关设备。因此，尤其是在欧洲，解绑模式已经演变为所谓的比特流服务，其中，设施所有者（现任者）向竞争对手，提供从客户（住所）到现任者网络某个地方（现任者的网络连接点）的数据包传输服务。

在这种情况下，现任者可能通过网络中的相同线路传输自己的业务和来自竞争对手的业务。这种共享电路看起来与当今ISP正在做的另一件事非常相似：试图通过IP网络提供一系列服务来增加其产品的多样性（从而增加零售收入），包括电话服务（VoIP）、因特网协议电视（IPTV）和其他产品，以及因特网接入。这些服务由IP协议定义的数据包承载，但通过使用单独的地址和（在某些情况下）单独的容量分配，包流从公共网络中分割出来了。

共享一个物理网络来提供多个服务类似于架构虚拟化方法，这在第7章中讨论过。虚拟化最大胆的愿景是具有全球规模，这意味着许多设施所有者必须互连才能提供虚拟化平台。在这种规模下，物理层和业务层都会存在许多互连问题。在一个ISP的范围内进行虚拟化似乎更简单、更实用。

由于接入ISP如今正提供多种服务（例如，虚拟化到住宅的接入电路），因此新形式的位流解绑是可能的。如今，解绑规则通常要求住宅接入电路的所有者允许竞争对手通过该电路提供零售服务，但消费者为其所有的服务选择一个零售服务提供商。接入电路的虚拟化将允许更复杂的竞争形式，其中，消费者可以在相同的物理路径上为不同的服务（电话、电视、因特网等）选择不同的提供商。

因此，虚拟化能够以多种方式来使用。ISP 可以虚拟化自己的网络以供自己使用，在这种情况下，所有的业务规划都是公司内部的。ISP 可以自愿向独立的第三方提供其虚拟化网络的一部分访问权，在这种情况下，监管机构将不得不确定所提供的监管是否合理（可能是为了限制定价或服务中的不合理歧视）。最后，监管机构可能会迫使 ISP 允许独立的服务提供商接入，这引发了我之前提出的问题：在这种场景下，设施所有者为何会考虑对其基础设施的维护和升级进行投资。ISP 可能必须得到一些关于回报率的保证，这是一种如今非常过时的监管形式。有关系统的不同层作为更高层服务平台的更深入讨论，请参见（Claffy and Clark，2014）。

我在第 7 章中讨论的不同架构，一方面会导致不同的激励结果，另一方面是控制 ISP 令人不可接受的行为的潜在需要。对于虚拟化，问题是设备的所有者是否会选择投资。对于像 NDN 这样的方案，ISP 在对业务识别处理方面的选择比当前因特网上的选择更多，问题是是否需要更强形式的中立监管。

架构？上面提到的因素可能影响投资动机，但是架构呢？同样，一般来说，架构可以通过降低风险和创造机会来增加投资的动机。如果能使行为者之间的关系清晰、稳定，就可以降低风险（当然，架构的基本目标是产生一个满足目标的互联网，但是相比于仅仅提高 RoI，这个目标更重要）。通过具有创造性但谨慎的功能设计，并将其加入所提供服务的范围里，架构能潜在地增加机会。

未来的不良后果

货币路由的下一个阶段可能是这样的方案：试图将内容提供商的支付与传送内容的价值联系起来，而不是与传送的成本联系起来。价值定价表示接入提供商获取收入的一种尝试，根据传送的内容和其感知的对发送方和接收方的价值来获取收入。例如，最近的一篇论文（Courcoubetis et al.，2016）描述了对谷歌提供的不同服务的分析，并试图对不同数据流（例如，搜索与 YouTube）的每个字节的价值进行建模，以设定传送的每项服务费。无论人们将此视为未来接入网络资金的下一个阶段，还是回到电话时代的结算，业务分类都不是从包头的任何简单标记派生出来的，而是要更深入地查看数据包（在第 6 章的语言中，这是隐式的参数化和不一致的利益）。

今天，因特网上唯一常见的特定服务计费的例子是，对进入蜂窝网络的一些内容免税。然而，在因特网之外，一个称为因特网协议交换（IPX）的互连架构被用于私有 IP 网络的互连（而不是全球公共因特网），这些私有 IP 网络支持运营商级 VoIP 等服务。它被一些蜂窝网络运营商用来互连 VoIP 服务，这些服务是基于 IP 的，但不是在公共因特网上。IPX 包含对每服务互连和级联支付的明确支持[1]。

因特网互连的每服务结算是对未来悲观恐惧的一个例子，我在本章前面阐明过。我们今天看到了一些力量，它们可能将因特网的未来推向更黑暗的境地，包括来自那些对内容访问进行监视和监管的人的压力，但经济可能是最强的驱动力。只要互联网是私营部门的产物，追求利润的行为将是一种自然行为，也是我们必须期待的。

在这方面，一些架构师可能会倾向于推动表达能力较差的设计，以防止在因特网上实现复杂的收费站。架构不是无价值的，这就是一个很好的例子，其中，在我们做出设计决策时，价值即将显现出来。

如果我们的目标是一个开放的网络，如果基础设施仅提供开放式网络，那么私营部门可能无法收回建设昂贵基础设施的成本。从长远观点看，我们可能需要像看待道路一样看待网络——将其视为公共部门的事业。或者，如果公共部门不投资因特网的关键部分（如宽带接入），那么限制设施 ROI 的架构或法规就会对收入产生限制，并且可能不适于设施的建设速度。某种程度的垂直整合或业务（包括计费）的区别处理，可能就是健全的基础设施的价格。任何架构师都必须仔细考虑：对于这一点，建议的设计在多大程度上采取了事先的立场。例如，如果接入提供商既支持健全的开放因特网，又支持与因特网服务在同一 IP 基础设施上竞争的自身服务，这是投资的驱动力，还是对因特网服务的威胁，还是两者兼而有之？

总结——架构与经济性

架构在互联网生态系统的经济学中扮演着关键角色。架构影响着产业结构，关键接口可以构建行为者之间的潜在关系。我们还不太清楚架构在启用货币路由协议方面应该扮演什么角色（如果有的话）。也许有必要再等 20 年，看看经济学是如何发挥作用的，然后我们才能看到现在应该为架构增加什么。也许即使是当前的因特网，20 年后我们也可能没有了今天的 ISP，而是有一群不同的行为者试图在现有架构下工作。如果是这样，经济（和政治）力量将使未来成为现实。

正如我在第 2 章关于模块化的讨论中所观察到的，接口是解除限制的约束。我得出的结论是，ISP 之间稳定的业务实践阻碍了服务产品和创收方面富有成效的创新，这表明行业结构需要重新设计。我在第 15 章对此做了进一步的推测。

---

[1] 要获得关于 IPX 的优秀教程，可以从 Wikipedia 开始，请参见 https://en.wikipedia.org/wiki/ip_exchange。

第 13 章
Designing an Internet

网络管理与控制

引言

我在第 4 章中列出的未来互联网的一个需求是，在网络管理和控制方面做得更好一些，从一开始这一直就是因特网的薄弱方面。和数据转发相比，专注于网络管理方面的研究相对较少，因此，本章在处理技术的同时，还带有一点投机性。关于架构我得出的最一般的结论是，从管理和控制的角度来看，基于严格分层的设计并不是实现模块化的最佳方法。我怀疑这个结论会引起争议。

类似于其他章中的开篇，我将先提出两个关键问题，这将有助于对这个空间进行分类：

- 管理和控制这两个术语意味着什么？
- 架构与这些概念有什么关系？

下面从第一个问题开始。

什么是管理与控制？

网络管理是一个非常笼统的术语。它描述了为保持网络运行在后台而进行的所有活动。它与安全的概念相似，其定义也不明确。我在开始讨论安全问题时说过，安全一词是如此笼统，以致它表达一种愿望，并且不可操作。只有当我们找到安全的子结构（substructure）特征时，才能开始理解子目标之间的关系（和潜在的冲突），从而理解如何在实践中提高安全性。我相信，同样的观点也适用于管理。虽然我将确定贯穿管理不同方面的一些共同主题，但管理的子结构包含不同的目标，应分别加以考虑。

网络管理的一个定义是：那些有人参与的、关于网络运行的方面。网络架构师讨论网络的数据平面（实际转发数据包的机制）和控制平面（为数据平面工作提供所需信息的机制，如路由和拥塞控制机制）。这些控制机制是自动的，没有人参与在回路中。相反，管理涵盖了涉及人的那些动作。然而，管理的这种定义并不意味着需要人为干预的所有问题在网络架构方面都是同构的。答案正好相反。

在网络界，关于网络管理的作用有很多不同的看法。一端是工程师，他们说设计合理的网络应该自己运行，所以，需要管理就意味着失败。另一端是实用主义者，他们相信所谓的政策决定不值得被编成算法，让人参与许多决策是一种更好

（更现实）的方式。当我们审视人类干预的时间常数时，这场辩论的一部分就自行解决了。许多网络运营商会对网络持怀疑态度：它运行得如此彻底，以至于当它看到自己接近容量时，就会发出购买新电路和新路由器的订单。商业问题似乎需要人的判断。另一方面，一个要求成组的人每天 24 小时坐在监视器前寻找故障的网络，似乎会受益于更进一步的自动化。

将网络管理分解为若干部分

将管理问题分成若干部分的一种可能的框架，是由国际电信联盟（ITU）的标准部门开发的[㊀]。国际电联的一项标准（Consultative Committee for International Telephony and Telegraphy，1992）界定了网络管理，并将其分解为以下目标：

- 使管理人员能够规划、组织、监督、控制和核算互连服务使用情况的活动。
- 对不断变化的需求做出响应的能力。
- 确保通信行为可预测的设施。
- 提供信息保护的设施，对传送数据的源端和目的端进行认证的设施。

然后，他们将这组管理问题分为以下几类：

- 故障管理。
- 配置管理。
- 记账管理。
- 性能管理。
- 安全管理。

这组分类称为 FCAPS 管理框架，基于各类的首字母。

正如国际电联所界定的，这五类的共同之处就是从被管设备（如路由器）向管理系统报告数据和事件。所报告的信息可用于简单显示或作为复杂管理系统的输入，这个复杂系统给操作员提供了更高级的网络视图。管理系统还允许操作员向被管设备发送配置 / 控制报文——同样，或者从简单的接口发送，或者从高级管理应用发送。

国际电联规范假定，虽然不同类别的管理有不同的目标和要求，但报告和控制的协议可以是相同的。这一假设跟我们在因特网中见到的表面上看是吻合的，其中，用于读写管理变量的共同协议（简单网络管理协议（SNMP））与各种管理信息库（MIB）一起使用。（管理信息库这个术语描述了与每一类被管设备相关联的变

㊀ 国际电联（联合国的一部分）有许多责任，包括标准制定。国际电联的这个单位称为 ITU-T，以前叫作国际电话和电报协商委员会（CCITT）。ITU-T 定义的大多标准与电话而不是因特网有关，但也有一些是相关的，包括音频和视频会议的标准。

量[⊖]。）因此，网络管理问题的一种可能的模块性如下所示。在底层，可以读取和写入被管理设备的参数，这些参数是特定于设备的。这层之上是一种（可能是共同的）协议，用于被管设备与任一高层管理系统之间的通信。相应地，管理系统为负责管理的人员提供了一个界面。管理系统给操作员提供了军事人员所称的情景感知：获悉网络中正在发生的事情。

管理与控制

无论是在因特网框架内还是在国际电联框架内，曝光设备中的参数用于读取（或许写入）的概念，通常与管理功能相关联，而不是与控制功能关联。在因特网上，我们有 SNMP，即简单网络管理协议。因特网设计界并没有关注控制平面是否应该具有类似的接口（也许，类似于 MIB，应该有控制信息库（CIB））。我认为，在早期的因特网中，控制平面设计的特殊方法塑造了这种思维方式。在因特网中，重要的控制协议（最明显的是路由协议）运行在被控设备（路由器）上，每台设备读取并设置自己的控制变量，作为执行该协议的一部分。作为路由协议的一部分，设备之间交换连通性数据，但每台设备计算并生成自己的转发表。路由器上没有能显示低层链路测量结果的控制界面，也没有设置转发表的界面（除了低级的人工命令行接口（CLI）用于从键盘填写手动输入）。

我们现在因特网上正看到一种趋势，即新一代的控制方案将控制计算从分布式路由器转移到更集中的控制器上。最明显的例子是软件定义网络（SDN）技术，其中，中央控制器收集网络连通性数据，计算并下载网络中不同路由器的转发数据（稍后在讨论性能管理时，我将提到另一个例子：移向更显式的控制算法）。作为 SDN 开发的一部分，设计师必须指定路由器或交换机与路由计算功能之间的接口，包括控制器可以读取和设置的变量集，以及用于实现此功能的通信协议。

鉴于这一趋势，当我们考察管理和网络架构之间的关系时，我将概括这些考虑因素，包括管理和控制功能。虽然管理（涉及人）和控制（自动的功能）之间的区别在某些情况下可能有点用，但在其他方面并不重要。如果设备使某些变量可用于读取和操作，那么，这些变量是由人、算法操控，还是由有时需要人参与在回路中的算法操控，这都不重要。

在此分析中加入控制，将在我列出的五个类型中加入新的类型。路由和拥塞控制是最明显的。

⊖ 若详细分析，这种共同协议的假设是有缺陷的。在因特网管理的早期工作中，当网络故障和通信受损时，与托管设备的通信问题得到了广泛关注。有一种担心是，像 TCP 这样的协议，如果坚持可靠有序的传送，将无法有效管理失败的通信，因此，故障管理协议的设计应针对受损条件下的特殊操作情况。这种情况和（比如说）传送配置复杂路由器所需要的数据有很大的不同，这可能涉及数千条规则的安装，似乎需要可靠有序的更新。

其他管理方法

作为一个由被管理实体收集的数据所驱动的过程，管理（和控制）的概念在某种程度上只能提供有限的视角。用于评估网络状态的其他方法包括端到端测量、主动探测和记录网络中的数据包。拥塞控制是因特网中最关键的控制算法，它依赖于明确收集的数据，这些数据不是来自路径上的路由器，而是来自观察到的端到端行为。有很多关于如何进行拥塞控制的论文，都描述了可能都比现有方法更好的策略，不过，这些改善虽然绝大部分都依赖于数据包携带更多的信息，但没有涉及路由器向中央控制器报告状态信息。

主动探测

在当今因特网上，最基本的主动探测工具是 ping 和 traceroute。这两个无疑是管理工具，因为它们由人来使用，且通常是对网络状态感到失望的普通用户。专业的网络管理员也经常使用这些工具。使用 ping 和 traceroute 进行探测可能出于许多目的，包括弄清楚性能（通常是在性能变差的时候）和故障定位。traceroute 最初的目的是发现并排除故障——确定数据包到达目的地所经过的路径。ping（或更精确地，ICMP Echo 选项）用来检测网络上的某个设备是否有足够的功能来响应报文。ping 是专为此而设计的，但 traceroute 是个精巧的组装件，使用数据包的黑客手工设定跳数（生存时间（TTL），IP 包头里的字段）序列，以便在路径上的某个点上触发，来请求从该组件返回的 ICMP 控制报文。traceroute 确实揭示了路径上不同组件的信息，但这是隐式的。ICMP 的响应不是为了这个目的设计的，也没有给出明确的信息[⊖]。

当然，对于 ping 和 traceroute 这样的工具，一个问题是有时候被探测的组件不应答。出于性能和安全性的原因，路由器有时被配置为不回答。因特网是由不同实体运维的自治系统组成的，这些实体有时不想让外界对自己的内部进行探测。大多数运营商已经认识到，让他们的路由器对 traceroute 探测做出响应是一项有用的双方协议，但并非所有的运营商都会随时接受该协议。重要的是要记住，虽然测量通常只是为了排除故障，但测量因特网上的其他一些区域，有时是一种敌对活动，有时是一种带有政治动机的行为。

我在本书中讨论的架构很少关注这样一些问题：架构中是否应该包含某些工具

⊖ 在这种背景下，测量界一直难以利用 ICMP 响应，处理诸如返回数据包上的 IP 地址不明确、探测路由器的控制处理器中的可变处理延迟等问题。为支持这种探测而显式指定的 ICMP 报文，可以提供更易于分析的信息，例如，与路由器关联的唯一 ID 以及被探测端口的 IP 地址。为了解决探测应答中的可变延迟问题，IETF 开发了双向主动测量协议（TWAMP）机制（参见 RFC 5357）。一种结合 TWAMP 和 traceroute 特性的探测机制可能对测量界很有用，但在设计上必须能防止滥用。

（包中的字段或附加的探测功能）来方便网络的主动测量，是否要处理配置、性能或故障定位。但是，设计任何这类机制都会聚焦到一个重要的争斗方面，即许多运营商会自己保存这些问题的细节。可以将主动探测看作这样一种情况：试图从外部发现一些内部操作者已经知道但没有展现出来的东西。

如果运营商有时对网络区域的状况讳莫如深（这是可以理解的），那么，或许就要定义一种平衡各方利益的方法，作为管理架构的一部分，这表示一个网络区域，该区域隐藏了某些细节（例如，或许是确切的路由器拓扑），但给出了当前状态的抽象视图[㊀]。如果就一套要报告的、有用的抽象参数达成一致约定，这个结果或许能代表争斗问题的解决，这些争斗源于各方都想探测自己的邻居。同样，当探测的动机经常出于对故障排除的需要时，这种协议听起来就更像是工业组织，而不是网络管理。

数据包采样

数据包采样是网络管理的另一个重要工具，它将一台设备连接到网络上，拷贝并记录业务流的样本[㊁]。诸如因特网协议流信息输出（IPFIX）及其系列产品这样的工具，对流经路由器的数据包进行采样，报告源、目 IP 地址、数据包数这样的数据以及其他信息。采样的必要性增加了数据的不确定性，但是流数据是一个丰富的信息源，可以为性能和配置管理以及某些情况下的安全提供信息。这是用于管理的各种数据报告的一个很好的例子，远好于通常使用 SNMP 报告的简单计数器。它也是一个无架构明确支持而开发的工具的例子。有可能的是，对流经路由器的数据包进行采样，由此而了解到一些信息，包头里的某些额外信息还能够使其更加丰富。

对管理系统的管理

管理（和控制）系统本身也必须要进行配置和监视。这听起来像是痛苦的递归，在某些情况下是这样，但具体的情况通常是以务实的方式处理的。

具体来说，管理系统如何发现要管理的一组实体？如果被管设备能够产生警报（状态变化的主动通知），那么该设备应该将这些警报发送到哪？当我审视管理和控制的类型时，这些问题就会出现。此外，这些问题还存在重要的安全方面因素。什么样的实体有权管理另一个实体？未经授权读取管理变量似乎比恶意修改危害要小

㊀ 一些运营商提供了其网络的抽象视图。例如，AT&T 有一个网站，其中列出了所有城市对之间的当前延时，参见 https://ipnetwork. bgtmo.ip.att.net/pws/network_delay.html。无论当前的城际延迟是否是最有用的度量，但它说明了抽象视图的思想。

㊁ 考虑到因特网上的巨大业务量，对每一个数据包都采集是不现实的。当前的监视设备复制数据包的样本，该术语由此而来。

一些，但即使是读取也可能导致系统状态的不良暴露，从而通过查询来淹没管理接口，这可能会导致被管系统过载（一种 DoS 攻击形式）。

任何管理机制的设计，都必须包含对如何管理和控制系统的分析，还要包含系统的安全含义。

网络架构的作用

前面的讨论表明，关于管理，ITU 管理模型（从设备导出管理参数）并不是要考虑的唯一方面。然而，在这方面，是否有可能上升到架构层次的管理方面？一个组件可能是底层的：定义可以读取（并写入）的变量，以监视和控制设备。这些参数是构建态势感知和网络控制的基础——可以在此基础上建立不同的管理系统，但如果没有基本数据，管理将是困难和有缺陷的。在当前的因特网上，我认为设计者没有系统地考虑过哪些管理参数可被看作架构的一部分。但是，如果其中一些参数达到了"我们都需要一致同意"的地位，那么它们就会成为架构的一部分，哪怕它们是在事实发生后才获得这种地位的。在第 3 章中，我曾声明架构的一个关键方面就是接口的定义。接口将系统模块化了，并描述了接口两边实体之间共享的内容。被管理设备提供的一组参数定义了其管理接口。如果存在这类设备（例如，路由器），它们受益于全球都同意的、随着时间推移而稳定的接口，那么该接口具有架构的特征。用于读取和设置这些变量的确切协议可能会改变，但这些参数的存在是一个更为基本和持久的特征。

仪表化数据平面

先前对包采样的讨论特别说明了一个更普遍的问题：架构的数据平面是否应该包含旨在帮助网络管理和控制的机制？是否应该使用有助于性能分析的字段（例如流标识符）来增强数据包头的表达能力？能否重新设计数据平面以帮助实现故障隔离？

在因特网的早期，电话公司的同事（当他们没有告诉我们分组交换不会工作时）强烈建议我们，数据平面必须包括故障诊断工具。数字电话系统包含有用于故障诊断的功能（例如，其系统中传送数据单元里的那些管理字段）。这些同事认为，网络诊断故障的能力和转发数据的能力一样重要，而我们未能领会这一需求，这是我们缺乏经验的又一例证。

增强数据平面来支持管理，作为其正常功能的一部分（例如，更好地定位故障或检测性能缺陷），将从根本上解决争斗的局面。今天，运维人员可以曲解从使用主动探测（给予 ping 探测优先级或拒绝响应 ping）中所学习到的经验和教训，但作为转发数据的副作用而收集的任何管理数据，在不扭曲数据平面本身性能的情况下是很难被扭曲的。当然，路由器可以忽略仅在管理方面（例如第10章所述的用于定位DDoS攻击的回溯方案）起作用的数据包中的一些字段。仪表化数据平面的理想工具将具有这样的特征：它是转发过程的一个内在部分。当出现不一致的利益时，这个目标是一个重大的设计挑战，需要巧妙的想法。

控制平面的状态和动态性

动态控制要求环境有一定的能力向设备提供控制信号，这被称为反馈。抽象地说，被控设备必须包含调节其操作的参数（状态变量），并且反馈信号会对此参数进行调整。这是一种非常普遍的动态控制，但关键的一点是，没有可控参数的设备即无状态的设备，不能成为动态控制系统的一部分。在追求简单性的过程中，最初的因特网设计师努力地将路由器中的状态降到了最少。路由器并不记录转发的数据包，只是统计在某个时间段内转发的字节和数据包总数。路由器中没有每流状态，这简化了转发数据包的步骤[1]。由于包转发必须非常高效（处于当今因特网核心的路由器，每个端口需要每秒转发出去数百万个数据包），如果因特网在路由器无须保持状态的情况下就能够完成，那就更好了。

我们多年来学到的东西是（也许是零碎的），即使路由器不需要实际转发状态，但可能需要控制状态，对网络及其资源的充分控制是转发主要需求的先决条件。

拥塞控制。拥塞控制是一个很好的研究案例：不同的方法需要不同组件的不同状态，也需要不同的动态控制机制。20世纪80年代末，范·雅各布森提出了因特网今天仍在使用的拥塞控制算法（Jacobson，1988），核心挑战之一是寻找一个有用的控制变量。实现IP层的软件（不仅在路由器中，而且在发送主机中）没有任何有用的状态变量。然而，传输控制协议（TCP）有一个控制变量（所谓的窗口，即发送端任一时刻正在因特网上传送的字节数），许多应用都使用TCP协议，它运行在端节点的IP层之上。当发送端收到确认，即它发送的数据包已到达接收端时，发送端会将另一个数据包发送到网络中[2]。这种简单的反馈回路最初设计时是为了防止数据包的发送端淹没接收端。但是雅各布森意识到，可以修改一下设计方案来处理网络过载和接收端过载。

雅各布森设计的方案对路由器的功能做了最少的假设。其工作过程如下。当路由器的输入流量超过了输出能力时，路由器上就会形成包队列。当包队列耗尽了存

---

[1] 在路由器设计的早期，工程师探索了为最近转发的数据包保留转发信息表的想法，以降低在完整转发表中查找目的地址的代价。这个想法非常复杂，不值得实现。

[2] 为了简单说明基于窗口的流控制机制是如何工作的，假定发送端－接收端的往返时间（RTT）是常量。一个RTT后发送端应当接收到数据包的确认，因此，产生的发送速率就是窗口大小除以RTT。如果窗口大小为10个包，RTT为0.1秒，那么发送速率就是每0.1秒10个包，或每秒100个包。

储空间时，路由器必须将到来的数据包丢弃掉。TCP 记录下丢失的数据包并重新发送，但是，作为雅各布森提出的拥塞控制方案的一部分，发送端还将发送窗口（它拥有的正在传送中的字节数）减半，从而降低了发送速率和产生的拥塞。然后，发送端缓慢地增加发送窗口，直到再次触发队列溢出和再次产生丢包，这种模式循环往复下去。这个算法是一个简单的控制循环：发送端不断地追寻可接受的发送速度，慢慢地增加发送速率，直到再次丢包，给出降低速率的信号。

当雅各布森提出这个方案时，我们中的一些人问他，为什么使用实际丢包作为拥塞信号而不是某种明确的控制报文。他的回答很有见地。他说，如果他提出了某个复杂的、路由器应实现的方案，以确定何时发送检测到拥塞的报文，几乎可以肯定的是，编码人员将错误地对其进行编码。但是，没有任何编码错误可以让路由器在内存耗尽的情况下避免丢包。尽管如此，为了获得更好的性能，研究界开始尝试设计一种称为“明确拥塞通知”（ECN）的机制，在路由器不得不丢包之前，允许它通知发送端降低速率。ECN 的设计很复杂，因为数据包缺少一个字段来携带 ECN 指示信息（缺乏我所谓的表达能力），因此大部分设计都陷入了这样的工作：构想如何重新利用包中的现有字段来达到这一目的。由于种种原因，ECN 在因特网上没有得到广泛的应用，通知发送端降低速率的最常用信号仍然是丢包。

尽管雅各布森的方案运转得很好，对因特网的成功至关重要，但也带来了几个问题。首先，并非所有应用都使用 TCP 作为传输协议。有些协议可能不会以同样的方式对丢包做出反应。流式传送实时业务（音频和视频）的应用，通常以恒定的速率（内容的编码速率）发送信息，并掩盖丢包的后果，而非重传丢包。实时应用应当降低速率来响应丢包的想法，不符合以编码速率发送编码内容（例如，语音）的需求。此外，TCP 拥塞自适应算法（丢包时窗口大小减半）实现在端节点上，网络无法检测发送端是否真的降低了发送速率。如果恶意用户只是通过修补自己的代码来省略这个步骤，我们该怎么办呢？这个端节点会连续发送，越来越快，其他（更加听话的）发送端会一直降低速率，这种结果对于不同的发送端将是非常不公的能力分配。

更一般地说，这个方案作用于单个 TCP 流，从而使单个 TCP 流成为能力分配的单元。如果发送端正好并行地打开了两个 TCP 流，该怎么办呢？这样它就能以两倍的速率传送。今天，我们看到了并行打开许多 TCP 流的 Web 服务器，尽管目标通常不是为了阻挠拥塞控制，而是为了应对吞吐率的其他限制。更有哲理性（或架构性）的问题是，应该如何分配能力（当能力不足时），以及应该由哪个行为者负责分配决策。每个 TCP 流？和发送端拥有多少个 TCP 流无关的每个发送端？到给定的目的节点的每个发送端？等等。关于这些问题的早期（以及持续的）辩论使人们对这一情形有了以下理解。首先，用户和多个 ISP 之间在控制权问题上存在着争端。ISP 可能会坚持，由于自己拥有网络电路，并且与用户有服务协议，因此它应该决定如何在用户之间分配资源。但是，这种拥塞可能发生在因特网上一个遥远的地方，在那里，实际处理拥塞问题的 ISP 并没有与造成拥塞的任何用户达成服务约定。用户可能会认为，关于选择降低哪一个流的速率来响应拥塞，他们应该有一定的控制权。这些争论表明，如何分配（给流、给用户、给目的端等）稀缺能力的答案，可能取决于具体情境，因此不应由架构指定。这些争论也表明，作为设计师，我们没有明白（或者至少没有达成一致）如何建立一个更通用的机制，而基于 TCP 的每流拥塞反馈仍然是今天的做法。

研究界提出了许多建议，或者改进雅各布森算法（其中一些算法进行了有限的部署），或者取代这一算法（更关注未来的互联网）。这些方案的设计者通常都在努力提高性能，但是我将从路由器中的控制状态和数据包中的表达能力的角度，来描述其中的几个。

雅各布森的方案使用数据包队列作为简陋的工具来触发控制信号——当队列溢出时，丢包就是控制信号。有几个建议使用队列长度（当时那里持有的数据包数量），作为更复杂的基础来产生拥塞指示信息。名为 RED（代表随机早期检测或丢弃，参见（Floyd and Jacobson，1993））的方案，甚至在队列满之前就丢弃队列中的包：当数据包到达时，随机地进行选取并丢弃，随着队列的增长，也增加丢包的概率。通过适当设定控制丢包概率的参数，这个方案与等着队列真正变满相比有很多好处，但事实证明很难用自动的方式正确地设置这些参数，手动配置（例如，拥塞管理）的需求也限制了 RED 的部署。

后来的方案试图改进这一方法，并消除了任何手动配置的需求。这些方案包括 CoDel（Nichols and Jacobson，2012）和 Pi（比例积分控制器）。关于拥塞及其控制，有浩瀚的文献（我毫不夸张地使用了浩瀚一词），我在此不打算回顾。这些方案对于状态和表达能力建立了架构上的假设。CoDel 的开发人员认为，路由器中的每流状态对于优化操作非常重要，他们在每流的基础上将数据包分成不同的队列，以便路由器能按照一定的比例方案服务队列。作为对 CoDel 的一个小小的扩展，他们提出了每流量队列的思想，但在我们关于状态的架构假设方面，这是根本的改变。人们可能会问，从机制和功能上来看，一旦我们接受了实现它的成本和复杂性，那么对于因特网的各种控制功能，每流状态的好处是什么[⊖]。例如，一旦路由器支持每个流状态，正如我在第 10 章中所讨论的那样，作为缓解 DDoS 攻击方案的一部分，该状态是否可以用于负载均衡？

有更多面向未来的改善拥塞控制的建议。它们需要对架构进行更多的修改（包

⊖ 事实上，今天的路由器支持这种功能——它已经悄悄地进入实现中，而没有从更基本的或架构的角度来考虑。

头中具有更强的表达能力)，因此不能像描述的那样部署在当前的因特网中。显式控制协议（XCP）(Katabi et al.，2002）将每流拥塞状态放置在数据包中，以避免路由器拥有每流状态。为了简单化（正如我在许多地方所做的那样)，发送端在其发送的每个数据包中放置一个建议的发送窗口值，随着数据包通过路径上的路由器到达接收端，这些路由器使用合适的算法来修改窗口值。然后，数据包的接收端将该窗口值返回给发送端，发送端使用该窗口值来控制下一个发送的数据包。速率控制协议（Dukkipati，2008）采取了类似的方法，在每个数据包中放入一个速率变量，同样使路由器中没有每流控制状态。这样的方案要求路由器估计每条流出链路上业务的往返行程——稳定的控制回路需要估计出回路的延时。这些方案也没有定义什么是流，它们对单个的数据包进行操作，基于这样的假设——流就是共享公共速率参数的数据包的集合。

另一个考虑拥塞控制的框架是再反馈（re-ECN)，布里斯科于 2005 年提出这一框架[⊖]。Re-ECN 考虑了不同行为者（发送端和 ISP）处理拥塞的激励机制，并指定了一个警察，ISP 可以用来检测用户是否正对从网络接收到的拥塞信号做出正确的响应。这个警察是一种新的 PHB，旨在调节发送端和 ISP 之间可能的争斗。

状态和网络管理。第 7 章介绍的架构建议中，很少详细讨论拥塞控制，或者更具体地说，包头中什么样的表达能力可能对此是有用的。设计者没有讨论以下两者之间的均衡：架构中需要指定什么，不同的背景中需要适应什么。在这方面，NDN 是一个很有意思的方法。NDN 是基于架构决策的，每个路由器都有每包状态，而不仅仅是每流状态。每当路由器转发一个兴趣包时，它都会记录该事件。当数据包返回时，路由器会将返回的数据包与存储的记录进行匹配。路由器能够记录兴趣包和数据包到达的时间，以便测量延时。动态控制回路可以基于测出的延时来设计。每包状态一旦到位，可能会启用各种控制功能，赋予 NDN 强大的功能，这些功能是其他架构在路由器状态较少时无法实现的。通过限制挂起的兴趣包的数量，NDN 能实现每跳形式的拥塞控制。它可以通过向不同的路径发送兴趣包，并查看数据包是否返回来进行路由实验。虽然 NDN 的描述通常侧重于转发功能，但它包容一系列新的控制算法的能力，这也是其基本原理中一个同样重要的方面。

从第 7 章开始讨论的一些主动网络建议，允许主动包（带有代码的包，当数据包到达节点时，路由器执行这个代码）创建支持更复杂的网络控制的临时状态。PLANet 方案（Hicks et al.，1999）讨论了使用主动代码来创建侦查包，这些侦查包分散出去，以寻找到目的端的好的路由线路，并创建瞬时的每包状态来记录侦察功能，这有点让人想起 NDN 中的兴趣包所创建的瞬时状态。但 NDN 与 PLAN

[⊖] re-ECN 不只是一个协议，还是一个再构拥塞的建议。如果读者对其工作原理感兴趣，可以访问布里斯科维护的网页 http://www.bobbriscoe.net/projects/refb/ 以了解更多信息。

是不同的，NDN很明显不是一种主动网络方法。在NDN中，任何实现（例如）好的路由探测的算法，都将是核心路由器功能的一部分，而不是由源端安装的。在PLAN中，源节点实现侦察代码，并将其发送出去，由路径上的节点进行评估。后一种方案确实带来了这样的问题：如果来自不同源节点的不同侦察程序同时探测网络，并可能做出相互冲突的决策，以致最终产生不良后果，那么会发生什么？但是这种方法说明了一种端到端的思维形式，从原理上说，只有源端知道它在寻求什么样的服务，什么样的侦察算法最能满足它的需求。另一方面，作为服务提供的一部分，网络可以测量自己的性能，并将这些信息报告给端节点。

分层和控制

在第2章中，我将因特网描述为具有简单分层的结构（参见图2.1），底层是网络技术层，顶层是应用层，中间是互联网层，中间层提供了将技术与应用联系起来的服务规范。在今天的因特网中，网络技术层本身也已经分层了。在IP层之下，我们看到了复杂的技术层：使用自己的转发组件的多跳子网，这些转发组件通常称为交换机或第2层交换机，以区别于路由器[⊖]。基于不同架构的低层可以提供不同的功能组，用于因特网架构没有提供的业务处理。这样的层通常是单独考虑的。除了RNA建议，对于关键的控制功能如何跨层，我不知道设计者是否考虑过。特别是，在控制背景中需要哪些接口（定义哪些信息将在层间流动），这一点鲜有讨论。RNA方案对这个问题提供了最为明确的讨论。

拥塞控制是复杂性的一个实例，可能出现在具有分层网络架构的控制机制中。当拥塞发生在交换机上而不是路由器上时，会发生什么？交换机如何参与拥塞控制算法？在雅各布森最初很有见地的设计中，交换机就是丢弃数据包。正如他所说，任何设备都知道如何丢弃数据包。但是，对于涉及数据包中表达能力的拥塞控制方案，交换机和路由器都必须理解和操作数据包中的相同字段，这与大多数关于不同网络层具有独立性的概念不兼容。

故障控制（或管理）对此问题给出了另一种说明。当一个物理组件发生故障时，其后果在每一层都会显现。如果没有允许层间协调的接口，则每个层都可以独立地启动某种纠正操作，并且这些操作可能相互冲突。在分层系统中，路由器在一层，交换机在下一层，交换机将有自己的路由协议；发生故障时，交换协议和因特网路由协议都可以承担重路由工作，而应用可以尝试发起到不同端节点的连接。我知道，研究界很少讨论层间信息交换应该如何改善网络控制的挑战（诸如上面这些），原因可能是这样的问题与层独立思想不一致。

⊖ 在第7章对RINA的讨论中，我介绍了这个概念。这一层上经常使用多协议标记交换（MPLS），详见附录中关于MPLS的进一步讨论。交换式以太网是另一种构建网络的技术。

这类例子表明，从控制的角度来看，基于分层的模块化概念可能不如基于RINA建议（机制的范围）介绍的模块化概念那么有用。机制将有不同的范围：一些机制可以在网络的某个区域内运行，而另一些机制必须在全球范围内运行。我们用这种方式设计了因特网路由——因特网允许在其各个区域内选择路由协议，并使用全局BGP将这些路由协议联系在一起。如果隐式地指定好，这种区域路由协议和全局路由协议之间的关系是很清楚的。设计师认为，这两种机制不是在不同层次上运行，而是在互联网层的不同范围内运行。

对于控制和管理方案，甚至对于网络架构来说，一个关键的问题是，什么定义了特定机制的范围。我认为答案在于将控制构造为一种动态机制，即一种通过改变系统状态来响应输入的机制。动态系统可以通过其响应变化的速率来刻画，这通常叫作机制的时间常量。我的故障恢复示例说明了不同范围内不同的错误恢复方案是如何协调工作的，它们必须以不同的时间常量工作。在地理上有限的范围内，跨区域的往返时间都很短，路由协议应该能很快发现新路由。如果另一条路径是有效的，一个本地网络可以在某个已知的时间内重新路由，比如50ms。如果这个时间限是已知的，那么一个更高级的故障恢复方案（如因特网级的路由），在做出反应之前应该等待50ms。

相反，我所描述的那种动态拥塞控制，以相同的时间常量端到端（在全局范围内）地运行。嵌套的拥塞控制方案能够在不同范围内运行的唯一方式是，它们是否拥有不同的时间常量。这就是在延迟容忍网络（DTN）中发生的情况。数据以存储和转发方式在DTN中的节点之间传输。在陆地区域内的节点之间，DTN可以使用像因特网这样的网络以及它的拥塞控制方案。拥塞也可能发生在存储和转发节点上，如果无法转发数据，则节点的存储就可能变满。但是，处理拥塞所需的反馈与因特网的内部拥塞控制相比，具有非常不同的（更长的）时间常量，因此，在DTN中，存在以不同时间常量运行的嵌套拥塞控制方案。

在第7章中，我讨论了层和范围之间的区别。一种观点是，网络架构定义层，范围存在于层内。时间常量的想法可能会给出一个不同的答案。或许当某个控制问题（如错误恢复），通过带不同时间常量的嵌套机制被解决时，这些不同的机制就处于不同的层。但这一建议对网络架构提出了根本性的挑战：不同的机制似乎有不同的范围，跨越这些范围可以使用不同的时间常量。错误恢复的分层将不同于拥塞控制的分层。如果不同的机制具有不同的自然操作范围，作为网络设计的一种组织原则，层的概念可能是不够的。网络架构的分层可能对设计中的每种机制都有不同的结构，包括数据转发、控制和管理。

有证据表明，在当前的因特网内，第2层交换机的演化过程中存在着分层的混乱。正如我所提到的，ISP在构建内部网络的过程中，有时使用第2层交换机而不是路由器。交换机使用单独的内部寻址系统（在ISP的范围内）作为路由和转发的基础，而不是使用IP地址。实践当中，使用二级交换有许多优点：交换机不像路由器那么复杂（而且通常要便宜一些），交换机可以在其范围内提供高级功能（例如，为ISP提供许多虚拟网络，通常称为虚拟局域网（VLAN））。按RINA的话说，交换机运行在一个范围内，而路由器运行在另一个更大的范围内。第2层交换机的设计者将第2层视为一个单独的架构。第2层架构是由不同于因特网的设计团队开发的，并带有这样的期望：这两层（或者范围，按RINA的语言）将几乎是独立的。使用其架构定义的机制，第2层交换机提供了一种网络抽象，即在两层网络的边缘处连接因特网路由器——感觉是链路或虚电路。层间的唯一联系就是这种简单的抽象。

现在，对更高级功能的需求正导致这种独立性的崩溃。交换机现在正在跨越架构的边界，使用包里的数据，而包属于因特网架构的一部分（例如ECN字段），并将两层的路由机制混合在一起。按照营销术语，这些交换机被称为因特网知道的第2层交换机，或2.5层交换机。按我的话说，交换机和路由器正联合使用IP定义的表达能力的某些方面，同时对于其他机制，它们各自使用单独的表达能力。

坚定支持严格分层模块化的设计者对这种层混合感到厌恶，但分层主义者错了。交换机必须跨越层边界以处理具有不同范围的问题，例如拥塞和QoS（具有端到端的范围），以及具有相应范围的与策略有关的管理问题。路由的模块化（BGP和AS内路由）与ISP的真实世界管理范围是一致的。事实上，与管理边界相关的嵌套控制方案在某些情况下很有意义。当ISP内部发生故障时，请等待一下，看看ISP是否在内部修复它。如果没有，请尝试绕过这个ISP进行路由。从某种意义上说，分层是与产业结构相关的架构的一个方面。

就不同的层对应于不同的行为者来说，分层（或控制如何使用数据包中的表达能力）现在将成为控制争斗的一种手段。由于行为者有时会有相反的利益，可能会出现这样的情况——架构应当防止共享表达能力；也可能出现这样的情况——架构为共享表达能力提供便利。这里给出一个争斗的例子。称为“因特网协议安全”（IPsec）的协议定义了一种将发送到因特网上的数据包进行加密的方法。由于路由器依赖于IP的表达能力，所以该包头必须保持是非加密的。然而，TCP定义的数据包部分，被认为是只对端节点感兴趣，因此设计师指定IPsec去加密除IP包头外的所有内容。但是，ISP反对这项决策，他们声称需要看到TCP头中的一个字段，即*端口号*字段。他们声称需要把这个字段看作网络管理的一部分。分层主义者对此的反应是，路由器的设计不应违背层模块化。但真正的争论不是关于分层，而是关于争斗。许多人认为互联网服务提供商*不应该*看到这些信息，因为由此产生的“管理”决定很可能是业务流辨别——不利于端用户的行为。如果端口号被加密了，那么这种表达能力就会对ISP是隐藏的。

在第 15 章，作为架构设计的一部分，我会回到分层的问题，但是在我看来，仔细考虑管理和控制的架构会导致对分层的彻底反思。

管理与控制类型

在本节中，我将从 ITU-FCAPS 的列表开始审视管理的类别，并试图确定架构问题，进一步探讨管理接口的哪些方面可以提升到架构的层次。

故障管理

故障管理的挑战在本书前面的不同地方都出现过，最直接的是在关于安全性和可用性的讨论里。

在第 11 章讨论可用性时，我提出了一个用于理解可用性的高级框架：

- 必须能检测故障。
- 必须能定位系统的故障部分。
- 必须能够重新配置系统以避免依赖于这些部分。
- 必须能将故障发生的信息通知给某个责任方。

我当时注意到，这个框架掩盖了哪些行为者应该完成这些任务的重大问题。

有多种检测故障的方法，涉及不同的行为者。在某些情况下，一个组件可能会告知其发生了失败并引发警报。在这种情况下，问题就在警报指向的地方。有些机制指示故障的能力很弱，例如打开一个小红灯并希望人注意到（友好管理界面的一个反面实例）[㊀]。

有时，网络上正在交互的机器可以检测到其中一台发生了故障。大多数因特网路由协议都在协议中嵌入某种机制来测试功能的正确性（可能是简单的 keep-alive 或 handshake 探测）。握手协议故障是一种故障信号，但发生在哪一端呢？当一台机器声明另一台机器发生了故障时，为什么相信这是合理的呢？事实上，第一台机器可能发生故障了，而不是第二台机器，或者第一台机器可能就是恶意的[㊁]。若机器接收到一条报文，其中声称自己正发生故障，无论是否相信这条信息，机器都务必要相当谨慎，在这种情况下，让一个人在回路中可能是有意义的，但快速恢复的需求将会引起快速响应和深思熟虑的响应之间的矛盾。冗余系统的优点之一是可以使用冗余组件快速恢复服务，并且可以对故障组件进行隔离，然后再慢慢修复。

㊀ 在分时时代的早期，当我对 Multics 系统进行编程时，I/O 控制器有一个接口来向中央计算机报告错误，但是如果中央计算机没有处理错误信息，控制器就会发出响亮的铃声。一个程序员的编程错误一定程度上具有公共特征。管理系统的管理意味着一种递归，必须以某种方式解决它。

㊁ AT&T 系统出现过一次著名的滚动停运，特征上和这种模式类似。一台机器自我检测出故障并对自己进行复位，从这次复位中恢复后，它向相邻机器发送一个序列，然后这些邻居（由于差错）重新复位自己，以此类推。这持续了 9 个小时（Neumann，1990）。

用于转发因特网电子邮件的协议具有内置的冗余 / 弹性机制。DNS 可以列出邮件传输代理的多个 IP 地址，因此如果向第一个发送邮件失败，则发送方可以尝试另一个 IP 地址。然而，发送端没有办法来报告发生故障的传送代理。如果能够报告故障，或许就可以更快速地修复。但是，要使这一方案起作用，必须解决许多问题，这可能要提升到架构级。第一个问题是要提供错误报告应该发送到的地址。DNS 可以存储一种新的记录，它给出了接收故障报告的计算机的名字。第二个问题是防止滥用这个机制（恶意报告或 DDoS 攻击）。第三个问题是，当许多发送端同时检测到接收端发生故障时，处理可能出现的合法错误报告泛洪（flood）。这些问题可以通过 incast 机制（incast 和广播相反，是多对一而不是一对多的）在一定程度上得到缓解，在其通过网络向报告点流动时，能将多个差错报告（合法的或非法的）聚合成一个。

在简单的情况下（如家庭网络），在这个范围内记录差错的标准方法应该是基本配置过程的一部分。例如，当计算机第一次连接到网络时，动态主机配置协议的扩展能够用发送故障报告的地址来配置计算机。家庭路由器可能是这些报文的接收者，而且这样一个框架可能是新服务的一部分，该服务能用来诊断家庭网络中的问题。

在电子邮件的情形中，双方转发步骤的本质使定位变得有些直接。但是，在其他情况下（最明显的是，数据包未能及时到达目的端），定位要困难很多。在没有能力定位问题的情况下，通过避免失败组件（最后一种选择是或多或少地随机尝试其他选项）来解决这个问题要困难得多，而且没有办法来报告错误。当今的因特网定位转发路径上故障的工具很少，通常唯一的选择是 traceroute，不过它有许多局限性。但是，正如我所指出的，让外部人员成功地定位该区域内的故障，可能不符合网络特定区域的最大利益；若故障是由于成功阻挡攻击而引起的，攻击者能够诊断出攻击失败的原因，绝对不符合攻击目标的最大利益。我相信故障定位是网络设计中一个我们知之甚少但很关键的方面，也许没有得到充分的研究，因为它不是一个纯粹的技术问题。

体验质量（QoE）是用户对应用的行为满意程度的主观度量。许多因素会影响用户对 QoE 的感觉，包括用户的期望、用户是否为应用付费或者用户的整体情绪。然而，在此背景中，QoE 的相关方面就是与网络特征有关的那些方面。在这种背景中，QoE 带来了故障隔离以及性能和安全问题。当用户遇到由网络中的某些现象造成的 QoE 损害时，解决这个问题的步骤非常类似于我处理可用性问题时所确定的那些步骤。因此，定位问题是校正 QoE 损害的核心问题。若缺少定位技术，用户就只能等待其他人（想必是管理相关实体的人）注意到某些地方出了问题，并对其进行了修复；正如我前面提到的，定位网络遥远区域的问题，可能是一种敌对行为。

我相信，未来人们对 QoE 测量和 QoE 损害诊断的逐步关注会带来定位的广泛需求，不仅适用于网络故障，还适合于更高一级服务的性能、缺陷等问题。因此，定位网络问题的通用方法将是一项重大进展。

配置管理

配置是设置系统组件以使其正常工作的过程。作为一个简单的例子，动态主机配置协议（DHCP）能在主机第一次连接到因特网上时进行自动配置。DHCP 更改主机的配置，从手动的有些神秘的管理任务，到对用户隐藏的看不见的控制功能。DHCP 提供三个关键信息：新机器要使用的 IP 地址，提供到因特网的路径的路由器的地址，以及提供域名解析访问的 DNS 服务器的地址。

配置的挑战是引导问题：新设备如何知道让网络上的哪些现有设备对其进行配置？对于 DHCP，当计算机第一次连接到网络时，将广播查找 DHCP 服务器。隐藏在这个广播发现方案中的，是一个潜在的安全问题。如果新连接的主机通过广播其请求并相信任何机器的回答来请求配置信息，那么如果恶意机器应答怎么办？这种机制通常不算一个主要的弱点，但是它提醒我们，配置的初始阶段是系统设置中的脆弱时刻，无论该机制是 DHCP、蓝牙对等操作，还是配置智能家居中的设备。初始时人们要采取某种必要的步骤，例如将验证信息输入新机器里，以增加初始配置的安全性。

配置问题并不局限于网络层。一旦一台新计算机连接到网络上，下一步就是通过安装应用来进一步配置计算机。这些应用程序从何而来？在智能手机上，它们来自应用商店，但是设备是如何找到应用商店的呢？当然，答案是智能手机预先配置了一个可以找到应用商店的初始应用程序——可能包含一些内置信息，允许手机与商店建立可信的连接。每级的配置依赖于在设备中建立的某些启动信息，从而引导这个过程。

物联网（IoT）的兴起——小型、固定功能的设备——将会带来新的配置问题。这些设备通常预先配置了正确的应用软件，例如，恒温器被设置成恒温器，安全摄像头被设置为摄像头，等等。但是，如果需要对它们进行配置以用于特定的安装，这是如何完成的呢？像这样的设备通常缺少键盘或显示器。它们需要通过网络的某种配置方式，也许需要有一个角色作为标准的（例如架构的）方式，用于为这样的 IoT 设备在第一次安装时请求配置信息。就像 DHCP 作为引导设备配置的一种方式被标准化了那样，在 IoT 设备的应用层，也应该有一个标准化的协议来引导配置。

计费管理

在第 12 章中，我讨论了一系列基于货币路由的方案，这些方案依赖于数据包中的新字段，也可能依赖于路由器中的新工具，来跟踪和报告不同类型的使用情况。

当今的运营商使用相当简单的工具来收集数据，为会计职能提供信息：包数和字节数、来自包流（如IPFIX）的样本数据，以及其他数据。1991年，随着第一批商业ISP的启动，IETF研究了计费问题，并针对这个问题发布了一个RFC（Mills et al.，1991）。其中讨论了基于包采集的报告方法，在许多方面，目前的技术似乎并没有那么先进。RFC对发明复杂的计费工具提出了警告，唯恐人们使用这样的工具。如果ISP拥有类似工具，能够根据用户发送的流量收费，这可能会降低用户试验新应用的兴趣。这样的方法肯定会让因特网视频流的部署变得举步维艰。

性能管理

由于与架构有关，性能并不是两个端节点之间简单的吞吐率问题。我在这本书中讨论过的各种建议对性能都有涉及，但方式却有很大的不同。性能是一个多维问题，在不同的架构中有不同的表现形式。这里给出三个例子：

- ALF旨在提高主机的处理性能。
- NDN在传送流行的内容时，使用缓存来减少延迟和网络负载。在NDN中，性能取决于路由协议如何找到距离最近的副本，以及在系统里各种路由器上缓存（cache）替换算法。有可能需要根据检索到的主要内容类别对缓存替换算法进行调整，这种调整可以是一种管理功能。如果是这样的话，关于缓存，路由器应该报告哪些参数来方便管理？
- 当移动设备从网络向网络移动时，MF提高了移动设备的可用性。GNS是这一目标的关键。GNS需要管理吗？应该跟踪和报告GNS的延时吗？

对于这些建议中的每一项，分析中应该包括：与性能相关的机制是否需要管理，是否需要控制协议，或者是否作为数据平面的设计结果。

随着因特网上海量内容传送的出现，以及使用带复杂缓存方案的CDN来改进内容传送，出现了与性能有关的新问题，这似乎需要为这些方案的管理（或控制）提供新的接口。CDN提供商可以在因特网的不同位置上缓存许多相同内容的副本，为了优化传送，可以为任一传送选择一个特定的源端。通过细心的管理，CDN提供商可以在不引发实际拥塞的负面后果的情况下，让其互连链路基本上满负荷工作。然而，为了达到这一效率，他们必须检测链路上实际的瞬时负载是多少。今天，无法通过管理/控制接口提取这些信息，CDN提供商必须通过寻找拥塞的瞬时证据来评估链路是否已满负载。这种方法既不精确，也可能存在误导性，因为在端节点监测拥塞不能定位给定链路上的拥塞。如果路由器支持标准化协议，报告链路利用率（当然，通过适当的访问控制来反映商业关注），这就可以设计更复杂的算法来管理来自CDN的内容传送。

安全管理

在第 10 章，我把安全问题分拆为四个子目标。其中的每一个都将提出自己的管理需求，我在那一章中讨论了其中的一些需求。但是，我还不太清楚架构在实现更好的安全性方面的作用，也不能很好地说明架构如何改进安全机制的管理，下面只是一点想法。

攻击通信。除了可用性之外，我认为端到端加密是防止这些攻击的起点。这里的主要问题是密钥管理。有些架构（例如，NDN）使密钥管理成为其设计的一部分，而其他架构则将问题留在了更高层。CA 系统虽然不是网络的一部分，但它已经上升到了如此重要的程度，以至于（也许就像 DNS 一样）正趋向于成为架构的内容。CA 系统存在着大量的管理问题，还有像 CA/Browser 论坛[1]这样的组织，讨论哪些根机构是值得信赖的，同时他们也关注其他问题。这种情况可以说明这样的观点：需要这种管理的系统，是一个设计不佳的系统。另一方面，众所周知，密钥管理是很棘手的。

配置 Web 服务器以支持 TLS 的过程一直是一个手动的和复杂的管理任务，这种复杂性妨碍了许多网站运营商实施安全协议。最近的一项努力是 Let's Encrypt 倡议[2]，它试图改变配置 TLS 的过程：从手动管理过程变为基本上自动的任务，只需要最少的用户干预。尽管这种努力似乎离网络架构远了点，但它说明了对于许多问题有各种各样的解决方案，从更手工（管理）到更自动（控制）。

攻击主机。保护主机免受攻击的 PHB 需要配置和管理，但我不确定管理界面需要在多大程度上进行标准化。这需要更多的经验。

攻击网络本身。当今网络上最明显的攻击（除了 DDoS）是对域间路由系统的攻击。其他具有不同特征集的架构将表现出不同的被攻击机会。今天，建立安全的 BGP 需要大量的手动配置，包括安装公钥对和注册地址块。至于 Let's Encrypt 如何实现安全 BGP 的自动化配置，还是一个悬而未决的问题。安全管理的大部分内容是配置密钥等安全参数，但尚不清楚该流程的哪些部分需要架构支持。

拒绝服务攻击。正如我在第 10 章中所讨论的，DoS 攻击（特别是 DDoS 攻击）是在该层上出现的问题，至少在一定程度上要在该层上进行管理。我描述了一系列方法，每种方法都有自己的管理和控制接口需求。参与追溯日志记录的路由器必须通过一些接口提供该功能，这可能会引发进一步的安全问题。FII SUM 需要每个发送主机和一个可信的、能保证其身份的第三方进行联合，这似乎隐含着又一项重大的管理任务。同样，不同的设计方法可能导致不同程度的人工参与方案。

---

[1] 参见 https://cabforum.org/。

[2] 参见 https://letsencrypt.org/。

路由管理

当前因特网的内部路由协议在某种程度上是自配置的。当两个路由器发现连接链路的另一端有一个活动节点时，它们就开始交换信息，目的是发现通过另一个路由器可以到达哪里。每个路由器上的端口需要一个 IP 地址（手动配置管理），有时会为这个地址分配一个名字（用于逆向查找），总体上不需要更多了。BGP 的许多方面反映了相关策略，并需要手动配置。

正如我所指出的，新的集中式路由计算方案（如 SDN）的出现，要求路由器和交换机上有新的管理 / 控制接口。

结论

这一章相比于前几章，更多的是推测。对网络架构和设计的研究，很少提供要考虑的候选机制，对于当前的因特网，我们的运行经验是基于一套特殊方法的，这些方法不是有意地在使用机制。我认为我们的运营经验为思考基本原理提供了一个糟糕的基础。虽然我认为自己已经确定了一些潜在的、上升到架构层面的网络特征，也提出了一些重要的研究挑战，但目前尚不清楚研究界应该如何着手进一步了解这一领域。我们需要的是大规模的网络运行经验，但不能轻易地使用正在运行的因特网进行实验。我担心这个领域可能仍然不能充分发展，仍然缺乏活力。

然而，有一个重要的见解来自对管理和控制功能的研究：设想将网络技术建立在大体独立的多个层上这种方式可能不会再持续了。跨层的性能切分问题（如故障隔离和恢复所做的那样），以及独立性的假设（产生简单的模块性），都可能会失败。

作为一个具体的例子，人们以两种不一致的方式将当前因特网中的路由技术概念化。全球路由（BGP）和内部路由协议被认为不是不同的层次，而是不同的范围，正如递归范围的拥护者所主张的那样。全球路由技术和 AS 内路由技术之间的交互是明确的。相反，当使用诸如 MPLS 或交换式以太网之类的路由和转发机制时，这在低一层作为不同的架构被概念化了——我们常说的运行在 IP 之下的第 2 层交换机。将这些机制称为单独层的含义，是更高程度的独立。层封装了所有内部行为，并向上面的层提供其服务的抽象。由于第二层交换机的协议与第三层路由器的协议不相同，并没有打算基于 IP 包头的表达能力支持层间交互。

到目前为止，这种独立性对于当前因特网简单的尽力而为的转发服务是有效的，因为尽力而为服务模型的弱规范性意味着，因特网层只是吸收第 2 层架构所产生的任何行为。这些层的独立性等同于提供给更高层服务抽象的简单性。将来，如果某个互联网架构实现了更精确指定的传送服务，或者针对故障隔离、其他高级管理或控制功能定义了一些机制，那么，下层架构的独立性将不会持续下去。有必要考虑一下，这些不同的层以更集成的方式进行工作——在一个共同的架构内工作。

第 14 章

Designing an Internet

满足社会需求

本章作者：大卫·克拉克，金伯利·克拉菲[㊀]

我们希望未来的互联网是什么样子？

本章的目标是，从社会关注的视角来确定未来因特网的一些理想特性，并考虑什么样的网络架构与这些目标有关。

几年前，我们被要求尝试着将我们能找到的、所有社会对互联网未来的愿望收集为一张清单，形成一份文件并将它们分类（Clark and Claffy，2015）。例如，我们收集了各国政府和公共利益集团的声明。所产生的愿望清单并不是源于我们，我们也不是完全同意所有这些愿望。我们对这些愿望进行了编目，以便能对它们进行严格的分析，并激发一场辩论，看看哪些是期望的、明确的、现实的和可实现的。

这项活动使我们得出了三个高级结论，它们也许是显而易见的，但值得加以说明，因为人们有时会忽略这些结论。第一，许多愿望不仅难以实现，而且与另一些愿望不相容。第二，许多愿望没有具体说明，也没有可供操作的定义；尚不清楚如何将这些愿望转化为具体目标，以便衡量进度。第三，当前，大部分社会实践中用于影响因特网未来发展的工具，似乎都不胜任这个任务。

虽然可能很悲观，但这些结论提出了这样一个问题：不同的互联网是否可能是追求这些目标的更好的手段。出于这一原因，我们把那份文件上的清单作为出发点，借此来研究最终的架构需求：未来的互联网设计应该满足社会需要。

在追求这些目标的过程中，我们再次遇到了我所说的基本争斗。各国政府或倡导团体对这份名单表达了许多愿望，作为社会目标——期望的结果是为公民服务，从而符合公众利益。然而，因特网的架构和基础设施现在主要由私营部门管理，受盈利和商业生存能力的驱动，受到技术和经济环境的制约，在多利益相关者的生态系统中，通过与竞争对手的相互连接和互操作来维持。有效导引私营部门的目标与社会愿望之间固有的紧张关系，对于塑造互联网的未来至关重要。

愿望目录

以下是我们对互联网的未来愿望的目录：

㊀ 本章是我与克拉菲联合撰写的一篇未发表论文的修订版本。感谢她对这项工作的重大贡献。

1. 因特网应该以某种方法普及到每个人。(可达性)

2. 在任何地方我们应该都能使用因特网。(普遍性)

3. 因特网应继续发展，以跟上较大的IT部门的步伐和方向。(演化)

4. 因特网应该被更多的人使用。(应用)

5. 成本不应成为因特网使用的障碍。(负担得起)

6. 因特网提供的体验应毫无挫折感、恐惧和令人不悦的因素，人们不会因为此类担忧而不使用因特网。(可信性)

7. 因特网不应成为违法者的活动场所。(合法)

8. 因特网不应引起对国家安全的担忧。(国家安全)

9. 因特网应该成为一个充满活力的创新平台，从而成为经济的推动力。(创新)

10. 因特网应该支持广泛的服务和应用。(一般性)

11. 因特网内容应向所有人开放，不受阻挡或审查。(畅通)

12. 关于因特网体验，消费者应该享有选择权。(选择权)

13. 因特网应作为在不同部门和国家之间分配财富的一种机制。(再分配)

14. 因特网（和因特网技术，无论是否是公共网络）应该成为一个统一的通信技术平台。(统一性)

15. 对于世界上的任何地区，因特网的行为都应该符合并反映其核心的文化/政治价值观。(本地价值观)

16. 因特网应该是一种工具，促进社会、文化和政治价值观。(社会、文化和政治价值观)

17. 因特网应该是世界公民之间的一种通信手段。(全球的)

在组织这些愿望时，我们发现其中有许多可以聚集为三个更一般的类别：

- 公用事业
- 经济
- 安全

经济类

因特网应该以某种方法普及到每个人（可达性）。可达性这个愿望一般不会引起争议，对此，几乎每个国家都采用了一定的形式。这些差异关系到粒度（家庭还是社区？）、带宽（多少？）以及实现可达性的方法。发达国家的重点是帮助尚未得到服务的人群，通常是农村地区。在发展中国家中，大多数人口可能尚未接入，重点可能是使用移动设备的无线接入。农村地区缺乏足够的收益来证明私人对基础设施的投资是正确的，为了实现这些地区的网络连通，一些国家为建立或维护网络提供了补贴或税收优惠。在某些情况下，公共部门直接资助网络建设。在美国，在多个层面上出现了直接公共投资，从联邦刺激资金到市政建设住宅宽带网络。

在任何地方我们应该都能使用因特网（普遍性）。普遍性这个愿望在移动通信时代是必然的——每个人无论在哪差不多都应该能访问因特网，这意味着高性能无线技术要集成到因特网中。

成本不应成为因特网使用的障碍（负担得起）。这个目标是应用这一愿望的组成部分，因为成本是当今非因特网用户提及的主要障碍。“成本不应成为障碍”这一短语，可以映射为更简单的短语——“因特网应该是低成本的”。然而，我们并不期望葡萄酒的价格与自来水一样低。低成本可能会映射为较低的价值，这或许会适得其反。也许强调价值作为使用的一种手段会更有成效。

因特网应该支持广泛的服务和应用（一般性）。最初的因特网架构嵌入了这一愿望，因为它旨在支持共享时间的通用计算机的协作网络。这一愿望随之而来的好处包括创新和应用，因为因特网带来的价值越高，它吸引的用户就越多。

虽然没有明显的方法来量化一般性的进展，但因特网应用的范围表明了其在这一愿望方面的成功。但是，并不是所有的应用在今天的公共因特网上都运行良好，最成问题的是那些要求很高的可靠性和可用性的应用（例如远程手术或自动汽车遥控）。一般性是否意味着需要不断发展以支持这些目标宏大的服务？或者是否应当将其隔离到更受控制的私有网？

因特网应继续发展，以跟上较大的 IT 部门的步伐和方向（演化）。因特网旨在将计算机连接在一起，这一愿望抓住了这样的理念：随着计算的发展，因特网也应该如此。具体来说，随着计算变得越来越快、越来越便宜（例如传感器），网络应该变得更快，访问网络也应该更便宜。几十年来，摩尔定律[㊀]描述了宽带基础设施（基于 IT）的需求变化，比电网等其他基础设施的变化要快得多。2013 年，预测美国的年耗电量增长是 0.9%（U.S. Energy Information Administration，2013），而预测因特网流量的年增长是 23%（Cisco Systems，2013）。

国家政策声明往往具有双重性质（Benkler，2012）：向每个人提供一定级别的宽带（可达性）并推动部署下一代宽带（演化）。美国联邦通信委员会 2010 年发布的国家宽带计划，目标是实现一个十年的里程碑式的可达性和演化：“到 2020 年，一亿户美国家庭应当可负担得起至少 100Mbps 的实际下载速度和至少 50Mbps 的实际上载速度。”（诚然，与 2011 年以来谷歌的光纤千兆入户在全国各地的部署相比，这一点看上去没那么令人印象深刻。）

因特网应该成为一个充满活力的创新平台，从而成为经济的推动力（创新）。作为信息技术空间的一个关键组成部分，因特网通过促进创新和创造性技术发展、

㊀ 戈登·摩尔（1965 年）提出的摩尔定律指出，计算机芯片制造的改进速度导致性能每两年增加一倍。

革新物流和服务业而未破坏生态系统，为经济增长做出了贡献。对创新目标的一种解释是，因特网必须是*开放*的，这是一个用来表达许多其他愿望的术语。对于模糊的（或者至少未完成的）思想，我们相信这个词是一面红旗。*开放*这个词有着强烈的积极内涵，作为一种呐喊是有用的，但含糊不清。在称为开放的这个定义不明确的篮子里，我们喜欢提更具体的目标：稳定性、规范（开放标准）、不受甄别或不受知识产权限制。但即使这些愿望也不是绝对的。例如，平台使用中某些形式的甄别可以促进创新，前提是制定明确和一致的规则（Clark and Claffy，2014）。事实上，许多业务甄别情形可能有利于用户，最明显的是保护对延迟敏感的业务，不受与其他业务混合这一后果的影响。

更深层次的令人烦恼的政策问题往往缺乏理论或事实依据，这涉及以下因果关系：哪些基本属性（例如，一般性、应用、普遍性、演化、畅通这些愿望，以及资本的获取）是创新的主要驱动力？文献（van Schewick，2012）全面分析了通用、畅通、无甄别的网络与作为创新平台的网络价值之间的关系。

因特网应作为在不同部门和国家之间分配财富的一种机制（再分配）。数以千计的独立公司联合起来提供因特网生态系统，每一家公司都致力于盈利和竞争，资金流动是其结构中不可或缺的组成部分。关于资本再分配的争论，无论是从生态系统中利润较高的部门到较低的部门进行交叉补贴（如从商业到居民，从城市到乡村），还是从较发达国家向较不发达国家的补贴，长期以来都是电信政策讨论和立法的特点。

最近的一个实例是，在大容量（视频）内容提供商是否应该承担部分基础设施的成本这一问题上，持续存在着紧张关系。这种紧张关系引发了关于接入提供商是否能够对内容和（或）给客户提供访问的中间商收费的争论；更一般地说，网络互连的配置和安排应当留给工业界，还是应当调整——按照谁对基础设施产生负载来分配资金流，而不是按照谁承运它来分配（Frieden，2011）。

除了在一个国家内对各工业部门进行交叉补贴外，各国政府也渴望汲取因特网生态系统中的国际收入流。过去，由于电话的接入，发展中国家经常从结算费中收取大量的硬通货币款项，而随着通信被移进因特网，这项收入来源正逐渐减少。关于 ITU 在调整国际因特网互连中所起到的作用，存在全球性的争议，这反映了包括政府在内的许多方面的动机，即改变当前的全球因特网流量支付标准，以便更接近基于电话的历史标准（Toure，2012；Huston，2012）。

架构相关性。*可达性、普遍性和演化*，与第12章关于私营企业投资动机的讨论直接相关。投资可以推动这些愿望，但也许不符合社会想要的比例。这三项都是资本密集型活动，因此似乎会推高成本，这将使它们与“因特网应当是*可负担得起的*”这一愿望相冲突。对移动性的架构支持促进了普遍性的实现。

创新和再分配与第12章中关于因特网货币路由的讨论直接相关。创新这个愿望几乎直接表明了基础设施提供商需要投资，以便该平台上的创新者能够获利。按这种说法，不太容易看出这种希望为何会变为现实。从某种直接意义上说，再分配的愿望是对创新追求的回应；这是一种呼吁（暂不论其他方面），希望创新者将他们的部分利润转移给基础设施供应商。有趣的是，人们发现一些行为者以相当直接的语言表达了这一愿望。

关于这组愿望的架构内涵，第12章已经试图解决这一问题。它们与架构模块化有关，模块接口的表达能力促进了不同行为者之间的交互。网络架构能激发可实现创新者从购买中受益的新服务的诞生吗？

因特网（和因特网技术）应该成为一个统一的通信技术平台（统一性）。这个愿望与社会没有直接关系。IP网络运营商倾向于将这一愿望作为节约成本的来源，或者更一般地说，是为了最大限度地提高资本投资的回报。这样，就可以促进对本章讨论的其他愿望的追求。统一性愿望不同于一般性愿望，后者是支持广泛的服务，而前者反映的是停止其他基础设施和相关投资的经济效益。

历史上，电话呼叫、有线电视和工业控制网络使用独立的、专用的、遗留的通信基础设施。如今，因特网技术可以为任何重要的通信应用提供统一的平台。今天的许多ISP为了经济效益都运行着完全相同的IP骨干网，他们将抵制任何可能导致将已经统一或计划统一的基础设施分离的监管干预。

请注意，虽然统一性降低了某些区域的总体成本，但也可能增加其他区域的成本，因为对于每个服务质量，统一平台必须支持要求最苛刻应用的性能。例如，一个统一的基于IP的平台必须足够可靠，以支持重要的电话业务，还要具有承载大量电视频道的容量。统一性也可能增加国家安全的风险，因为缺少多样性的基础设施更有可能发生系统性故障（Schneier，2010；Geer，2007），尽管这种担忧是有争议的（Felton，2004）。

架构相关性。今天，在实践当中，我们看到一个两级的IP平台正在出现，ISP在每一级上构建一个IP平台，然后在此之上运行部分基于IP的全球因特网。本书中讨论的大多数架构方案，都与创建新的全球因特网有关，而不是创建新形式的统一平台。考虑到目前工业的发展趋势，对这种两级结构进行架构上的探索似乎是有益的。

统一性会导致技术的一元化，有可能增加系统性故障的风险，从而影响到国家安全。从架构的角度探讨避免一元化的风险，是一个合理的问题。

安全类

正如在第10章中一样，作为讨论的起点，包罗万象的安全概念（或希望更安全的愿望）过于笼统。这里列出的所有愿望都与安全有关，但它们分解这个问题的方式与第 10 章略有不同，因为（在本章的语言中）它们关注的是危害而不是系统组件。在愿望的上下文中，这种对伤害的关注是有意义的。

因特网提供的体验应毫无挫折感、恐惧和令人不悦的因素，人们不会因为此类担忧而不使用因特网（可信性）。大多数用户希望、期待或假设他们对因特网的使用不会导致这些行为和数据被用来对付自己。用户还需要能够（但通常不能）评估使用因特网时某方面的安全性。今天，用户担心使用因特网的副作用（即被监控的活动，或者以不受欢迎的方式使用的个人信息，例如用于行为画像）。用户担心身份被盗，密码和凭证丢失，恶意软件损坏自己的计算机，或者由于账户损坏而失去数字或金融资产。这些威胁是真实存在的（Madden et al.，2012；Ehrenstein，2012；Sullivan，2013），不仅包括犯罪，而且还包括违反行为规范（如垃圾邮件或攻击性的帖子）。

因特网不应成为违法者的活动场所（合法）。不能控制非法活动的因特网生态系统，将会降低因特网的可信性，阻碍创新，并妨碍其作为一个具有一般性和统一性的平台所发挥的作用。一般来说，犯罪会拖累经济，是公民品格丧失的表现。但是，今天很多的网络犯罪是国际性的，不同国家对违法情况的认知存在着很大差异，在一些辖区内，追究国际间违法行为的工具很少且存在不一致。

因特网不应引起对国家安全的担忧（国家安全）。虽然小规模的入侵、犯罪和攻击可能会警告和阻止用户，但大规模的攻击可能会使大部分因特网或运行在其上的关键系统失效。人们有理由担心，因特网可能成为攻击其他关键基础设施的媒介，比如我们的电力或供水。

战略和国际研究中心维护了一份涉及国家安全的网络事件的公开表（Lewis，2014）。一些攻击上升到了国家安全关切的水平，但难以对其进行分类。

最后，当然，对安全的某些具体方面的改进可能会引起冲突，例如监视和隐私之间的紧张关系。

架构相关性。请参阅第 10 章中与安全有关的架构问题的讨论。

以用户为中心的可信性愿望的框架使隐私问题成为焦点，这与 CIA 三元组在通信安全方面的保密组件有关，但在第 10 章中没有对此进行强调。隐私可以与安全相一致，也可以与安全不一致，这取决于所考虑的是安全的哪个方面。这与防止对通信的攻击是一致的，使得一个主机对另一个主机的攻击变得更加困难，但可能与国家安全的某些方面不一致。关于架构是否（以及在多大程度上）应该支持隐私（而非义务）的决策，这可能属于架构问题，当然也不是无价值的。有人建议改造因特网，使其更可信，例如，确保每个用户的身份在任何时候都是可靠的（Landwehr，2009；McConnell，2010）。这些建议带来了一些基本关切，如隐私丧失、便于大规模监视和压制言论自由（Clark and Landau，2011）。

公用事业类

因特网应该被更多的人使用（应用）。应用就是让更多的人使用对其有用的因特网服务。随着更基本的社会服务被转移到因特网上以提高服务效率，非用户可能逐渐处于不利的地位。总体上这一目标似乎值得称赞，但也引发了一个问题：进一步的政策干预对于转变这些非用户是否适合。

关于因特网体验，消费者应该享有选择权（选择权）。在因特网生态系统中有很多种可能的选择（例如，选择宽带接入提供商或应用程序商店中的软件）。

选择的自由似乎是美国政策思想的核心，但选择这个词的定义并不明确，它常常被用作某些其他愿望的代理，对此而言，选择要么是手段，要么是结果。选择被描述为竞争市场的积极结果。其逻辑是，竞争导致选择，消费者将明智地做出选择，因此竞争要求供应商提供消费者喜欢的产品和服务。

但选择呈现出与其他愿望的紧张关系。有了选择，消费者可能会选择这样的网络——它比现在的因特网（例如，苹果的应用生态系统）管理和组织得更好，或者更加稳定，这一结果符合可信性的愿望，但与创新和一般性不一致。消费者可能更喜欢完全不受问责的网络，政府可能会认为这是不可接受的，并通过其他手段加以限制；或者，消费者可能更喜欢零成本但限制应用选择的网络。

总的来说，我们发现这种愿望是模棱两可的，定位在多种上下文中，并且在我们试图将其简化为可操作的术语时，会存在多种解释。

因特网内容应向所有人开放，不受阻挡或审查（畅通）。这一愿望意味着ISP和其他网络运营商绝不能阻止或阻碍对内容的访问，这一目标被称为网络中立性。这还意味着，那些有权强制封锁或删除内容的人（例如政府）应避免这样做。当然，政府和私营部门行为者采取的许多封锁和审查行动在法律上是合理的。

这种愿望和所有信息都是免费的理想并不是一回事：有些商业内容可能需要付费才能访问，而有些内容的传播可能是非法的。这种愿望不是描述内容生产者和用户之间的关系，而是描述因特网在连接生产者和用户时所起到的作用。

对于世界上的任何地区，因特网的行为都应该符合并反映其核心的文化/政治价值观（本地价值观）。由于全球各地的价值观差异很大，这一愿望可以说意味着对全球因特网的某种划分，至少在用户体验方面如此。在美国，相关价值观将包括第一修正案中的自由（言论、结社和集会自由，建立宗教和进行宗教活动的自由，新闻自由，以及纠正冤情的申诉自由），但对某些类型的言论和表达会有限制。有些地区更喜欢保障社会结构或政权稳定的因特网。关于这一愿望的争论是国际政策发展的一个关键方面。

因特网应该促进普遍的社会和政治价值观（社会、文化和政治价值观）。这一愿望意味着普遍价值观的存在，例如《联合国宪章》或“世界人权宣言”（UDHR）（United Nations，1948）所阐述的价值观，即和平、自由、社会进步、平等权利和人的尊严（Annan，2013）。虽然这些价值观并非被人们普遍接受，但我们可以想象将其转化到因特网上，正像约翰·佩里·巴洛（John Perry Barlow，1996）热情推动的那样，以产生如下的愿望：

- 各国政府不应限制公民与境外人士互动的能力，只要不伤害他人。物质世界类似于行动自由的普遍人权，无论是在国家内部还是在国家之外，都有返回或永久离开的权利（United Nations，1948）。
- 应该允许人们在不受政府干涉的情况下与其他国家的公民直接通信，这是对全球自由（虚拟）集会和言论权利的一种功能性实现。
- 因特网应促进和加强全球互动（只要不是犯罪行为），以促进思想交流。（但是，由于“犯罪”有特定于不同国家的定义，这一愿望将需要对全球范围内可接受的互动做出自由的解释。）
- 因特网应该成为一个国际“思想市场”论坛。

也许作为美国例外论的一种网络表现，美国已经表达了这样的观点：网络空间技术可以成为一种手段，来输出我们普遍持有的以美国为中心的价值观（即改变其他社会，使之更像我们）。前国务卿希拉里·克林顿（Hillary Clinton，2011）将这一政策表示如下：

> 现在有20亿人上网，几乎占全人类的三分之一。我们来自世界的每一个角落，生活在各种形式的政府之下，接受每一种信仰体系。而且，我们正越来越多地求助于因特网来处理生活中的重要方面……网络上的言论、集会和结社自由构成了我所说的连接自由。美国支持世界各地人民的这种自由，我们呼吁其他国家也这样做。因为我们希望人们都有机会行使这种自由。

关于期望因特网为其做什么，其他国家则采取更为向内（inward-facing）的观点。

架构相关性。定义创建服务通用平台的任何架构，都会支持这一篮子愿望。更详细的问题涉及一般性的程度（如QoS特征）和应用范围。ISP级的选择（相对于高级服务和应用层）似乎与下一个类别有关：经济。

实现公民全球通信的愿望，并不意味着需要以一致的形式在全球范围内提供所有因特网体验，只要能为人们之间的全球通信（即一些交谈和交流工具）建立一个有效的基础就可以了。这一愿望得益于一般性。因特网与本地价值观的结合有积极的一面，也有消极的一面。积极的方面是应用开发，这些应用将世界各地的语言和期望本地化了，这会推动相关应用。即使因特网是一个潜在的全球交流平台，然而现实的期望是，对大多数用户来说，他们的大部分体验仍将是国内范围的。使因特网适合于本地价值观的消极一面是审查制度。从技术上讲，审查制度是对自愿各方之间通信的一种攻击，但是大多数审查人员都不认为他们所做的有悖于安全原则，因为他们声称其在法律上有权这么做。旨在保护通信不受攻击的机制会削弱审查工具的作用，无论我们是否同情审查人员的动机。

在当前的因特网上，这场关于审查制度的争斗已经以一种特殊的方式展开了。各国并没有试图检查数据包流并阻止传输中的内容，而是根据接收者的管辖权，向主要内容提供商施压，在源端阻止传送。在许多情况下，大型内容提供商已经屈服于这种压力，并提供针对特定国家的内容和搜索结果过滤。

期望基于特定管辖权的阻止并不限于政府。根据具体的不同国家，商业内容（如音乐和视频）提供商通常对这类内容消费要求获得许可权。他们和政府一样焦虑，要根据接收者的国家来管理访问。

当前事态的现状给互联网带来了一个特定的充满价值的抉择——设计上是否应该使确定某一特定用户的国家（合法管辖权）变得容易或困难呢？今天的因特网大致上具有这种能力，因为大多数 IP 地址都是按国家分配的。当然，今天知情的客户正在通过使用 VPN 和其他类型的隧道技术，试图摆脱这一管辖约束，而审查人员则在努力阻止这些工具的使用。大多数参与访问控制的行为者，都认为这种大致有效的方法已经够用了，但是，如果人们提出一种新的互联网，其中一种选择就是地址总是按每个国家分配，这将使针对特定国家的内容访问监管变得更有力。

另一种选择是要求内容请求包含某种“公民身份证书”。出于一些原因，这种方法似乎存在很大的问题，包括明显的规避方法，例如向不同国家的人借一个证书。另外，国家可以通过吊销公民的证件（或许类似于吊销护照）来取消公民检索内容的权利，这似乎是危险的国家权力分配。然而，诸如 Nebula 这样的架构，在开始数据传输之前需要分布式控制平面协商，这也许能以不可伪造的方式将管辖证书嵌入 PoC 中。

另一方面，通过使确定查询来源的管辖权变得更加困难，并看看对手如何反应，架构可能会使争端升级。这就是 NDN 所做的，其中，兴趣包携带有被请求内容的名称，而不是请求者的地址，因此，除非提供商要求请求者包括某种类型的证书，否则内容提供商不可能从所接收的兴趣包中确定发送端的管辖权。

到目前为止，各国都愿意采取相当激进的行动，包括由于托管了不可接受的内容而封锁整个内容提供商。这是一个任何架构决策都会受巨大价值驱动的空间。我们曾认为，在个人责任方面，个人层面的身份信息不应成为架构的一部分。关于互联网端节点与管辖权之间架构上的绑定，我们对此还不太清楚。将管辖权嵌入架构中，似乎意味着ISP将有责任进行验证。一个问题是，服务可能需要从客户端（例如他们的年龄组）获得其他类型的凭证。将凭证嵌入架构中的方案应该允许任意的凭证，但不能期望ISP进行签发或验证。

政治学认为，避免（争端）升级是国际关系中的一个重要问题。我们今天看到的各种军备竞赛（使用加密阻止VPN、隧道和整个站点）表明，设计师在设计机制时处于一种升级的心态中。也许，在满足社会需求方面，当我们做出充满价值的架构决策时，需要考虑的是政治妥协，而不是对抗和升级。

第 15 章

Designing an Internet

展望未来

这一章应该贴上警告性的标签："高度推测"。我在前面说过，所有的架构都是其所处时代的产物，并且随着时代的变化而解决不同的需求。在本章中，我将提供自己对未来需求的看法（因为架构要想持久，应该是具有前瞻性的），然后，关于一个合适的架构可能是什么样的，我也将提供自己的想法。然而，这些想法并没有充实为一个完整的设计，也从没有实现原型或测试，因此，对于那些想要探索一些新想法的人来说，最好把这一章解读为一个可能的研究议程。

变革的驱动因素

是什么导致网络需求随着时间的推移而改变？在我看来，这是三个重要驱动因素之间的相互作用：网络和计算机技术的新发展，应用设计的新方法，以及在因特网所处的更大范围内不断变化的需求——第 14 章概述过的所有问题。

在技术空间内，网络技术和端节点技术都可以推动变革。因特网设计的目的就是将端节点计算设备连接在一起，因此随着这些设备的发展，网络也将随之发展。个人计算机的出现改变了我们作为设计师的观点：我们意识到，要使因特网获得成功，它必须连接的不是几十万个分时系统，而是数亿个端节点。个人计算机也推动了网络技术的创新——个人计算机和局域网共同发展。

目前，高端和低端都有重要的技术趋势。在高端，我们看到了以"云计算"为名的大规模计算群。我认为云这个词有点误导，它倾向于暗示某种形式上不固定和不明确的东西。云计算在其物理表现形式上绝不是不明确的，云计算平台可以是一个足球场大小的建筑，其中容纳数十万处理器，并消耗（和耗散）数兆瓦的功率。就像 PC 推动了局域网的发展一样，大规模的数据中心正在推动适合于数据中心内部互连的新型网络的发展。但是，我将大胆地断言，在这一点上，我没有看到对低成本、高性能数据中心网络技术的需求，也没有看到它激发对新互联网架构的需求。我做好了被证明是错误的准备。

在低端，当前占主导地位的终端节点是智能手机，未来可能是被称为（在我看来不太恰当）物联网（IoT）的一类设备。物联网设备是一种小型的、固定功能的设备，可以自主运行，不受人的直接监管。这类行为也被称为嵌入式计算、传感器网络和机器对机器（M2M）通信。在物联网的标题下，集中在一起的设备种类繁多，从完全能够成为全球互联网一部分的"物"到需要使用一组专用协议的专用网络一类的东西。这些设备对网络管理的要求是当今因特网没有解决的，但我不认为我们会看到一个新的、全球性的因特网，用来将物联网类设备连接在一起；取而代之的是，一系列设备将通过某种网关组件连接到全球互联网上。同样，我已做好被证明错了的准备。特别是，一个在网络管理方面做得更好的互联网新建议，对于物联网的未来可能会奠定更好的基础。

在我看来，变革的最重要驱动因素是应用设计的演变。今天的应用往往比十年前的应用要复杂得多，一定程度上是由于新技术选择，但同时，当今的应用也得益于更丰富的开发基础设施——因特网所处的生态系统。因特网的早期设计师（至少对我自己来说）只有简单的生态系统概念。有因特网，有附属的计算机，仅此而已。作为开发平台，应用设计者所拥有的就是因特网（通常使用 TCP）和（从 20 世纪 80 年代中期开始）DNS。其他的一切都取决于开发人员。之后，生态系统变得更加复杂了。Web 的发明改变了应用的构建方式。浏览器以及内容格式化标准为应用设计者提供了一个预置的用户界面。大约十年后（90 年代末），CDN 开始部署，应用设计者现在有了一个预先构建的内容复制平台。今天，生态系统中又加入了云计算，一个玩笑（或许不仅仅是玩笑）是，开发人员可以在一天之内构建一个应用。生态系统的这些进步得益于新技术，同时也是创新性地思考如何将技术转化为服务能力的结果，如 CDN。

正如我在第 2 章中所描绘的，几十年来，为用户定义因特网的应用发生了变化。开始时，使用因特网就是收发电子邮件。接下来占主导地位的应用是网站。现在，两个应用似乎定义了大多数用户的因特网体验，那就是流媒体视频和社交媒体——通信和内容的混合体。

经常有人问我，下一个“杀手级应用”会是什么。在视频和社交媒体之后，有什么东西的到来，将会重新定义因特网对用户的意义呢？探索应用的未来的一种方法是，询问一下哪些行业还没有受到因特网的干扰。被扰乱的行业名单很长——电话、音乐、电视，几乎所有的商品，从卖书开始，还有其他很多行业。回答这个问题的另一种方法是，看看计算机科学中更广泛的研究和发展议程，看一看什么新能力即将到来。高级机器学习带来（无论好坏）自动汽车、语音和图像识别以及行为画像。它还会带来别的什么？廉价的摄像机正把我们带入全面监控的时代，无处不在的面部识别又使全面监控进一步升级。对人工智能的希望和恐惧几乎遍及社会的各个方面，然后是半机械人，即人 - 机混合体的愿景。

我自己对下一个“杀手级应用”的押注是沉浸式的、多人的、交互式的虚拟现实，或者可能是成群的自动驾驶汽车。

不管你怎么看这些未来（也许它们让你想放弃这本书，去看科幻小说，正如我在第 2 章中所建议的），我认为对于网络设计师来说，问题并不是下一个应用真正会是什么，而是未来如何设计应用以及它们对网络性能有什么要求。视频传送将网络推向了大容量方向，这需要大量的投资，给了应用设计者很多空间去梦想新方式下的网络使用。视频也推动了特定方向上更大的生态系统，它具有广泛部署的、使用复杂方法优化传送的 CDN。

设计复杂的算法以选择最好的服务器来传送视频，这是很有意义的。由此产生的传送效率足以弥补在传输本身开始之前任何延迟的增加。但是想象一下，如果未来出现一种不同类型的应用，可能是由物联网驱动的，其中主要的通信模式是由大量非常小的数据传送组成的。在这种情况下，对整体性能至关重要的设计因素并不是传送的速度，而是在它能开始之前的延迟。未来的互联网（以及它所处的生态系统）必须提供单一的传送模型，这个模型具有足够的通用性来处理大量的数据传输（例如，大型视频文件），还要提供单一的包交换；或者未来的网络针对不同类型的应用，将需要提供几种不同的传送服务。

我会再做一个预测。我们正处于一个过渡时期，其中未来网络能力的进步将不是更高的访问速度，而是更多样化的传送服务。接下来的效用度量参数将是弹性、安全性、可用性和服务传送的一致性。自动驾驶可能会受益于环境信息的输入，但如果网络不可预测地断掉的话，它们就不能依赖这种信息。如果我们总是在线，那么就会越来越依赖可靠的连接，网络也必须一直是正常的。对于网络设计（除了继续大量投资于普遍的无线连接之外），这意味着持续发展，例如，让端节点有多条路径进入网络（*多穴技术*）、给应用增加更多的弹性和复制能力，包括网络对应用弹性和网络弹性的支持。超越“尽力而为”的更加可预测的包传送服务，将会促生依赖于低延时和可预测延时的新型应用。网络受困于光速，但在传输时应该尽量接近这个速度。

网络需要做的就是促进更丰富的应用开发生态系统的成长，但不应该试图去做整个工作。随着应用开发生态系统所做的工作越来越多，作为应用支持的整体解决方案的一部分，网络就会做得越来越少。

来自其他网络设计研究的经验

在本书讨论过的许多项目中，有一些很好的思想和经验。以下是一些特别相关的问题：

- NDN 违背了传统的观点，认为作为转发技术的一部分而保持每包状态的路由器是可行的，因此建议设计师想出最有用的方法以利用这种状态。
- NDN 还认为，网络不需要具有映射到端节点的路由地址。在路由器中使用高级名字和状态就能实现包传送。按第 6 章的话说，NDN 有着截然不同的表达能力。

- 几个建议说明，可以有不同类型的数据包，带有不同种类的地址，转发时使用不同的传送服务。TRIAD、DONA 和 XIA 说明，并不是所有的路由器都需要参与所有的传送服务。一部分路由器可以实现其中一个方案（这些建议中代价更高的方案）。当性能问题非常不同时，这些架构在设置阶段利用了更复杂的方案。
- XIA 特别指出，单个数据包可以携带多种类型的地址，从而调用多种传送服务。
- MF 认为路由器将查询名称解析服务器作为转发数据包的一部分是可行的。这种结构在其他背景中是显而易见的：SDN 中的路由器也查询服务器以获得转发信息。关于 GNS 的区别在于名称是全球范围的。
- Metanet 和 FII（其他的除外）为明确的网络服务规范做出了说明。FII 建议谈到了应用编程接口（API），但接口的细节并不重要，重要的是服务的规范——传送服务做什么。在因特网中，单一的“尽力而为”服务说明得如此单薄，且高度可变，以至于没有理由去明确地描述它。然而，如果互联网提供更复杂的服务，用户（或应用构建者）将需要更详细地了解这些服务能做什么。这些服务的规范需要全球一致（因此应用可以从不同的地方调用相同的服务）。
- Nebula 说明了健壮的源路由是可能的（或许是以复杂性和相当大的开销为代价的）。这些路由是健壮的，其含义是，如果路由器是可信的，那么数据包只会到达发送端希望它们去的地方。
- 相反，NewArch 告诉我们，网络架构不需要包含任何类型的全局标识符。如果存在有效的定位器，则可以将更高级的标识符或名称的管理移到架构之外的更高层。在这种情况下，可以有多个命名方案，由不同的行为者来管理，而不是由 ISP 管理的一个方案。移动性（一般）要求解开定位器与身份的耦合，但是解决移动性问题时，不需要网络理解身份是如何管理的。
- 基于角色的架构（RBA）是 NewArch 项目的一部分，它告诉人们不必对网络协议进行分层。

关于架构的一些更具一般性的见解

纵观这些经验，以及前几章中的内容，关于架构设计我提供一些更具一般性的见解。

设想成功的结果。新架构的设计师不应该只关注转发数据的任务。那是一个过于狭隘的抱负，一种新的数据包传送方法本身不会是变革性的（除非有可能再便宜几个数量级）。以有益的方式重塑更大的生态系统是变革性的，例如，可能会增加对不同行为者的激励、创建新的行为者，或者使应用设计变得更容易。设计师必须广泛地考虑新的建议，并设想其建议一旦成功和成熟后的整个结果。他们应该描述生态系统，而不仅仅是自己的系统。

生态系统做得越多，网络要做的就越少。基于对极简性的喜爱，我的结论是，互联网架构不应该解决不必要的问题。然而，从创新者的角度来看（想想 FIA 计划中的研究小组），开发一个部分解决方案，并希望生态系统来完成它，似乎是令人震惊的。这样的设计让成功掌握在别人手中[㊀]。诱惑在于设计一个本身就是完整的系统。这样的解决方案可能比较容易开始，但成长起来却比较困难。为了提高新思想成功的可能性，对其置身的生态系统的概念和关键部分进行原型化，可能是必要的。

未来不仅仅是因特网。当然，这一评论绕开了因特网是什么的问题，但我的具体观点是，在最初的设计时代，我们的高级目标是为每个人建立单一的、全球互连的网络。针对企业、军队以及其他单位的应用，存在着由因特网技术构建的其他网络，但引人注目的愿景还是全球互连的世界，这需要（所以我们认为）一个全球连接的网络。我是一个乐观主义者，所以我认为这个全球愿景仍然是可行的，尽管它在世界上的一些地方已经退化了，例如，一些国家限制了因特网体验。但随着因特网生态系统的扩大，全球经验的创建不再仅仅依赖于单一互连的因特网。今天，还有基于相同因特网技术的其他全球网络，但并没有直接与我们认为的公共因特网互连。伴随着云计算、CDN 等，这些其他的网络已成为应用开发生态系统的一部分。例如，云提供商使用这些网络到达他们的企业客户，从而保护业务不受各种攻击和性能波动的影响。

在这个具有多个网络的较为丰富的生态系统中，我们称之为全球因特网的那部分，其作用是什么？一个作用是个人接入——人们进行连接的手段。另一个作用是对等交互——不依赖于云或集中式服务的应用。尽管今天的大多数应用不是对等的，但保留此能力对于持续创新和因特网体验的多样性至关重要。

我还不清楚这些多网络对网络架构的影响。由于这些网络彼此孤立地存在，因此架构不需要描述它们如何交互。我认为架构方面的回答仍然是我的极简性观点——也许有了这些多样的网络，架构可以做得更少。也许与安全性、弹性或系统过载相关的一些问题，可以通过隔离而不是复杂的机制来解决（这听起来相当抽象，但我稍后在本章讨论 CDN 内部管理时会给出一个具体的例子）。

传统的商业关系和网络协议一样僵化。我从公共因特网 QoS 和多播的失败中吸取的教训是，如果一项技术创新需要多方之间的协调，创新的设计者必须设计商

㊀ 有一条引用语来源于很多人，其中至少包括两位总统："生孩子就是把命运当作人质。"创新者对于他们的观念也有同样的感觉。

业框架（如货币路由）和技术。商业生态系统中的单个公司无法设计出一个货币路由框架——在其所处的经济体系中，他们是使用者而不是制造者。

关于货币路由和商业关系，最好的经验和教训来自生态系统的另一部分，对此，我在第8章谈及了一点，是命名方面的。拥有知识产权的人把注意力集中在货币路由上。我在第8章中列出的命名方案，允许他们跟踪内容项和各个版权持有人的身份。该行业的公司在内容制作方面是咄咄逼人的竞争对手，但在设计和实施货币路由方面却是合作的。他们通过诸如美国唱片业协会（RIAA）这样的贸易集团，以及诸如美国作曲家、作家和出版商协会（ASCAP）和广播音乐公司（BMI）这样的集体权利 – 管理组织，来定义和实施行业的财务结构。

网络产业应该从内容产业中吸取教训。如果ISP希望提供QoS、任播或多播等高级服务，则业界需要组织起来去管理支付流。这需要一个集体销售服务的总体框架。集体组织（让我称之为服务费管理集体（SFMC））也将使ISP更容易销售更高级的服务，如内容缓存和传送。

有一些ISP集体经营一项共同事业的例子，如因特网交易所（IX）。交易所（特别是在欧洲）往往是由一个成员组织来经营的，这是为了成员的集体利益，这些成员就是互连在那里的ISP。当然，IX比全球的货币路由方案更容易组织，但是，如果一群主要的ISP向SFMC提出一个合理的建议，那么其他ISP也会同意加入。但是，就像技术架构一样，支付方案也需随着其成熟而发展，良好的治理（和法律建议）对于方案的成功将是必要的。

考虑网络性能和架构复杂性之间的权衡。和前面提到的问题相比，这个问题听起来非常低级，但它说明了网络层设计中的折中——多做或少做。作为一个具体的例子，考虑这种折中：以增加架构复杂性为代价，消除往返包交换所引起的延时。网络可以穿过美国传送一个数据包，并在大约十分之一秒钟内返回信息。鉴于当今计算机的速度，十分之一秒几乎就是永远。一台现代计算机可以在那段时间里执行数百万条指令，而且计算机还会继续变快，但这种往返延时将永远不会改善，因为它在很大程度上取决于光速。

我在书中讨论过的几个架构设计师都曾努力地工作，以消除他们提供的服务中的往返延时，特别是在设置阶段。在TRIAD中，设置数据包流经一系列路由器，这些路由器专门处理DNS风格的查找数据包，直到其到达目的地，目的节点回应一个数据包以完成TCP连接；这差不多就是一次往返时间。相反，当前因特网使用DNS将DNS风格的名字转换为IP地址，DNS将地址返回到进行查询的端节点。然后，该端点向IP地址发送一个数据包，以启动TCP连接。这个序列在设置阶段增加了一次往返时间，但作为回报，路由器不需要知道DNS风格的名字。以一次往返的代价，高级名字不再由架构来指定，这意味着不同的应用可以使用其他机制来查找目标计算机的IP地址，而且这些服务可以由独立的提供商而不是ISP来提供。

其他几个架构以增加架构的复杂性为代价，消除了往返过程。MF使用GNS重新计算从GUID到网络的绑定，以便在转发数据包时对其进行重定向。相反，如果网络将错误报文发回源端，而源端查找这个绑定，则这将为移动主机的移动所造成的延迟增加大约一个RTT。有时候，这种折中更加复杂。i3通过DHT转发设置包，然后直接去往最终目的节点，而DOA使用DHT查找最终目的节点的地址，再发回到源端，同样是一次往返的代价。然而，i3中的每一个数据包都会招致额外的延迟（幸运的话，不到一个RTT），它是通过存储触发器的i3节点以到达目的节点的，而DOA发送数据包则是直接从源端到目的端。

我的观点是，如果结果迫使复杂的机制进入网络架构，在设置数据包或其他特殊情况下（例如移动设备的移动），节省一次往返行程是不合理的，原本可以在更大的生态系统中分离和执行。我的观点在一定程度上是通过观察当今因特网上建立连接的大背景而形成的。以Web为例，在下载和显示页面之前，可能会有很多个往返延时。浏览器必须将URL中的DNS名字解析为地址，但是在此之后，页面中可能会有许多其他嵌入式组件，它们带有额外的URL，也需要解析，而且可能还会有与授权、行为跟踪等相关的其他步骤。

检索网页的性能目标应该是减少整个传送延时，但是互联网架构不应该承担整个任务。若要减少与DNS查找相关的延时，DNS服务器可以将以前查询的结果缓存起来；在这种情况下，查找DNS名字可能仍需要一次往返，但是，提供答案的服务器可能只有几毫秒远，而不是穿越整个国家。围绕因特网在多个点复制DNS信息、内容或其他东西，以缩短客户端与服务器之间的距离，可能是比较好的方法，可以减少往返交互引起的延时。

相反，回到我假设的未来，其中主要是物联网类设备之间大量的小传送，总体性能可能取决于开始（小）传送之前的延时，这意味着更多的注意力是消除传送开始之前过度的往返交互。这一目标将对命名、安全（挑战－响应认证验证协议是必要的吗？）、弹性和其他方面产生影响。

关于设计的思考：包传送服务

本节里，我将从之前讨论过的各种建议中吸取教训和见解，并将它们编成另一份网络架构建议。这是一件冒险的事——冒着得罪朋友的风险，因为我只使用了他们的部分想法；如果经过进一步的检验，这个建议被证明是有缺陷的，我还要冒着愚蠢的风险。但我想通过这样的实践方式，在生态系统中讨论架构、管理和控制的重要性，以及一个展示货币路由作用的架构。在这一点上，我的书还有些固执己见，在此提醒读者注意。我的分析中也会包括一点技术和细节性的内容。

任何新网络架构的建议都必须首先讨论包传送服务及其与需求的关系。虽然这个讨论最终要谈及产生的生态系统，但网络的基本功能就是传送数据。贯穿整本书的一个主题是描述很弱的、当前因特网的"尽力而为"传送服务。这项简单服务的成功是无可争辩的。与此同时，从20世纪90年代开始，人们也在努力开发其他服务，如多播和QoS。这些服务在公共因特网上失败了，但正在其他基于IP的网络中使用，这意味着它们在公共因特网上也可能有实用价值。第7章中的许多建议也定义了一些新的包传送服务。有些（如NDN）提供一种完全不同的服务，还有一些（如XIA）可提供了几种服务。

我目前的观点是，提供一套更丰富的服务的互联网，可以更好地支持更广泛的应用，并为ISP带来更多的收入，从而提供更多的投资激励。为了支持这一观点，我不得不推测这些服务可能是什么。答案只能来自上面的层次（从应用中学习）和下面的层次（预测未来的技术趋势以及这些趋势如何跨层创造新的机会）。多播和QoS受到了实时电话会议的启发。TRIAD、NONA和ICN建议受到数据（内容）传送的启发。XIA的几个传送服务受到了不同目标的启发——寻找服务、寻找数据或寻找特定计算机。也有一个负面的设计目标——服务不仅应该促进合法的应用，而且还应该防止或阻止不良行为。当前的因特网允许任一源端向任意目的端发送数据包，这方便了DDoS攻击和检测脆弱机器的端节点扫描。也许未来的互联网应该是"默认拒绝"：作为接收数据包的先决条件，接收者应该先同意接收数据包。

关于"服务"一词的题外话。在读到这一章的早期草稿时，我意识到需要给读者加一个警告。我要过度使用服务这个词。第一次在网络中遇到这个词时，我被它弄糊涂了。那些来自ISP的朋友一直在使用它，但似乎没有特定的含义。对我来说，技术是真实的，服务是模糊的。在教了几次课之后，我终于弄明白了。服务就是你所销售的东西，是你赚钱的方式。而科技是你买到的东西，是你花钱的方式。当我和ISP的人谈论技术时，我告诉他们关于成本的事情，而他们想谈的是利润，于是我们陷入了自说自话的讨论。

在这方面，我使用服务一词的方式与其在贸易中的使用是一致的。对于熟悉关于建立服务贸易总协定的谈判的人，他们很清楚服务概念。这里的区别的是，在分层系统中，服务和技术都是分层的。每一层都有技术，每一层都为上面的层提供服务，因此，服务这个词在每层上都会被重用。技术一词也是如此，但不知何故，这并不是那么令人费解。因此，在本节中，我将讨论包传送服务，如任播，它用于支持更高级的服务，如缓存数据的传送。可以使用多种包传送服务来支持多种更高级的服务。我会尽量描述清楚。

关于包传送服务的下一个问题是，在设计时，互联网中应该包含哪些功能，以及哪些功能应该委托给它所处的更大的生态系统。当我们设计包传送服务时，责任分工应放在何处？我对架构极简性的偏爱，在这里影响了我的观点。

以信息为中心的网络的效用

ICN 的前提是互联网应该使用数据的名字作为包传送的基础。作为其他未来互联网的部分工作，这个想法吸引了不少关注。在高层次上，采用这种方法的理由是，用户（或代表用户行事的应用）希望网络做的就是传递数据，那么为什么不将数据标识作为架构的一部分呢？

目前，我并不认为有充分的理由为互联网架构中的数据命名。有许多考虑因素（其中很多我在第 8 章中提到过）使我得出了这个（可能有争议）的结论。

*数据*这个词描述了宽泛的事物。有些数据是暂时的，有些是持久的，有些是按需生成的，有些是复制的，等等。组成电话会议的数据来源于参与者所在的地方，而网站的数据可能来自 CDN（在这种情况下，可能有很多潜在的、获取数据的位置）。将数据的名字放入网络层需要单一命名方案描述，更重要的是，需要一个将这些名称绑定到位置的单一方案。虽然设计者可以提出一种非常灵活的命名 / 绑定方案（就像 NDN 所做的那样），但我担心单一的方案会被证明过于局限，无法涵盖所有不同的数据传输模式。

规模问题是对基于名称的转发的一个基本挑战。正如我在第 8 章中所讨论的，互联网上可能有数十亿（可能是万亿）个数据对象。我认为这数十亿个数据对象使用扁平的名字，创建并管理从每个名字到当前位置的绑定是不切实际的，就像在 DONA（见第 7 章）中那样。这似乎意味着，名称的结构或组织方式必须对数据的位置提供一定的引导。但是，用于提示位置的名字不太可能用于其他目的，例如为对象提供长期标识（独立于其所在位置）或用于验证数据的真实性。为给出位置引导而结构化的名字或许更像是乔装的定位器。像 NDN 这样的系统，将兴趣包路由到可以找到数据的位置上，其基本难题是数据可能位于网络的许多位置上，但是为了实用，名字里必须包含关于数据位置的某种指示。我喜欢使用位置指示作为包传送服务的一部分，但指示并不是名字。

必须有明确的理由将某种机制添加到互联网设计中。如果没有正当的理由将其包括在内，那么请具体说明需求，并让系统的其他部分来实现这一需求。为互联网架构中的数据部分命名的一个理由是数据缓存（cache）。NDN 以及一些其他方案，将数据名称放入网络层，以便网络可以缓存数据（或 NDN 中构成数据的包）并从缓存传送所请求的数据。然而，我不相信实践中这一想法能带来多少好处。第一，今天的许多数据都是商业内容，受权限管理方案的保护，作为访问的一部分，这些方案都需要认证和授权。内容提供商将强烈反对这样的系统：允许任何人检索大部分内容的副本。第二，我没有看到令人信服的分析，表明合理大小的缓存在缓存传送数据方面被证明是有效的。第三，内容传送现在正通过 CDN 高效地进行，它在靠近用户的多个点上复制内容，并处理权限管理问题、内容定制和许多其他高级服务，还有简单的缓存问题。我提出了这样的设计规则，即生态系统做得越多，网络层应该做的就越少。根据这个规则，作为包传送服务一部分的内容缓存并不重要。

将数据对象命名作为互联网架构的一部分的另一个可能原因是，网络可以验证命名对象的有效性。当一个端节点连接到另一个端节点的服务（或其他任何东西）时，该端节点必须能够验证它到达了期望的目的端，而不是以某种方式被偏离到恶意的替代者。某种可能基于公钥对的验证，应该是建立通信的一个标准部分，但这并不意味着网络架构必须指定这是如何完成的。我更喜欢的是，身份凭据只能在端节点上可见，而在网络中是不可见的。为认证而设计的凭据可能是长期的，并且允许持久跟踪，因此我不认为用于命名服务或节点的实际标识符必须是自认证的。该功能可以使用端节点之间传输的其他信息来实现。

对于网络中使用数据名字，我最后的担心是权力的披露与平衡。将数据名放入包头中，使得 ISP 能够根据正在传输的数据做出区别对待的行为。它还赋予第三方（国家行为者或作为国家代理人的 ISP）很大的权力来进行审查和阻止。在我看来（设计不是价值中性的，所以这里的价值可能有差别），揭示数据的身份将过多的权力转移给了 ISP 和拥有不当利益的第三方。

面向服务的网络的效用

在第 8 章中，我讨论了另一个包传送业务，即传送到服务。XIA 包含这个概念，XIA 中的一种标识符就是服务标识符（SID）。此上下文中的服务（请记住我对过度使用这个词的警告）运行在一个端节点上，并执行一些更高级的活动或应用。Web 服务器是一种服务，就像 CDN、游戏服务器或任何其他可能实现的更高级的功能那样。当服务在多个位置上复制，网络负责选取距离最近的服务副本或更合适的服务副本（根据网络指定的什么度量方法都可以）时，传送到服务是有意义的。复制较高级服务的一个明显例子是 CDN 或其他形式的数据仓库。

我把这种传送服务等同于任播，但说“任播”并不足以说明网络级的服务应该做什么。规范必须考虑到规模、性能、功能以及成本。就规模而言，未来有多少更高级的服务可以利用任播？提供网站不是这一级的服务，它是一项更高级的服务（记住我的警告——服务是分层的）。Web 内容提供商可以同意内容缓存和传送服务来分发其内容，因此，今天的 CDN 数比系统需要支持的任播地址的网站数要好估算一些。今天，可能有数以百计的 CDN，而不是数百万的网站。然而，也可能有许多其他类型的更高级服务可以利用任播。我认为 100 万作为任意广播地址的上限是一种合理的猜测[^1]，因此我会提出将100万作为设计目标。

路由到100万个任播地址似乎不太现实，但是BGP目前正在计算的路由，差不多是到68万个不同的地址空间区域，因此，维持到100万个任播地址的路由规模，将与今天的因特网所做的大致相同。任播路由更深层次的挑战不是规模问题，而是设计出一种路由协议，它对网络中恶意区域的操作具有健壮性。

下一个问题是性能和功能。为了利用该服务，应用设计者将希望知道许多问题的答案。任播机制如何选择服务的特定副本？根据延时测量，它是最近的吗？根据网络负载，它是最好的吗？这些答案是一致的吗？

我将暂缓讨论成本问题。

任播可用作数据检索服务的构建块，类似于ICN提供的服务。使用任播请求一个数据对象，需要将数据包发送到任播地址，这个地址识别一个合适的CDN或类似的服务，数据包正文中含有所需数据对象的名字。数据对象的名字不再需要映射到位置，因此，现在名字可以用于实现其他功能，例如表示数据对象（和哪一个CDN正持有它无关）的长期标识或自认证。根据情况，不同类型的名字可用于处理不同类型的数据。CDN必须根据其名字定位数据对象，但CDN不需要处理整个互联网上的每个数据名，只需要处理CDN中数据名。通过将数据对象划分到多个不同的CDN中，名字到数据对象的绑定问题变得更加容易处理。今天返回URL的更高级的搜索工具，将返回数据对象名，以及一个或多个CDN（或许能返回数据的CDN）的任播地址。

我必须用最简性原则挑战一下自己。为什么要将任播放到网络中，而不是像我们今天做的这样，使用类似于DNS的东西将更高级的服务名映射到附近的位置呢？下面是一些优点。

第一，要选择距离请求者最近的服务副本，必须知道请求者在哪里。对此，网络比DNS知道得更多（例如，在NDN中，没有端节点地址的概念，像DNS这样的独立服务无法知道请求者在哪）。

第二，像CDN这样的服务并不简单。作为CDN的一部分，并不是每个服务器都包含相同的内容。CDN可能必须将内容请求从一个服务器转发到另一个服务器，以便到达能够实际传送内容的计算机。理想情况下，最终服务器的选择将基于网络级和CDN级的信息。网络层为实现任播传送而汇集的路由信息，必须考虑到网络拓扑和条件，对于网络能给CDN提供的其他服务，这也许是有用的起始点，它提供了从网络中不同服务器到不同位置的当前路径信息。

第三，任播可以减轻一些恶意行为，特别是DDoS攻击。针对复制服务的

[^1]: 在预测未来的时候，我常常受累于自己储备的不足。

DDoS 攻击，某种程度上正好受阻于这种复制——攻击者必须找到足够的攻击计算机，以泛洪所有的副本，否则就集中攻击几台计算机而不管其他的。但是，如果从名字到地址的绑定位于 DNS 中，则攻击者可以通过探测 DNS 查找所有副本的 IP 地址，从而允许对选定的计算机进行精心设计的攻击。如果服务计算机只是共享一个任播地址，攻击者就无法选择特定的目标。

我认为阻碍任播的最大障碍是争斗。用 CDN 来说明我的担忧，今天，CDN 运营商控制着 CDN 名字（DNS 名字）如何映射到因特网地址，因为这种绑定实现在 CDN 运营商控制的部分 DNS 中。使用任播替换掉这种方法，就将控制转移到了 ISP。CDN 的运营商必须相信，使用任播时，对于可能与其利益不完全一致的行为者，他们并没有失去控制的一些关键方面。

每包状态的效用

任播传送服务可以实现在不同的互联网设计中：当前的因特网只有有限的任播服务；作为传送服务之一，XIA 包含任播；NDN 内容检索方案隐含着一种任播形式。我个人对 NDN 所展示的每包状态的功能感兴趣，因此，虽然我建议拒绝基于数据名的转发（这似乎是 NDN 的一个关键设计目标），但是，我认为 NDN 的变体还是有很大潜力的，在 NDN 的变体中，每包状态（和每流状态，它不是 NDN 的一部分）用来将数据包转发到服务，而不是传送数据。我将描述一个 NDN 的变体，它在两个重要方面有所不同：它将数据包传送给服务，而不是传送数据；它实现了一系列明确的传送服务，而不是使用单个传送服务的 NDN 检索模型。通过展示如何实现任播的一个变体（我称其为粘播（stickycast）），我会说明每包状态的功能。

任播的一个潜在问题是，发送到相同任播地址的不同数据包可能会去往不同的位置。在类似 NDN 这样的方案中，没有每流状态，路由器独立地处理兴趣包，对不同的数据包可以做出不同的转发决策。连续性对于支持诸如身份验证、权限管理和拥塞控制等要求非常重要，因此，可以扩展任播，以便当初始任播包应该去往服务的某个副本时，交换的后续包将去往相同的位置。我认为 NDN 机制将这个问题解决得非常好。通过使用和 NDN 传送兴趣包方式类似的传送机制，初始包会被任播到服务。数据名将携带在兴趣包中，但路由器转发数据包不会使用该信息。可以使用 CDN 的公钥对数据名进行加密。ISP 不能再在这个变体中缓存数据了，但正如我前面所说的，我不相信数据缓存的效用。

若要支持数据包交换的连续性，请以不同的方式使用 NDN 支持的每包状态。根据 NDN 当前的运行方式，路由器必须记录兴趣包到达的接口，以便将数据包路由回去。可以选择性地缓存数据包，但我认为这没有多大用处。路由器能制作的记录有不同的类型，它根据返回的数据包来设置状态，因此路由器具有交换路径的双向记录。流中的后续包由临时标识符来标记，它们将遵循双向记录，创建新类型的、我称之为粘播的服务。这就是我建议思考的创造性方法的一个例子，在这种方式中可以使用每包或每流状态。(这一建议过于简单了，因为它没有解决移动主机引入的复杂性问题。每包状态会将数据从服务器传送回连接有客户端的固定点。如果客户端移动，则必须在其新的连接点上建立每包状态。服务器必须重新建立状态，这意味着服务器必须具有客户端的某种更高级的名字，或许和 MF 中的方案类似。)

我推迟了成本问题。ISP 提供任播服务的成本，必须要低于 CDN 服务商内部实现相同功能所花的成本，除非任播服务做的事情对于 CDN 来说是非常困难的。使用一个接口来增强任播服务可能会使任播服务比 CDN 更有价值，通过这个接口，CDN 可以获得网络拓扑结构和当前的状况。这就是为什么我考虑增加这个方案的复杂性。再者，多个 ISP 必须要相互协作来实现任播服务，因此会需要某种货币路由方案。在这种多服务商传送服务中，我假设的服务管理集体（SFMC）将是一种解决货币路由的方法。

多地址空间的效用

上一小节里的建议其实过于简单。由于许多 CDN 没有将内容存储在每个服务器上，因此它们可能需要将请求传递到存储内容的位置上（服务器没有过载，也没有出现其他问题）。这意味着服务器自己之间必须进行通信。这个需求有点让人想起 i3 和 DOA 所做的事情，它们使用 DHT 来发现正确的服务副本（我不认为应该将 DHT 定义为网络架构的一部分，这对我来说限定太多了）。这里的挑战是，如果 CDN 中的服务器只有一个共享的任播地址，它们如何能够相互通信。看来，至少它们之间要通信，并且需要单独的地址。这意味着：首先，架构必须支持位置级的地址；其次，这些地址可能是攻击 CDN 的一种手段，这样就失去了任播组的安全优势。

这个问题可以通过这样一种方式来解决，再次说明了架构如何能够做得更少而不是更多。为了让 CDN 的成员互相通信，使用独立地址空间里的地址将其连接起来。这可以是虚拟专用网络（同样是在我的 SFMC 上下文中组织的），也可以是目前生态系统中现有的一个单独的全球网络。

端节点地址和能力平衡

第 7 章中，几乎所有的方案都使用端节点寻址作为一种传送方式。在否定可路由的端节点定位器的必要性方面，NDN 与众不同。我认为端节点标识符是无害的，只要以特定的方式使用，并且实现起来对于网络层来说是一个简单的任务——这就是今天因特网所做的事情。在前面提到的粘播方案中增加端节点的地址，会产生一些非常有用的通信模式。考虑以下关于我的服务调用方案的详细说明。首先，请求者使用任播向 CDN 发送数据请求。使用 NDN 样式的传送发送数据包，包头中没有源地址。取而代之的是，伴随着期望数据的名字，发送端对源地址进行加密，并将其包含在兴趣包的信息中。接着，CDN 中的各个节点进行内部通信，以选择提供数据的节点。最后一个节点对请求者的地址进行解密，并返回给该位置一个初始报文，它在路由器中建立每流状态，以指示数据包来自何处。这种每流状态意味着，返回到原始请求者的报文里不需要包含服务器节点的地址。一旦建立了连接（路径上的路由器里，具有双向状态），就可以通过连接交换加密的数据了[⊖]。

从不利的第三方（如内容审查）的角度来看，这个序列几乎没有泄露任何东西。初始包里并没有包含可见的请求者的地址，它被定向到了一个任播地址。审查人员可以看到任播地址，因此他能知道正在访问什么较高级的服务，但仅此而已。不久之后，将建立与端节点的连接，由其地址标识，但没有迹象表明是什么服务发起了这一请求。原始请求与随后的连接之间没有直接联系。在隐藏信息方面，这个序列暴露的比任何基于数据名的方案都要少得多。

选择传送服务

如果互联网能提供多个传送服务，那么哪个行为者能选择服务呢？我所描述的几项建议都明确或隐含地将这一决策交给了网络。例如，在多穴主机的情况下，RINA 方案认为，端节点地址是与整个端节点相关联的，而不是端节点上的接口，网络将选择最佳路径来使用。作为将选择传送服务任务分配给网络的另一个例子，NDN 名义上只有一种传送服务（交换兴趣和数据包），但隐藏在 NDN 内部还有许多传送服务。例如，可能有网络小区域内的本地广播（或作为解决“荒岛”问题的一部分），以及全球路由方案。是网络而不是端节点，从中挑选。

我认为端节点（而不是网络）应该控制在网络中调用的传送服务。分配职责给端节点将权力转移到了端节点，同时允许网络提供商提供更明确的服务营销选项。在我描述的数据检索场景中，数据的提供者和数据的请求者都对要使用的服务有一定的控制。数据提供者将为数据创建一个高级名字，包括某种标识符，以及一个或多个可请求的服务。这些服务可以是任播的；或者，如果数据只在一个位置使用，则会单播到该位置。请求者通常通过向提供者所指示的一个服务发送包来请求数据，但如果有理由认为该服务或许能够提供数据，那么就不要再尝试从其他服务请求数据了。这里有几个专门的案例，说明为什么端节点需要控制传送服务。

⊖ 这种状态不是 NDN 里的每包状态，而是每流状态。然而，仍然可以使用每包状态来限制请求发送和数据接收的速率。

荒岛情景。我之前讨论过这个挑战。荒岛上的两个人，他们拥有计算机（或智能手机之类的），但与外界没有任何联系。其中一个人的计算机上有一份《纽约时报》，而另一个人想读一读。NDN 通过发送包含所需数据名称的兴趣包来解决这一问题；如果另一个设备同意的话，它可以用所需的数据进行响应。

同样可以通过使用服务而不是数据名来解决此问题。首先，定义一个新的高级数据检索服务，称为本地数据共享，并给它一个任播地址。其次，定义一个任播服务版本，称为本地任播，或许是通过某种范围的广播实现的。给定这些服务（这些服务将被定义为一般服务选项，而不是特定于荒岛），荒岛故事将按以下方式进行。任何准备提供数据的设备都将实现本地数据共享服务，并侦听发送到其任播地址的包。通过本地任播传送服务，请求包会发送到这个任播地址。所需数据的名字会在请求数据包中。拥有数据的机器可以像以前一样给出响应。

商业 ISP 可以选择不提供本地任播服务，也可以阻止本地数据共享任播地址，以阻止内容盗版行为。未在荒岛上的人可能会通过使用任播服务的各种变体，从不同的传送服务请求相同的数据（使用相同的名字）。回到第 8 章，数据传送服务的任播地址作为提示，指示如何查找数据，但是发送端可以自由使用其他策略、提示或服务。

拍摄抗议集会场景。这个场景是由我们的一些社会科学合作者，在 NSF 未来因特网架构项目中提出的[⊖]。在这种情况下，一名参加抗议集会的激进分子想要在不被察觉的情况下拍摄发生的事情。网络传送服务能帮助隐匿这项活动吗？假定某项安全服务在监视着网络活动（特别是无线网络传输），并扫描人群中是否发生了不可接受的行为。激进分子可能会预置一台不需要有人在现场进行控制的摄像机，将其捕捉到的信息传送给附近的接收器。这位激进分子离摄像机很远，所以如果摄像机被发现和没收，失去的就是摄像机而已。但是，激进分子希望接收器（可能是智能手机）——装在其他同伙的口袋里——能够躲过搜查。

高度专业的传送服务能够帮助应对这一挑战（从激进分子的角度来看，而不是从安全部队的角度来看——设计并不是价值中性的）。一种可能的设计是单路传输，没有从接收端发回的确认。如果幸运的话，几个接收端可能会悄悄地采集它们所能采集到的东西，然后（在一个更安全的位置）重新组装数据，从而形成一份完整的记录。在这种传送模式中，有机会尝试跨层优化。例如，一些无线系统发送报文作为其控制架构的一部分，以宣布它们的存在。摄像机上巧妙的软件可以监听这些与

⊖ 作为该项目的一部分，NSF 支持了一项名为“设计委员会中的价值观”的活动，该活动汇集了来自多个学科的专家，对我们的技术工作进行评论。有两个网站描述了他们的工作：http://www.nyu.edu/projects/nissenbaum/vid/vidcouncil.html 和 https://valuesindesign.wordpress.com/initiatives-2/values-in-design-council-next-phase/。

接收视频无关的信息，以检测范围内是否有潜在的接收器，以及信号的质量可能如何。传送服务可以相应地调整其行为，缓冲内容直到接收器走近，或者直到内容被发送足够多的次数，以保证至少一份内容很可能被成功地接收了。

虽然商业 ISP 不太可能提供这种服务，但这是一种网络级服务，因为需要访问关于无线信道运行的低层信息。将采集的任何内容重新组合成视频的服务，是一个更高层的服务。它必须由人来管理，因为拥有所采集视频片段的智能手机，无法确定何时能够安全地传送这些片段以用于重新组装。

跨层优化。激进分子情景表明，某些技术（如无线）可能具有诸如广播之类的功能，有助于某些传送服务。允许互联网中这些跨层优化的一种方法是，将其封装为特定的传送服务，这种互联网追求通用性和跨广泛通信技术而工作的能力。作为其接口的一部分，网络必须包括一种方式，来询问在特定上下文中哪些服务是有效的。如果网络提供多个传送服务，且所有这些服务都是可用的，那就很理想了；但是，为了将通用性与局部优化相结合，应用还必须能够询问哪些是可用的，它们的工作情况如何，这也很重要。XIA 的设计者说明了只能用于局部范围的传送服务的使用，以及全球服务的使用。

多播和 QoS。这些商业上的失败仍然代表着互联网上增强服务的机会。这些技术已经在其他基于 IP 的网络中使用了，因此它们可以工作，而且是有价值的。它们进入市场的方式会有两种。或者 ISP 想出协作办法来（使用 SFMC 来共享收入），在全球因特网上提供这两种服务；或者将这种商业迁移到一个提供商运营的具有全球范围的一些网络上。

源控制的多播。根据文献（Deering and Cheriton，1990）中的提议（见第 2 章和附录），多播最初的概念是，多播流的接收者通过发送一个报文来启动与流的连接，请求将数据包多播发给它们。按照这个概念，任何人都可以加入多播组，而发送端不知道实际接收数据包的端节点都是谁。这种方法适合简单的数据传送模型，其中，对谁能接收什么不做控制[㊀]。

关于如何实现多播的另一个概念是，发送方将一个新的接收方接纳到多播分发树上。我曾经描述过，CDN 节点能够启动一个到接收端的连接，沿着从 CDN 节点到接收端位置的这条路径，在路由器中进行类似 NDN 的状态设置。这个机制可用于建立多播转发状态和单播转发状态。例如，允许发送端而不是接收端向多播组中添加一个新的接收端，这给了发送端更多的关于是否接收的控制权[㊁]。

商业风险。根据我对今天因特网的经验，引入多种服务的障碍不是技术性

㊀ 迪林认为加密是防止未经授权的接收者使用内容的正确方法，而不是控制哪些节点能够加入多播接收组，但是这种方法要求所有授权的接收者共享一个解密密钥，这不是一种处理密钥的健壮方法。

㊁ 假设路由器是可信的，并且自己不将数据包复制给未经授权的接收端。

的——这就是 XIA 目前呈现出的状况。障碍将是 ISP 自己无法解决如何管理和收取这些服务收入。出现管理问题的原因是，随着服务被更加明确地指定，用户就会期望 ISP 达到指定的服务承诺，这就要求 ISP 之间有一定程度的合作，而作为竞争对手，他们会发现这种合作是很难实现的。考虑这种情形：期待的服务未能传送，各个 ISP 必须确定是谁导致了这个故障。收取和分享收入的问题是个挑战，我曾经提议通过“服务费用管理集体”来解决。如果没有这样的集体机构，我担心与提供高级服务相关的协调问题将被证明是无法克服的。

NDN 具有单一的服务，非常聪明又非常灵活。它可以提供单播通信、一种任播形式和一种多播形式，这仅取决于如何分配数据名和端节点如何使用这些名字。考虑到提供多种服务的复杂性，ISP 可能更喜欢单一服务的架构，即使产生的网络可能不那么灵活，也不适合广泛的应用。

阴暗面

网络传送服务必须具有支持期望行为和阻碍不期望行为的双重目标。第 10 章讨论了一些安全问题以及架构如何能帮助解决这些问题，但在网络级上最需要解决的问题是 DDoS 攻击。

阻止 DDoS 攻击。成功的 DDoS 攻击取决于攻击者是否有能力从多个源向目标发起通信业务，以便淹没目标。第 10 章讨论了一些削弱 DDoS 攻击的方法，从追溯到 SUM。然而，如果通过设计传送服务能够阻止 DDoS 攻击，那就更好了。在任播方案中，各个服务器没有可区别的地址，这有助于跨服务器分散 DDoS 攻击。非全球路由的端节点地址，限制了能攻击它们的机器范围。在 NDN 风格的通信中，路由器带有状态，可以更好地提供“默认拒绝”语义，在这种语义中，接收方必须提供某种表明它已经准备好接收通业务的指示信息。

并非所有机器遭受 DDoS 攻击的可能性都一样。今天，服务器比单个端节点更有可能成为攻击目标。有用的威胁分析将考虑是否需要保护终端节点（如家用设备）免受 DDoS 攻击。为促进新应用及服务的创新，有两种地址可能是个好主意：那些受某种方式保护的地址（可能是通过使用任播地址和服务器启动的粘播设置），以及那些准备冒险接收任何发送信息的地址。如果我们认为个别的端节点不会因为有一个周知的位置而产生很高的风险，那就允许端节点使用对等协议来实验，并进行从服务器返回到端节点的状态设置。端节点降低被攻击概率的一种方法是不时地改变地址。当然，当一台机器更改地址时，它需要告诉其他节点新地址是什么，以便它们可以继续找到它，但这也是移动主机面临的同样问题。

诱因。如果 ISP 要提供多种服务，就有滥用这种能力而不是使用它来支持更广泛的应用的风险。如果各种服务的质量不同，但传送总的模式相同，ISP 可能会受到诱惑，尽量降低基本的传送服务质量，而所有的用户又被迫按增强服务付费。抗拒 QoS 机制的原因之一就是对这种结果的恐惧。然而，我在这里提出的许多差别服务，并不是按质量而定的，而是根据不同的传送功能。单播、任播、多播等都是不相同的，没有好坏之分。如果 ISP 提供的服务差别在于基本特征而非质量，那么滥用的风险就会小一些。

关于设计的思考：控制与管理

先前的讨论侧重于数据传送。与管理和控制相关的问题在形成架构的决策中同样重要，但是，从我描述的设计中吸取的教训很少，这反映了研究界的一种偏见，即倾向于将注意力集中在传送数据上，而不是在必要的支持服务上。第 13 章最重要的见解是，不同的控制和管理功能有不同的自然范围，基于严格分层的架构设计不能满足灵活范围的需要，也就是说，不具备足够的灵活性，这定义了不同的机制在跨越不同范围时如何能使用（或防止使用）表达能力的不同方面。

最接近解决这一挑战的建议是 NewArch 计划的组件，这个计划被称为“基于角色的架构”(RBA)，在第 7 章中进行了讨论。在 RBA 中，表达能力的不同组件与角色关联起来，角色之间的关系不是嵌套的或分层的，而是任意的。例如，角色特定的头信息（RSH）可以按任何顺序处理，并根据情况进行加密或删除。

关于管理和控制的第二个见解是，NDN 中所使用类别的每包（或每流）状态，针对重新思考密钥管理挑战提供了一组新工具。回到第 13 章关于管理的讨论，针对不同的挑战，这是架构支持方面的一些想法。

性能。我在第 13 章所描述的文献（Katabi et al.，2002）和（Dukkipati，2008）中的拥塞控制方案，费了很大的劲去避免在路由器中创建每流状态。他们给数据包(窗口或速率参数）添加了新的表达能力，但继续假设路由器没有每流或每包状态。如果路由器有更多的状态，这是一个再次思考拥塞控制的机会。

故障隔离。在我看来，这个目标是网络设计中的主要开放问题之一。架构如何增加表达能力（以及增强 PHB)，使得正常的数据包流能用作诊断工具来检测和定位故障和损害？我再次推测，在路由器中使用每包和每流状态可能是新方案的构件，但这项设计仍然是一个挑战。

配置。今天的因特网鲜有对设备配置的支持。动态主机配置协议（DHCP）属于例外——当设备首次连接到因特网时，它通过发送 DCHP 请求来索取关键的配置参数。它获得的响应报文，带有 IP 地址、最近的路由器的地址和最近的 DNS 服务器的地址。作为因特网上的一个端节点，这些参数足以让设备启动。对于今天的设备，用户之后会继续手工安装和配置应用。这种模式在物联网设备时代必须要重新思考。物联网设备不是通用的计算平台，而是固定功能的设备。它们附带有专门预装的应用代码，但一般情况下，该代码仍然需要配置。然而，这些设备可能没有显示器或键盘，而且可能没有直接的方法来进行配置。

正确的观点是配置是一种服务。DHCP 被设计为一种特殊用途的协议，但它只是一个简单的查询，使用某种本地任播或多播包传送服务来发送。应用级配置可以类似地结构化一个查询，将其发送到标准的服务地址，请求初始信息以配置物联网设备应用层的某些方面。设备配置就是这种情况的一个实例，即在更大的生态系统中需要更多的支持，并且网络能够提供可行的服务。

记账。考虑到恶意的端节点向数据包中插入非法信息的可能性，是否存在任何有用的表达能力，将其添加到包中以增强某种记账和流量监测（例如包采样）功能？对此，这仍是一个悬而未决的问题。

端节点的作用

极简性赋予端节点更多的责任，这反映了我对客户与供应商之间争斗的偏见。我的偏爱是，让端节点控制选择什么传送服务、如何管理多穴主机，以及服务配置的其他方面。因特网设计师倾向于忽略端节点上发生的事情，因为它不是网络的一部分，但在网络中发生的情况需要由主机中发生的情况来补充。我们通过 TCP 接受了这一点，但这一理解还没有普及。在整个生态系统中，服务是由服务组成的，这是一个重复的模式。赋予端节点对此组合的更多控制权，不仅赋予了它更多的责任，也赋予了它更强大的功能。可以为端节点提供工具，让服务布置的任务变得更加容易完成。今天，这些大部分都发生在应用内部，因此这个活动基本上是不可见的。例如，浏览器启动一个 URL，提取 DNS 名字，使用 DNS 将名称解析为地址，并建立到该地址的连接。端节点上的应用决定是否使用 DNS，不同的应用可能使用不同的机制进行名称绑定。如果 DNS 样式的名字嵌入在包传送服务中，就像在 TRIAD 和 DONA 中那样，则这两个服务就不能分开。

我还呼吁，网络服务为端节点提供更复杂的服务调用接口。这为网络提供了更多获取收入的机会，同时也给了端节点更多的控制权。端节点可以选择特定环境中可用的服务（例如，利用特定技术进行跨层优化的服务），或者查询网络以确定特定传送服务能提供何种性能。

结论

最后一章仅仅是猜测。虽然我已发表了一些意见，但我鼓励读者把这些作为讨论和辩论的出发点。下面是要进一步讨论的主题示例：

- 我对基于数据对象名的包传送服务的担忧能得到缓解吗？这种方法的倡导者非常理解我的担忧。

- 如何为候选网络传送服务制定更好的规范？这既是技术上的挑战，也是组织机构上的挑战。
- 能否设计出一个在市场上取得成功的任播包传送服务？应该如何进行设计以提供效用并缓解对争斗的忧虑？
- 设计货币路由方法是一项合适的活动吗？ ISP 是否能克服与给互联网带来高级服务相关的商业问题？
- 如何利用每流和每包状态来解决关键的互联网挑战，如缓解 DDoS 攻击？
- 互联网架构如何应对故障定位和其他网络诊断方面的挑战？
- 在不产生新攻击媒介的情况下，是否能给端节点更多的网络服务（例如路由）控制权？
- 相关团体能否更好地理解层、范围、覆盖层和隧道？
- 正如我在数据传送场景中提议的，在互联网架构中建立对审查制度的强烈抵制机制是否合适？或者，这会不会引发利益不一致的行为者做出反应，从而对架构造成太大的扭曲？

这本书的目标是捕捉和构造过去几十年领域内的某些思想，但也鼓励更多的架构思想。正如我在书的开头所说，架构是一门设计学科，我们通过实验和研究过去的实验来学习。欢迎你加入讨论和辩论。我已经可以预想未来这本书的第 2 版了，也许那时会有一些非常不同的意见。

地址技术与转发技术

引言

网络的基本功能是传输数据。在分组网络（这本书的重点）中，包经过一系列路由器或交换机在网络上传输，路由器或交换机根据包里的某些信息决定如何转发。该信息可以采取几种形式：可以是特定的端节点、服务、数据块、多播或任播组，也可以是网络架构指定的其他东西。一般来说，该信息就是数据包中的地址。

在第 7 章中，我讨论了互联网架构的一些其他建议。然而，这一章并没有将已发表的所有方案都讨论完。自从因特网被首次设计以来，就有许多改进或重新设计因特网的建议，其中最受欢迎的研究课题之一就是地址技术。在此，我回顾一些关于其他地址技术方案的文献，并试图将这些建议纳入组织框架中。

定义一些术语——转发机制

我用操作上的术语定义了*地址*一词——它是能使包传送的数据包中的信息。这个非常实用的定义掩盖了一段哲学上讨论，即名字（提供某种形式的身份）、地址（提供位置的某种指引）与路由或路径的区别（描述数据包应当经过的一系列路由器，借此到达某个位置）。请感兴趣的读者参阅第 8 章和这一领域的经典论文（Shoch，1978；Saltzer，1982）以及稍晚一些的讨论（Francis，1994a）。我会继续使用操作上关于地址的定义。

我将讨论地址技术和转发技术，以及唯一的外围路由技术。虽然大多数架构建议都定义了地址和转发技术方案，但大多数建议还是将路由方案的开发推迟到稍后的阶段，在这个阶段里，架构被充实为一个完整的系统。路由技术（而不是转发）就是计算到达目的节点路径的过程。路由计算产生转发信息，路由器使用它将每个数据包指向去往目的节点的路径上。在因特网的情况下，路由计算运行在每个路由器上，并产生一个转发表。当数据包到达时，路由器根据数据包中的目的地地址查找转发表，以确定如何转发该数据包。

有了这些信息作为背景，这里简要回顾一下部分一般类型的寻址和转发方案。

基于目的地的转发。在基本的因特网架构中，有一个（类）全球的、（通常是）分布式的路由算法，它在后台运行，针对每组目的地址为每个路由器计算出的正确下一跳。当数据包到达路由器时，转发算法在转发表中搜索与目的地址匹配的记录，从该记录中提取关于数据包必须采取的下一跳的存储信息。在此框架内，不同的寻址方案可能会导致或高效或低效的路由和转发算法。举个例子，一个平坦的地址空间（如 DONA 中的地址空间），要求路由算法跟踪每个地址，而在地址结构与网络拓扑匹配的地址方案（基于供应商的寻址）中，路由算法只需跟踪映射到网络不同部分的地址组。对于不同形式的地址技术（包括平台、分层的，等等）的详细分析，参见（Francis，1994）。

源路由技术。这种方法拥有的转发信息位于数据包内，而不是在路由器上。一般来说，数据包列出了期望的、数据包应该流经的路由器序列。每个路由器依次从列表中移除其地址，然后将数据包发送到下一个地址的路由器。当然，这种过于简化的描述回避了许多问题，比如发件人最初是如何获得源路由的。文献（Farber and Vittal，1973）、（Sunshine，1977）和（Saltzer et al.，1980）提出并讨论了源路由，IP 的定义包括源路由选项，但这个想法并没有成为操作能力而生存下来。源路由的变体构成了许多其他转发建议的基础。源路由实践上失败的原因（到目前为止），构成了一个有趣的案例研究：寻址必须满足的一组需求。在第 7 章中，我提到 Nebula 和 Scion（XIA 的一部分）应当使用源路由，这里我会再多讨论一点。

标签交换。正如我所描述的，基于目的地的转发有一个潜在的代价高昂的步骤：搜索转发表，查找数据包中与目的地址匹配的记录。避免搜索的另一种方法是，为数据包将通过的每个路由器中的每个包流设置状态。在每个路由器上，转发表记录下发送每个包流应该通过的外出链路，以及进入下一交换机转发表的索引（通常叫标签）。在每个交换机上，到达的标签用来查找正确的转发记录，然后用下一路由器的标签进行重写。沿着预先设定的路径，在每个路由器上重复这个过程。这种机制称为标签重写、标签交换或标签替换。

由于数据包中的数据有时是目的地址，有时是地址序列，有时是标签（有时是其他东西），那么*地址*一词可能不是表达该信息的最佳术语。*定位器*这个术语在一定程度上抓住了更为一般的思想——包里的那个东西。NewArch 在这种方式中使用了术语*转发指示*。

本附录的其余部分首先对因特网的地址技术进行快速回顾，因为这是一个许多人都能理解的系统。然后，我们研究另一种传统技术，即在虚拟电路网络中的地址技术。有了这个背景，接着对寻址和转发方案应满足的目标清单进行分类，并描述采用这套目标的一些其他建议。

因特网地址技术的历史

在因特网出现之前，就有了 ARPAnet。ARPAnet 是 DARPA 部署的第一个分组技术，也是第一个用来传送因特网数据包的技术。寻址 / 转发机制是一种非常简单的、基于目的地址的形式。在第一个版本中，每个数据包都带有一个8位的交换机号（所谓的接口报文处理器（IMP）号）和一个2位的主机号（因此每个IMP可能有4个主机）。随着ARPAnet的成长，需要更多的地址，下一代地址有16位用来选择IMP，8位用来选择主机。在ARPAnet的生命接近尾声时，新增加了逻辑（或平坦）地址技术（参见RFC 878）[⊖]，由平坦的16位字段（其中2位是标记）组成，因此，可以寻址 2^{14} 个主机，发送端无须知道接收主机在哪（当一台主机连接到ARPAnet时，会通知IMP它将使用什么逻辑名，IMP在平坦的地址空间上以早期的转发形式在网络中传播此信息）。

目前因特网上的32位地址并不是早期设计中考虑的首选。关于TCP的最初论文（Cerf and Kahn，1974）提出了一个8位网络字段和一个16位主机字段（称为TCP字段），并指出："网络标识（8位）的选择允许多达256个不同的网络。在可预见的未来，这一规模似乎已经足够了。类似地，TCP标识符字段允许处理多达65 536个不同的TCP，对于任何给定的网络，这似乎都绰绰有余。"在随后的早期设计讨论中，考虑了可变长度地址字段的选择，以便支持增长。遗憾的是，实现第一个路由器的团队说，处理可变长头字段的开销会导致不可接受的性能，这一想法未被采用。结果是32位的定长地址。保罗·弗朗西斯在博士论文（Francis，1994a）的结束语中，对早期的因特网设计文献进行了深思熟虑的回顾，并指出因特网近乎有一个源路由方案和可变长度的地址。

20世纪80年代，研究者提出了一系列解决增长问题的建议。32位地址的原始结构是8位的网络号，剩余24位用于其他方面，1980年的RFC 760对其进行了描述。1981年，RFC 791中定义了一种更灵活的类结构：A类地址有8位网络号，B类有16位，C类有24位。即使是这一方案，也被证明是不够用的，1991年1月，因特网活动委员会（IAB）举行了一次务虚会，其结果记录在RFC 1287中，其中包含下列声明：

> 这（地址和路由技术）是最紧迫的架构问题，因为它直接涉及因特网能否继续成功发展（1）。
>
> 因特网架构需要能够扩展到 10^9 个网络（3）。
>
> 我们不应该计划对架构进行一系列的"小"改变。我们现在应该着手一项计划，这个计划将帮助我们解决地址空间的耗尽问题。跟因特网领域最近采取的行动相比，这是一个更长期的行动计划，但是，迁移问题需要一个很长的开发周期，很难找到一种有效的办法来处理一些更直接的问

⊖ 在这里，我参考了相当多的因特网RFC，但没有将其引用都包含进来，你可以访问 https://www.ietf.org/rfc.html 以了解更多信息。

题，例如 B 类地址的耗尽问题，其本身并不需要很长的时间。因此，一旦我们开始了一项改革计划，就应该尽力替换掉目前的 32 位全球地址空间（6）。

将需要一个以上的从源端到目的端的路由，以允许 TOS 和策略一致性发生变化。这一需求将由新的应用和多样化的中转服务来驱动。源或源的代理，必须控制着路由选项的选择（5）。

该报告启动了创建 IPng 的工作，最终形成了 IPv6。当时出现了两个短期的思想，以弥合 IPng 的鸿沟。一种是 CIDR，即无类寻址技术，在 1993 年前后发布的一系列 RFC 中进行了描述。保留 IP 地址的另一种方法是，让具有许多内部主机的大型企业使用私有地址空间来配置这些机器的地址，而不是使用全球路由的地址。IESG 委托了一个分组，叫作 ROAD 组，其研究记录在 1992 年 11 月的 RFC 1380 中。他们写道：

建议采取下列一般办法来处理 IP 地址空间可能耗尽的问题：

……并不是全局唯一的地址。一些建议的方案已经出现，其中主机的域名是全局唯一的，但它的 IP 地址只在其本地路由域中是唯一的。这些方案通常要涉及地址变换。

这个想法是文献（Tsuchiyya and Eng，1993）中介绍的网络地址转换（NAT）设备这一想法的出发点。私有地址空间在 1994 年 3 月发布的 RFC 1597 中有进一步的记录。

多播

20 世纪 80 年代，在地址技术方面主要的进步是史蒂夫·德林的 IP 多播规范。德林的博士论文直到 1992 年才发表（Deering，1992），但最初的建议早就出现了（Cheriton and Deering，1985；Deering and Cheriton，1990）。在多播中，目的地址不是目的端的位置，而是句柄或指针，称为多播 ID。当数据包扇出到所有目的节点时，路由器使用这个句柄来查找数据包应该选中的下一跳列表。从源端到（所有）目的端路径上的每个路由器，都必须拥有适当的状态信息，来将句柄映射到正确的下一跳组。这个需求使得多播路由协议设计成为一项大型研究议程。

多播很重要，有两个原因。第一，当然，这是一类新的传送语义的建议。第二，多播还说明了三个更普遍的观点：定位符不需要是目的节点的原义地址，可以是任意的位序列；地址空间的不同区域可以与不同的转发机制相关联；路由器可以同时运行多个路由算法。所有这些概括性结论都很重要。

一般大家都认为是德林在因特网架构中建立了多播的概念，但较早的时候已有人提及过这个想法。流协议（ST）（Forgie，1979）引入了会议连接、多地址技术和称为复制器的特殊转发器的概念。甚至在 IP 标准化之前，因特网研究界就已经提出了多目的端传送的想法。

因此，在 90 年代初期，多播的提出是对原始因特网传送语义的一种显著增强；人们开展了一项长期的工作，以一个拥有更长地址字段的新协议来取代 IP；作为一种临时应急措施，32 位 IP 地址的格式又从类结构改成了无类域间路由（CIDR）；而 NAT 意味着最初地址架构发生了重大偏离。地址变换本应是一个短期的解决办法，但它却一直存在，并产生了长期的影响。

探索 IPng

研究者呼吁用新的建议来替代 IPv4，最初产生了两大贡献。一个是 PIP（Francis，1994b），这代表 IP 的一个重大转变，因为它使用源路由作为基本的转发机制。源路由中的地址不是全球的，而是更紧凑的定位器，它们仅在网络的一个区域内唯一。为了实现该方案，PIP 将因特网的节点组织成一个层次结构，并在层次结构内定义节点名。另一项建议是 SIP（Deering，1993）㊀，这是一种更保守的设计，其中包含了源路由的概念，但中间节点则使用全球路由的名字。IPng 领域内的讨论产生一种折中，称为 SIPP（SIP+），其使用 SIP 的语法，但包含了 PIP 的一些高级语义。文献（Hinden，1994）描述了 SIPP，（Francis，1994a）对这些方法做了非常详细的比较。

当然，地址字段的长度是替换 IPv4 的一个主要动机。SIP 和 SIPP 使用了 64 位的地址字段，是 IPv4 的两倍。IPv6 的最终版本甚至有一个更大的地址字段，即 128 位，并不是因为 2^{64} 太小，无法处理互联网将来可能看到的所有节点，而是为了方便地址空间管理。

类似领域——虚电路网络

ARPAnet 的主要设计原则之一就是它是面向连接的：ARPAnet 建立并维持了所有主机对之间的路径，以便每个 IMP 都能拥有从源主机到目的主机的每一条可能路径的状态。这个状态用来管理资源分配和拥塞。这种面向连接的设计哲学，与因特网的无连接或数据报方法形成了对比。这种分离的方法为分组交换数据网络定义了两条不同的演化路线。

X.25 就是许多早期项目的一个面向连接的产物，包括 ARPAnet 和英国的早期

㊀ 这个缩写与会话启动协议（session initiation protocol）无关，后者出现得较晚，且重复使用了缩写 SIP。

分组网络相关工作。X.25的设计包含了发送端和接收端之间虚电路的概念，还包含建立这些电路的信令协议。X.25网络上的用户在发送数据之前先请求电路，并接收返回的一个短的电路标识符（如果链路建立成功的话），这个标识符用来标记每一个数据包。因此，在X.25包中使用的完整地址仅出现在信令协议中。完整的X.25地址与电话号码有些相似。它是一串ASCII码数字：3位代表国家，1位代表国内网络，10位代表国内的端节点。这种基于国家的分配反映了X.25的电话根源。X.25是描述主机（数据终端设备（DTE））如何与其网络（数据通信设备（DCE））中的连接点进行通信的接口协议。X.25规范没有描述网络中的交换机是如何相互通信的。有一些有趣的说明，例如使用X.25作为数据报网络的接口，但也需要商家的标准来设计可互操作的交换机。在大多数X.25网络中，网络内部地址的表示与跨接口的表示相同——都是短的电路标识符。

X.25包含丰富的错误检测和恢复机制。交换机内建立的大部分状态都与检测和重传错误数据包有关。当电路上有噪声时，这个功能在开始时显得很重要。然而，随着可靠性和性能的提高，人们提出了一种更简单的面向连接的方案——帧中继，为了简化交换，它允许偶尔的丢包。帧中继中的转发和地址技术与X.25的类似。帧中继网络使用10位数据链路连接标识符（DLCI）标识虚电路。如果DLCI是全球性的，虚拟电路的这种紧凑编码技术将无法工作——因为没有足够的值。DLCI只有局部的意义，工作在每台交换机和下一交换机之间。DLCI是一个标签，而帧中继是基于标签交换的转发的一个实例。

标签交换与信元

因特网使用包作为统计复用的单元。来自不同流的数据包共享它们所通过的任何链路的容量，可变的到达模式意味着链路上的瞬时负载将发生波动。瞬时过载会导致排队，这可能会影响服务质量。即使链路没有过载，如果一个小语音包在一个大数据包之后到达，语音包也会被延迟。相反，当呼叫发生时，电路交换的电话系统为每个呼叫保证容量。如果容量不足，则呼叫可能无法完成，但一旦呼叫接通，语音流量将不会遇到服务质量的任何统计波动。然而，这种静态容量分配浪费了带宽，因为即使一方或双方不说话，容量仍然专用于特定的呼叫。电话公司的工程师对这种可能性感兴趣：呼叫之间的带宽统计共享可能是可行的，但考虑到最小化总延时的目标，他们认为可变大小的多路复用包，带来的延时变化会达到不可接受的程度。因此，当电话系统的设计者考虑用更类似分组交换的方案来替换电路交换架构时，他们设计了另一种复用模型，其中复用的单元不是可变大小的包，而是大小固定的小信元。

没有根本原因可以解释为什么一个小信元不能携带全球路由的目的地址，但是工程师认为，在小信元里放置一个大的头，这种开销是不能接受的。他们的设计方法是建立一个在交换机内具有状态的虚电路，每个信元中的地址只是一个简单的表索引，而不是搜索匹配的目的地址。

也许最极端的信元交换形式是“剑桥环”，它是20世纪70年代末在剑桥大学的计算机实验室里开发的，大约就在施乐公司正在开发以太网的时候。剑桥环的传输单元最初被称为包（Wilkes and Wheeler，1979），但后来更具暗示性地称为小包（Needham，1979），它有2个字节的负载，各1个字节的源地址和目标地址。不用说，转发决策肯定简单，但也很清楚，在2字节的负载上放置一个IP包头将成为不可接受的带宽浪费。但是，这个系统没有标签重写，因为主机数量太少，以至于每个主机都有一个全球ID是可以接受的。

一个不那么极端又更贴切的信元交换的例子是Datakit架构，是由AT&T贝尔实验室开发的（Fraser，1980；Luderer et al.，1981）。Datakit信元有16字节的负载和2字节的头，其中一个字节用于标识交换机上的外出链路，一个字节用于标识链路上的虚电路。这些字节在每个交换机上都会被重写。

最成熟的信元交换方式是异步传输模式（ATM），它在很大程度上是从数据交换（Datakit）发展而来的。有大量关于ATM的文献，我在这里并不试图进行分类，但其核心思想与Datakit类似。ATM信元包含48字节的负载，头中包含一个稍微复杂的虚电路标识符（VCI）。这个方案依赖于虚拟电路建立，VCI是一个在每一跳都会被重写的标签。

实际上，在信元交换的设计中有两个动机纠结在一起（就像设计因特网数据包的背后有多种动机一样）。一个是固定大小信元的交换效率和抖动控制，另一个是对交换机中的虚电路建立和每流状态的偏爱。因特网设计采取了极端的观点，路由器中没有任何的每流设置，也没有每流状态。目的是减少发送数据的开销和复杂性——不需要建立阶段；要发送一个数据包，你只管发送。但是，缺乏状态和资源预留意味着网络没有对发送端做出任何服务承诺。在因特网上，没有“呼叫”的概念，没有对呼叫的资源保证，也不努力为不同的流提供不同的服务质量。事实上，因特网领域在20世纪90年代的大部分时间里，都在研究如何为因特网增加QoS，而QoS一直是虚电路界的中心原则。因此，路由器中的每流状态不仅仅是小信元和需要小头的必然结果，它本身也有一个优点，即能够进行更好的容量管理。在这方面，因特网的设计者和信元交换/虚电路的设计者对电路建立和每流状态的看法区别很大，就像固定大小信元和可变大小复用单元那样。

标签交换与因特网：流协议

实际上，从因特网一开始就有人试图定义另一种转发方案，叫作流协议（ST），该协议在路由器中建立流并具有每流的转发状态。它首先出现在文档 IEN 119（Forgie，1979）中，并为语音数据包提供了明确的 QoS；设计规范详细讨论了流规范的概念，也详细讨论了使用明确的建立协议在路由器中建立状态的需求。ST 也支持多播。它利用状态来使用一个小包头，其中目的地址被连接标识符（CID）替代了，该连接标识符仅在路由器之间的局部上有意义，而且在每一跳上会被重写。因此，这种机制就是标签交换的一个实例，也许也是因特网上的第一个例子。在接下来的十年中，ST 进化了，1990 年在 RFC 1190 中描述了一种称为 ST-2 的新协议。这个版本的 ST 仍然基于一个本地标签，现在称为跳标识符（HID），这是一个 16 位的字段。关于建立一组 HID（在每条链路上都是唯一的）的过程，RFC 1190 中的规范包含详细信息。有意思的是，在 1996 年 RFC 1819 的 ST-2 最终规范中，HID 被替换为流 ID，这个流 ID 是全球唯一的（与 32 位源地址组合在一起的、16 位的一次性随机值[1]）。这意味着查找过程稍微复杂了一些。RFC 1819 里写道："HID 增加了协议的复杂性，并且这也是互操作性的一个主要障碍。"因此，ST 的最终版本放弃了标签交换的思想，但仍然依赖于数据包中完整的每流连接建立和每流状态。

标签交换与因特网：去除信元

正如前面的讨论所表明的，标签交换方法背后实际上有很多动机，比如信元头开销要小，以及需要流建立。基于包（帧中继）和基于信元（ATM）的面向连接的网络，都使用标签交换作为转发的基础。在早期的网络中，流建立的想法就是一条虚拟电路等价于一个端到端的流，但很明显，虚电路的另一个用途是给一条路径建立状态（也许还包括分配资源），该路径承载着聚集的业务（从一组源节点到一组目的节点，如大型国家网络中的城市对）。这种工作通常称为业务流工程：按这样的方式给物理电路分配业务流量，例如整个链路负载是均衡的，并保留一定的空闲容量以防运转中断。业务流工程的目标和简化转发过程的目标一起促生了这样一个建议：在可变大小的数据包而不是信元上使用标签交换。思科系统在一定程度上借鉴了帧中继和 ATM 的思想，提出了一种名为标签交换的方案。标签交换被移交给 IETF 进行标准化，在那里，它首先被称为标签交换，然后，又绚丽多彩地被称为多协议标签交换（MPLS）。与 ATM 一样，有大量关于 MPLS 的文献，包括整本的书籍，可以从维基百科开始了解相关信息。

MPLS 和许多成熟的思想一样变得越来越复杂。它支持嵌套流的想法，也就是说，一组虚电路承载在另一组中。因此，包头可以有一系列标签，而不只是一个。当一个包到达 MPLS 路径开始处的路由器时，该路由器加上一个标签；当它沿着

---

[1] 一次性随机值是一个任意值，只打算使用一次。

路径传送时，每个节点都重写这个标签；当它到达路径的末端时，标签就会被“弹出”，它可能会显露另一个标签，也可能不再留下标签，在这种情况下，路由器使用本机包头来处理数据包，例如传统的 IP 包头。

MPLS 头为 32 位长，非常有效地表示了转发状态。它由一个 20 位的标签和一些其他控制信息组成。IPv4 的包头要比其大五倍。

标签交换与因特网：NAT——全球地址空间的丢失

最初因特网转发方案的本质就是存在全球地址，这对因特网中任何地方的路由器都有意义。20 世纪 90 年代早期引入的网络地址变换设备（或者叫“NAT 箱”），一方面是保存稀缺因特网地址的一种非常聪明的方法，另一方面也是对全球寻址假设的彻底背离。NAT 是基于标签交换的，只是在这种情况下，要重写的是 IP 地址本身。包头中的 IP 地址以前是静态的、不可改变的，现在在 NAT 箱内通过使用存储的状态进行重写。为了弥补 NAT 在因特网架构上产生的裂痕，有大量的工作要做，由于因特网缺少任何类型的信令协议，因此必须在 NAT 箱中建立和维护正确的状态（许多解决方案都有点类似于信令协议，尽管大多数解决方案都没有大胆地称自己为电路建立协议）。

NAT 的第一个想法很简单。当 NAT 箱后面的一台主机发送数据包时，NAT 箱用自己的源地址重写数据包的源地址，并记下数据包的内部 IP 地址和端口号。如果进入的数据包到达该端口号，NAT 箱利用所记的状态，用正确的本地地址重写进入包的目的地址（有些 NAT 箱也进行端口重映射）。换句话说，外出的数据包为后续的进入包触发了状态设置。

就目前而言，这个想法是不错的，但是，如果没有先前的外出包，那么进入包又如何呢——NAT 箱后面的服务器怎么办？对于大多数消费者级的 NAT 箱，目前的解决方案是落后的。用户在 NAT 箱中手动配置静态状态以允许重新映射进入的数据包，但有多种复杂的解决方案来动态地建立这个状态。一种方法是使用来自 NAT 箱后面那台机器的报文来设置状态——充当服务器的机器。针对这个问题，IETF 开展了广泛的工作，可参阅 RFC 3303 和有关中间箱的相关工作。

更复杂的方案见 IP 下一层（IPNL）（Francis and Gummadi，2001），其中讨论了多地址空间和（按因特网术语）NAT 的优缺点。其中的优点包括地址空间的扩展、无须重新编号而改变提供商，以及多穴技术。弗朗西斯和古玛迪提出了一种试图复制现有因特网功能的架构，其中，所有的主机都有长期的全球路由地址（如果它们选择的话），路由器（包括链接地址空间的组件）是无状态的，与今天的一样，只有数据包路径上的路由器才能破坏转发过程。此外，该方案允许具有私有地址空间的区域按意愿重新分配其公共地址，而不会中断流。

弗朗西斯和古玛迪使用的方法涉及一个源路由的垫片头，这是放置在 IP 和传输协议之间的一个新的头。这个方案在流的第一个包中使用了完全合格的因特网域名（FQDN）来标识目的端。当数据包到达需要地址转换的组件时，这个组件使用 FQDN 查找下一寻址区域中的 IP 地址。这个 IP 地址序列存储在数据包中（不是在路由器中，这是一个无状态的源路由方案）。后续数据包使用此地址序列作为源路由。该方案支持故障恢复，并重新路由到进入私有地址空间的其他入口点。

IPNL 里的 FQDN 必须是全球意义上的，因此这个方案依赖于具有更高层的全球名字。该空间中的极点会是一个系统，在该系统中没有任何类型的共享名，不管是定位器还是高级名称。这种系统的例子包括 Sirpent 和 Plutarch，在第 7 章中已讨论过。

近期一种处理 NAT 的方案是 NUTSS（Guha et al.，2004），它使用 SIP 来建立重写状态（在 NAT 箱中），因此这种建立与每流 / 每应用的信令阶段相关联。该方案使用应用层信令协议（SIP）在 NAT 路由器中建立转发状态。它是有状态的，和 IPNL 的无状态特性相反。

处理 NAT 的另一种源路由方案是 4+4（Turányi et al.，2003），一种两阶段的源路由，同样由传统的 IP 地址组成。4+4 方案以不同于 IPNL 的方式使用 DNS。在 IPNL 中，当数据包跨越不同的寻址区域（即 DNS 在不同区域中返回不同的值）时，查找地址的不同部分，而在 4+4 中，DNS 存储完整的两部分地址。发送端查找地址，并在源端将其放入包内。在 DNS 中存储完整的地址对于描述信息而言是有意义的，即什么信息在哪里是可见的，以及什么信息能够动态地变化。（在 IPNL 中，公共地址在私有地址区域没有任何意义，而在 4+4 中，它们是有意义的，是可以路由的。）

不同机制的比较

之前，我将转发方案分为两大阵营：路由器中的转发状态和数据包中的转发指示。我讨论了路由器中的两种转发状态：基于全局已知的定位器的转发和标签重写，这意味着每流状态。数据包中有两种一般形式的转发指示，即源路由和封装，这将在后面讨论。

思考这些方案的另一种方式与其相对的表达能力有关。基于全局已知目的地址的传统 IP 转发，允许发送方命名目的端。源路由和标签交换都允许将路径命名为目的端。如果有一个以上到达目的端的可能路径，则这种命名路径的能力就更具表达能力。命名路径而不是目标，允许对多路径路由进行更多的控制，能支持具有服务质量的路由和其他行为。大多数以因特网为中心的源路由方案，其背后的动机都是控制路径，因此，在因特网领域有一种共识：这种表达能力是具有一定价值的。为简单起见，这些选项可以组织为一个 2×2 的矩阵。

	基于目的	基于路径
包中转发指示	封装	源路由
路由器中转发状态	经典因特网	标签交换

源路由

源路由有两个高级的动机。一种是简化路由器所做的事情，既可以通过去除路由器中的路由计算，也可通过简化转发过程来进行简化。另一个动机是让端节点控制数据包的路径，也许是为了允许端点选择其提供者，或者为了实现更一般类型的策略路由。不同的方案呈现了不同视角。

SIP 和 SIPP 中的源路由没有简化路由器中的转发过程。如果源地址包括在 SIPP 包中，则每个这样的地址都是全球路由地址，因此，每个路由器中的查找都需要搜索转发表，其复杂度与简单定位器情况里的复杂度相同。PIP 对源路由的表示稍微紧凑一些，其中源路由里的中间组件（称为路由序列组件）仅在网络的分层组织区域内是唯一的和有意义的，而不是全球地址。

源路由的较简单版本使得源路由的各个组件仅局部地对每个路由器有意义。例如，路由器可以使用本地索引（1，2，3，…）来标记端口，并且源路由可以只是一串小数字。这种想法导致了紧凑的源路由（尽管它们仍然是可变长度的），但意味着发送端必须具有一些特定路由器信息来构造源路由，因此，这个想法只在小规模网络域（LAN）中有用，其中规模的问题并不那么令人生畏。这一想法的实例之一是 Paris，这是 IBM 设计的早期网络（Cidon and Gopal，1988）；还有 Bananas 方案（Kaur et al.，2003）中的链接 -ID 选项，这是另一个标签重写方案。

源路由的另一种用途是让发送端控制数据包要经过的路径。根据策略和端节点控制，SIPP 包含一种特殊形式的任播地址，被称为集群地址，可以用来识别一个区域（例如，AS 或供应商）。集群地址允许发送端选择一系列供应商，而无须选择进入供应商网络的特定入口点。这个特性被称为源选择策略，虽然 SIPP 并没有限制对源路由的使用，但是集群地址是 SIPP 定义的唯一特殊的定位器形式。描述 SIPP 的文献（Hinden，1994）使用了源路由的其他例子：主机移动性（路由到当前位置），自动寻址（路由到新地址），扩展寻址（路由到子云）。

文献（Argyraki and Cheriton，2004）提出了广域中继寻址协议（WAP），这是一种松散的源路由方案，在细节上不同于 IP 选项。源路由运行在 IP 和其下一层之间的垫片层，因此，源路由不必由沿着路径的每个路由器处理，而是仅仅由将数据包有意寻址到的那些路由器来处理。作者认为，该方案在 DoS 过滤和 QoS 路由方面是很有用的。垫片层的处理由不同的 PHB 完成，而不是由转发功能完成，这可以实现重写地址之外的功能，但作者没有对此进行讨论。

源路由和容错。源路由的问题之一是，如果指定路径上的组件发生故障，则网络无法补救这个问题，也无法通过其他路径发送数据包——该路径已由用户指定过了。一段时间后，用户可能能够检测到路径失败并构建新的源路由，但是发现、定位和构建新的源路由的过程，可能比重新计算网络内合适的路由所花费的时间要长得多。一个名为光滑包（slick packet）的方案（Nguyen et al.，2011）提出了解决这一问题的方法：源路由实际上是一个有向无循环图（DAG），它为沿着特定源路由的每个路由器提供了一组转发数据包的选项。当然，该方案面临许多挑战，包括构建图并以足够有效的方式在包头中对其进行编码。为了补偿这些问题，处理故障的其他路由选项意味着关于短期故障的信息不需要跨网络传播给构建源路由的源端，因为包头中的其他路由将处理这些故障。XIA 的基础也是将 DAG 用作地址。

标签交换

正如前面的讨论所表明的，标签交换也有许多动机，并针对不同的机制和各自的优点划分了不同的学派。面向连接和无连接（数据报）网络之间的争论和因特网一样古老。设计思想的两个重要区别是复用单位和每流状态的值（和代价）。标签交换的机制通常是其他考虑的结果，但它已经呈现出自己的生命力。

喜欢标签交换而非基于目的转发的论点是，与 OSPF 中使用链路权重相比，标签交换（如 MPLS）可以提供更精确的聚合业务到电路的分配（出于业务流工程的目的），但是文献（Fortz and Thorup，2000）中认为，OSPF 权重的全局计算可以重现任何期望的业务流分配模式，因此，在这种情况下，基于目的的转发和标签交换是等效的（再说一遍，只要有一条路径）。

反对标签切换的理由之一是，这似乎隐含着电路状态建立的高开销。如果路径位于网络的核心，并用于承载稳定的聚合业务流（就像 MPLS 的通常情况那样），则路径建立的开销并不大，因为路径作为网络管理的一部分是完全静态设置的。但是，如果标签交换是按照端到端每源 - 目的流的方式使用，那么，对于每流的建立，使用标签交换将隐含着面向连接的设计。

标签交换和状态建立的思想是可以分开的。使用具有因特网风格的路由计算的标签交换是有可能的，路由器中既有数据报转发又有每流状态。Bananas（Kaur et al.，2003）为这个问题提供了一个聪明的解决方案，即如何使用标签交换和固定大小的包头，而不需要在网络中建立每流状态。Bananas 的目标是允许多路径路由，但它可用于任何能够计算出一组全球路由或著名路由的情境中。假设每个节点都有某种全球地址。从概念上说，从目的端到源端追溯每条路径，在每个阶段计算一个表示到目的路径（地址序列）的哈希值。这些路径和相关联的哈希值是可以预先计算的。对于多径路由，可使用任何著名的多路径计算算法。在源端，计算所需路径第一个节点的哈希值，将其和目的放进包中。在每个路由器上，查找目的，使用某种前缀匹配，并与哈希值进行精确匹配。从下一个路由器开始，用子路径的哈希值（本地存储的）重写这个哈希值。在这种方式中，哈希值是一种特殊形式的标签，标签重写是基于转发表中存储的信息进行的，不需要建立流。所需要的就是，所有方都认同哪些有效路径已经编码。为此需要某种方案（作者提出了一个建议），但这取决于所计算路径的目的段。卡乌尔等人讨论了 Bananas 在许多上下文中的操作，如 BGP。这个方案是有用的，因为标签交换可能更高效，不同的路径建立方案可以同时使用；通过选择启动时要在数据包上放置的标签，源端可以在其中选择。

由于标签交换和源路由都可以用来指定路径，而且两者都可以用于虚拟电路或数据报网络，因此，人们可能会问它们在某种方式上是否有根本的不同。这里的区别不是某种表达能力，而是控制（和包大小）。使用源路由时，是源端来确定路径。使用标签交换时，各方可以安装路径，源端只能选择使用哪个路径。在某些情况下，源可能不知道路径的细节，而只知道起始标签，因此，标签交换为选择谁来配置路径提供了更多的选项。另一方面，源路由允许在没有任何分布式路径建立的情况下建立路径。在标签交换网络中，每条路径都必须按需建立好或预先计算出来。有了源路由，源可以在需要时指定路径。

新需求

前面的讨论基于一组标准对方案进行了分类，其中包括表达能力、效率（包括转发和头大小），以及对路径确定的控制。在因特网早期，这些是主要的考虑因素。文献（Francis，1994a）提供了以下标准，用以在 IPng 候选项中进行选择：

- 成本：硬件处理成本、地址分配复杂度、控制协议（路由技术）复杂度、头大小。
- 功能性能力——必要的：足够大的分层单播地址、多播共享树组地址、多播源树组地址、作用范围的多播组地址、众所周知的多播组地址、移动性、多播两阶段组地址、域级策略路由、主机自动地址分配。
- 功能性能力——有用的：ToS 字段、嵌入式链路层地址、节点级源路由、任播组寻址、任播两相组地址。

所有这些都与转发方案的表达能力和成本有关，但在最近这段时期，人们认识到寻址和转发必须响应更广泛的一组需求。

地址技术和安全

地址和安全有着复杂的关系。如果攻击者不能找到并使用机器的地址，就很难攻击机器，因此，一些地址技术方案允许机器隐藏它们的地址。NAT 被认为是保护主机安全的有用工具，即使不那么完整，因为它确实隐藏了计算机的本地地址。

第 7 章描述的 i3 方案（Stoica et al.，2004）通过保密地址来保护节点免受攻击。在此方案中，接收端通过在转发覆盖中安装一个触发器来控制谁能向它发送信息，触发器就是一种标签形式。发送端指定给触发器，而不是实际的目的端。当数据包到达正确的转发点时，用最终地址重写触发器，然后对路径的其余部分使用基于目的的寻址。然而，隐藏地址及其类似的策略，不能完全保护公共站点不受攻击，既然要被访问，机器就必须以某种方式显露出来。一旦显露了自己，DDoS 攻击就可以在任一方面模拟正常行为，并继续试图令服务器过载。

设计诸如 i3 这样的间接方案的挑战之一是，源端和目的端是否同样试图保护自己不受攻击。诸如 i3 之类的方案试图隐藏或保护目的端。如果目的端是真正隐藏的，那么当数据包逆向移动时，该包的源端也必须是隐藏的。这意味着原始目的端（也许是服务器）在遥远的区域具有某种程度的匿名性。如果以对称的方式使用 i3 来互相保护两端，那么每一端的身份是不容易被对方知道的。这就带来了一个问题：机器何时能够隐藏地址（以保护自己），以及何时必须披露地址（出于责任的原因）。

文献（Yang et al.，2005）描述的 TVA 方案，是保护目的端不受攻击的另一种方法。数据包不隐藏目的地址，但必须携带特定的授权，即允许通过网络的能力。转发方案就是基本的基于目的的因特网机制，但是路由器（特别是 ISP 之间信任边界处的路由器）负责检查这些能力（这种设计方法就是我在第 6 章中所谓的有意传送）。这个方案实际上使用了相当复杂的机制来实现功能。数据包携带一组可变长的能力（这与源路由有一些共同点，因为不需要路由器中的状态来做验证），但在大多数情况下，也会使用路由器中的软状态和包中的一个一次性随机值来避免可变长地址。该方案计算源路径的增量哈希值，来帮助跟踪源端以及在不同源端之间分配能力；使用公平排队来限制一个流对另一个流可能造成的拥塞。

还有一个间接方案是安全覆盖服务（SOS）（Keromytis et al.，2002），这也是旨在保护服务器免受攻击。SOS 将问题限定为保护具有一组已知和预定客户的服务器——作者没有提供保护公共服务器的 SOS 方法。SOS 使用三层防御系统。服务器受拓扑上放置的过滤器的保护，使得所有到服务器的数据包都必须先经过它。作者认为，过滤器能以线路速度运行，并且除了作为通用链路泛洪方案的一部分之外，它不接受泛洪。这意味着过滤必须简单，因此它们只过滤源地址。为了允许更复杂的过滤，它们要求到过滤器的所有合法业务首先通过一个覆盖网，其中的一个覆盖节点知道过滤器的位置。该节点的地址是秘密的，并且该覆盖网使用 DHT 路由将该包送达正确的覆盖节点。为了保护这一层，作者使用了一组安全覆盖接入点（SOAP），它执行第一行检查，并对目的地址执行哈希操作，以获得用于驱动 DHT 的标识符。针对这组相当复杂的机制，这篇论文讨论了理由，并分析了可以对其采取的各种攻击。

文献（Yaar，et al.，2004）提出了一种称为无状态互联网流过滤器的方案，允许接收端向发送端提供一种能力（允许发送）；路由器检查这些能力，如果是伪造的则拒绝，否则会给它们赋予高于未标记业务的优先级。在这种方式中，没有发送许可的业务（包括恶意的业务）相对于受欢迎的业务处于较低的地位，当网络完全充满攻击业务时，可能优先丢弃无许可的业务。Portcullis（Parnoetal，2007）关注的是防止对阻塞系统本身的攻击。使用能力为选定的流提供优先服务的系统，为已建立的网络流提供了强有力的保护。拒绝能力（DoC）攻击，即防止新的能力建立包到达目的端，限制了这些系统的价值。Portcullis 通过为连接建立分配稀缺的链路带宽来减轻 DoC 攻击，并且帕诺等人认为，他们的方法是最佳的，因为没有任何这样的算法能提高其保险性。

所有这些方案，特别是 TVA 和 SOS，都有相当复杂和丰富的机制，当考虑到所有的攻击时，就会为这些攻击选择防御措施，然后这些防御措施也必须要得到保护。这确实提出了一个问题，即是否有一种不同的方式（也许更简单）来分解安全问题。

争斗和经济

因特网的简单模型就是网络计算路由，每个人都使用结果，但是发送端和接收端都可能想要对业务的去向有一定的控制。例如，发送端和接收端可能希望选择通过网络的路径，作为挑选服务提供商的一部分，以获得特定的 QoS，或者避免经过网络的某些部分。不同的第三方也可能希望对路由有一定的控制，这可能会导致他们发明单独的地址空间。人们了解这一系列考虑因素也有一段时间了。文献（Francis，1994a）中写道：

> 使用源路由方法进行策略路由有几个优点。首先，每个源都有自己的策略约束（例如，某些可接受的使用或计费策略）。最有效的做法是将这种策略信息分布限制到源本身上。其次，在全球范围内分布有关中转网络的策略信息可能是不可行的。再者，跟其他源相比，有些源可能不太需要详细的中转策略信息。使用源路由方法，源可以只缓存所需的信息，并根据这些信息计算合适的路由（55）。

文献（Yang，2003）提出了新的互联网路由架构（NIRA）。NIRA 主要是关于路由技术的，给用户提供了选择路由的能力。这个目标的提出，是为了给包转发营造一个充满竞争力的市场，将竞争的行为准则强加给 ISP。作为其中的一部分，NIRA 提出了一种有效方案，用于对包中明确的路由进行编码。它使用地址时非常奢侈，特别是，为网络区域中的每个有效路由分配单独的地址。为了控制源和目的的交叉爆炸，NIRA将路由拆分为三个部分：源端部分、中间部分和目的端部分。数据包携带着源地址和目的地址（如往常一样）。对于路径的第一部分，沿着到该源的逆向路由，源地址引导着数据包。中间部分（大型全球ISP）采用传统的路由。对于最后一部分，使用目的地址。因此，任何节点都只有一个单独的地址，用于每一条进出该节点的路径和网络的中间部分，而不是所有到目的端的路径。

在这种背景中，对比一下NIRA和Bananas是很有趣的。Bananas计算出从源端到目的端的所有路由。因此，存在着大量的路由，并且没有合理的方法为每个这样的路由分配一个不同的全球ID。相反，NIRA使用巧妙的方法来重写每个节点处的路径ID。NIRA为“路由一半”计算ID，并声称它们中的每一个都有唯一的ID（地址），其在网络的那个区域内是有效的，因此不需要重写。为了换取简单性，不遵循简单的“向上、穿越和向下”模式的路径，需要明确的源路由技术。同等效率下，Bananas可以使用任何预先计算过的路由。

地址技术与身份和命名的关系

长期以来，有一套主张将位置（地址）和身份的概念分开的论点。因特网对两者都使用IP地址，这妨碍了移动性。但在数据包中使用IP地址作为身份，提供了一种弱形式的安全性，将两者分开，需要对由此产生的问题进行分析。如果身份与位置分离，就可能没有比任何有实际价值的强加密更弱的身份形式了。

许多将身份和位置分开的方案确实使用身份作为“查找”位置的一种方式。IPNL和4+4所做的一样，使用DNS查找地址来处理NAT。非托管的网络协议（Ford，2004）使用“平坦”的标识符，这些标识符就是公钥。也就是说，任何节点都可以创建自己的标识符，然后证明它是该标识符通过使用与标识符关联的私钥进行标识的实体。该方案使用一个DHT，允许节点之间逐渐地找到彼此，并在所有节点之间建立跨DHT覆盖的路径。Turfnet（Pujol et al.，2005）是另一种通过使用通用命名方案将独立寻址区域连接在一起的方案，它使用了平坦标识符，这些标识符在路由树上扩散，这给查找实体带来了有趣的性能问题。

相反，在第7章中讨论过的FARA（Clark et al.，2003），认为架构的包转发层没有必要将任何更高级的身份转换为网络级的定位器。FARA中的假设是，任何端节点身份（EID）方案在端节点之间都可以是私有的，像DNS这样的高级命名方案可以用来找到实体的位置，实体也可以管理它们的位置（例如，可以移动），而不必提供一种手段来使用EID“查找它们”。

文献（Jonsson et al.，2003）提出了一种名称和定位器分离的方法，称为SNF，用于分离命名转发。他们建议，定位器不一定是全球的，源路由或变换网关中的状态可以用来桥接寻址机制，但提供的细节很少。他们建议命名是一种最小公分母，因此，命名方案必须是明确指定的和全球性的。但是可以有不止一个，这很好，因为不同的方案可以竞争。名字映射到位置上的事物，因此，出现了“约翰逊等人命名机器”，而不是更高层的实体。它们将命名技术描述为能够路由但性能较差的覆盖网，有点像 IPNL。他们还提出了一个由传输层使用的临时通信者标识符（ECI）。这在数据包中是可见的，并成为一个短期的标识符，即使定位器改变，它也不会改变。

增强型标签交换

文献（Gold et al.，2004）提出了一种称为 SelNet 的方案，即虚拟化的链路层。这是一种基于标签的转发方案（有点像 MPLS），其中，每个标签包含一个下一跳的目的地和一个选择器。这是一个泛化标签，不仅可以触发重写，还可以触发一系列服务和动作。例如，这些动作可能包括转发、本地传送或多播。进一步的动作可以包括去除或替换标签，这样就可以用一系列标签发送数据包，从而产生源路由的变体；或者标签能够触发重写，这样状态更多，更类似于 MPLS。在这方面，SelNet 是一个有趣的泛化，具有丰富的表达能力。

SelNet 设计不限制如何建立动作（选择器指向的东西）。它们可以是静态的和持久的，也可以是动态设置的。Selnet 包含了一个协议，有点像 ARP，称为 XRP，用于可扩展的解析协议，它允许发送端广播查找接收端，并在应答中获取一个地址 / 选择器对。戈尔德等人观察到，验证或核实能够并且应该在返回这个信息之前完成（与总是应答的 ARP 相反），这给出了一种保护措施，某种程度上类似于动态 NAT。这种在回答前进行安全检查的想法是个聪明的想法，它允许一系列检查，包括应用级的检查，但引出了请求包中应该包含哪些信息的问题，而作者对此并没有详细说明。

在新架构中要采取的形式还并不清楚。戈尔德等人将其描述为一个链路层或 2.5 层方案，但这似乎源于与 IP 互通的愿望。在一个新的方案中，这可能是 IP 工作的方式。新颖之处似乎是具有广义和未指定语义的选择器的概念，将转发与建立选择器状态的（多种）方式分离开来，以及在标签建立时进行安全检查的思想。我相信，通过定义一些具有全球意义的选择器（众所周知的选择器需要安全分析），该系统可以对几个先前的间接方案进行仿真。

移动性

移动性方面的工作似乎特别受当前因特网架构的限制，尤其是带有身份信息的地址过载问题。我不打算讨论过多的移动方案，因为这既是关于路由的问题，也是关于地址技术的问题。

一般来说，移动方案可以分为端到端的和网络感知的。在端到端的方案中，移动主机获取一个新地址，该地址反映了它的新位置，属于已在网络上路由的地址块部分，因此，对于移动主机，路由器看不到任何特殊的东西。在网络感知的方案中，存在着某种间接性，或者在路由器中或者在一个特殊的节点（例如，主服务器）中，以便发送主机不需要被告知这种移动。其中存在着复杂性、规模和响应速度等问题。

文献（Mysore and Bharghavan，1997）指出多播和移动性有许多相似之处。他们探索了使用当前多播的选项，作为跟踪移动主机的一种方法。他们注意到一个主要问题：移动主机如何找到要加入的多播树，因为泛洪的代价会很大。他们总结了其他的问题，所有这些都来自当前的细节。对于新架构中移动性的新研究，这篇论文或许可提供很好的意见和建议。

Lilith（Untz et al.，2004）是一种适用于有限范围的自组织网络的寻址 / 路由方案，可以使用广播和泛洪。它使用泛洪建立了流和 MPLS。作者注意到了有趣的一点：如果同时发现拓扑和路由（例如通过使用泛洪），那么需要一个较低层的、限定泛洪范围的地址集。因此，作者对标签未使用 IP 地址，因为 IP 广播只工作在子网中，并且他们正试图在 IP 层上构建一个子网。由于路由器中的状态，他们称之为面向连接的方法，但这是该术语的特定使用。他们说，相比于让每个转发器来决定做什么，他们更喜欢连接，但不太清楚他们的路由建立方案的具体动态是什么。如果从目的端返回到源端的路径建立报文，建立了一个 IP 转发记录（而不是一个 MPLS 标签重写记录），尚不清楚这一方案会有何不同。

让源路由技术更健壮

正如我所讨论的，源路由带来了一些问题。一个问题是，它似乎将资源控制从运营商那里拿走了，而是交给了用户。谁都不会相信 ISP 会愿意为用户传送数据包，除非这个 ISP 将得到补偿，或者至少是传送这类业务的协议缔约方。此外，也许将路由控制权交给用户，会造成一个新的大规模攻击机制，其中可以使用路由来针对网络的某些部分实现 DoS 攻击。另一个问题是在简单的源路由方案里，不能保证数据包实际上将沿着指定的路径。人们已提出了一些方案，设法解决其中的一些问题。

Platypus（Raghavan et al.，2009）是一个认证的源路由系统，是围绕网络能力的概念构建的。Platypus 在 ISP 级定义了源路由——将一条路由定义为一系列链接 ISP 的“道路点”。在 ISP 内部，使用缺省的路由。因此，Platypus 头就是一个能力序列，每个能力指定一个道路点。获取能力的过程允许 ISP 维持对其同意传送的业务的控制。

创建健壮的、遵从策略的源路由的另一种方案是 ICING（Naous et al.，2011）。第 7 章里描述了 ICING，它本质上就是 Nebula 建议的转发方案。至此，我介绍了地址技术和转发技术的历史，直到 NSF 未来因特网架构项目的时代。

术 语 表

address (Internet)(因特网的)地址 因特网地址与因特网上的每个端节点相关联，或者（更准确地说）与因特网上的端节点拥有的每个接口或连接点相关联。现在因特网上最常用的地址叫作 IPv4 地址（版本 1～3 是实验性的）。这些地址有 32 位长，这使得因特网能够寻址的端节点数超过了 40 亿个。随着因特网的增大，其地址即将用尽，下一版本的因特网（叫作 IPv6）地址将使得因特网几乎不受限制地增长。

anycast 任播（泛播） 一种数据包传送服务，其中数据包有几个可能的目的节点，但网络根据某组规则（例如距离源节点最近）选择一个目的节点。

autonomous system (AS) 自治系统 网络的一个区域，一般由单一的因特网服务提供商来管理。自治这个词反映了各 ISP 的独立性以及按照自己的选择来实施其网络区域的能力。

best effort 尽力而为 当前因特网的数据包传送服务，其中，网络将尽力传送发送的所有数据包，但对于速度、丢包率以及其他服务参数并没有明确的保证。

bitstream access 位流访问 与监管需求有关的一个术语，即现任网络运营商将其设施开放给竞争对手。和开放的物理组件相反，位流访问是一种虚拟数据路径，表示对某个物理资产的一种共享。

border gateway protocol (BGP) 边界网关协议 因特网上自治系统间使用的全球路由协议。一个 AS 内部可以使用许多路由协议，但必须使用 BGP 与其他 AS 进行通信。

capability 能力 就像计算机安全中使用的那样，能力是一个难以伪造的数据项，表示该数据项的所有者有权执行某种操作。与基于身份给予许可的访问控制表相反，能力基于所有权给予许可，与谁持有它无关。

certificate 证书 一种由认证中心加密签名的认定，它确认了某些实体的公钥，并且确认该实体有权使用证书中的域名。

certificate authority (CA) 认证中心 一种被认为可信的机构，它签发证实某个实体公钥的证书。高一级认证中心为低一级认证中心担保，根认证中心为一系列认证中心提供了起点。

checksum 校验和 一个值，来源于对数据项内所有位执行的一种计算，具有这样的属性：如果数据项中任何一位发生变化，校验和将会改变。因此，校验和是检测数据项修改的一种手段。不同的校验和算法提供了不同程度的保证能力。密码校验和应提供数据项已被修改的指示，无论数据项中有多少位被更改了。

cleartext 明文 在密码系统中，在被加密之前处于可读形式的数据项。

cloud computing 云计算 在因特网上提供大规模计算和存储能力的服务的总称。云服务物理上可以是分布式的或集中式的，但用户不需要关注服务的确切位置。不管需要多少资源，云计算一般都能提供，因此，使用云计算的应用很容易随着需求的增长而提升性能。

content delivery network (CDN) 内容分发网络 一种服务，通常用一组服务器来实现，在因特网上广泛复制，服务器承载内容并按需传送给端节点。通过在因特网的多个点上复制内容，CDN 能够提升传送的性能和可用性。大公司可以建立自己的 CDN，CDN 提供商可以将其服务出售给希望有效传送内容的第三方。

control plane **控制平面** 网络架构中与网络控制有关的那些机制，与数据平面里的机制相对应，数据平面和数据包的实际转发有关。

conversion architecture **转换架构** 通过将一种服务转换为另一种服务，将不同类型的网络连接起来的一种互联网架构。这种方法的成功取决于不同的网络是否具有足够相似的本地服务，以及是否具有描述由此产生的端到端服务的能力。这与跨越架构截然不同。

cyphertext **密文** 在加密系统中，通过加密算法将明文转换后的数据项。

datagram **数据报** 一类互联网架构里的数据包，其中路由器不维护每流状态，因此每个数据包都独立于其他数据包进行处理。

data mule **数据"骡子"** 能将数据包从一个地方移动到另一个地方的物理实体。一个例子是装有 WiFi 基站的农村线路上的公共汽车，当它处于一个特定端节点的范围内时，便会拾取和丢下数据包。另一个例子是智能手机，它在靠近某个端节点时接收数据，并在有进一步的连接时将其发送出去。

data plane **数据平面** 在网络架构中，那些支持实际数据转发的网络机制。

debug **调试** 调试系统，跟踪和删除妨碍系统正确运行的缺陷（编程错误、硬件故障等）。

deep packet inspection（DPI） **深度包检测** 描述某类每跳行为的术语，其中设备（例如路由器）检查所有数据包，包括数据，而不仅仅是报头。DPI 有许多目的，包括转发数据包的更复杂规则和观察发送端正在做什么。

domain name system（DNS） **域名系统** 作为因特网的一部分提供的一种服务，将域名（诸如 www.example.mit.edu 这样的名字）转换因特网地址。它实现为一组分布在因特网上的服务器，每个服务器负责某些域名。

end node **端节点** 连接在因特网上的一种计算设备，其目的是发送和接收数据包。也称为主机。

facilities **设施** 电信中描述服务商的物理网络资产（例如，实际电路和路由器）的术语。基于设施的宽带提供商是一类公司，它们拥有连接到家庭的电路，而不是从其他供应商那里租用电路。

flow **流** 实现数据项传递的数据包序列。流中的数据包通常共享数据包头中的公共源地址和目的地址以及其他字段。

gossip scheme **流言方案** 一种传播某些信息的方案，它在直接连接的设备间传递某些信息，以便最终到达网络的所有部分。

hash **哈希** 某种程度上类似于校验和。哈希是一个值（通常是固定长度的），来源于与数据项中所有位有关的计算结果，这使得哈希值跟数据项中每一位的值都有关系。加密哈希具有这样的特征：虽然计算数据项的哈希相对容易，但基本上不可能进行反向操作——找到产生给定哈希值的数据项。具有这种强度的哈希算法，使得伪造数据项来匹配给定的哈希值是不现实的。

header **包头** 数据包的一部分，包含控制信息，用于指定如何转发数据包。它包括目标地址、数据包长度、数据包要接收的服务等信息。

hypertext markup language（HTML） **超文本标记语言** 另一个定义因特网的关键协议，描述了基本 Web 页面的格式。

hypertext transfer protocol（HTTP） **超文本传输协议** 定义网站操作的关键协议之一，描述了用于请求和提取 Web 页面的报文。

incast **聚播** 一种数据包传送形式，其中，来自多个源到特定目的端的数据包（或报文）被组合成一个数据包 / 报文。一个典型的用途是在某些网络组件发生故障，许多监控点都想报告这个错误时，为了避免淹没这些报告的接收端，相同错误的不同报告在流向接收端时可以组合起来。

interface **接口** 描述一个模块如何从外部进行访问，是一个非常通用的术语。接口可以表现为硬件（USB 插口就是一个接口），也可以表现为软件。接口规范描述了模块提供的功能，以及如何调用这些功能。

Internet 因特网 本书使用的术语（大写 I），指的是现有的、全球性的通用分组交换互联网络。

internet 互联网 本书使用的术语（小写 i），指的是任何一种互联网络，基于这样或那样的架构，总目标与现在的因特网相同——全球可达、连接各种各样的计算设备、支持各种各样的应用的一种互联网络。

Internet protocol（IP） 因特网协议 描述因特网基本数据包传输服务的标准：数据包包头的相关部分格式如何、路由器所需的操作如何。

Internet protocol television（IPTV） 因特网协议电视 描述电视节目如何通过因特网协议在网络上传送。IPTV 不同于其他早期协议（模拟的和数字的），早期协议主要通过电缆系统、卫星和其他平台来传送电视节目。

Internet service provider（ISP） 因特网服务提供商 在因特网的一个区域内提供数据包转发服务的组织。

jitter 抖动 流中不同的数据包经历的延时变化。

kludge 组装件 计算机科学中的一个术语，描述了一个特定问题的解决方案，通常以非常规的方式使用组件，但同时也带有一些精巧的设计。将某种东西描述为组装件，表明实现者放弃了以精准的方式去解决这个问题，但也表示对问题的尊重。

latency 延时 发送端和接收端之间的延迟（通常测量为双向的或往返的）。高延时会降低某些应用的效用，如电话会议和多人游戏。

layer 层 分层系统被描述为带有不对称依赖的一个模块序列。上层建立在下层提供的服务之上并依赖于这些服务，但下层的正确运行不应依赖于上层的正确运行。分层系统的一个严格解释是，层 N 上的模块只能调用层 N–1 上的服务（但不能低于这一层），同时只能向层 N+1 提供服务。网络架构通常都是分层描述的。

layer 2 第 2 层 虽然互联网架构有许多分层模型，但第 2 层通常指的是一种特定的网络技术，其上（第 3 层）描述了互联网。

metadata 元数据 关于其他数据的数据。这个术语用在许多上下文中。包头里的字段指定了数据包要去哪以及应如何传送，相对于数据包的数据，它就是元数据。有关数据项创建者的信息，允许谁读取或写入，以及其他类似的信息，都是关于该数据项的元数据。

middlebox 中间箱（盒） 某种设备的总称，插在源端和目的端之间的数据包流中，执行某种功能（实现一种 PHB），以某种方式修改或控制正在传输的数据。

module 模块 系统的一个组件。大型计算机系统一般是由许多模块描述和构建的，通过它们的接口互连连接。

multicast 多播 一种数据包传递模式，其中目的端是一组节点，网络试图尽力将数据包分组传递到所有端节点。

multihoming 多穴技术 端节点通过多个点连接到互联网的一种情形。这些点可能在同一个网络上，也可能在不同的网络上。例如，智能手机可以通过 WiFi 连接和蜂窝式连接与因特网相连。对于使用哪个连接点，不同的互联网架构会给出网络或端节点的控制。

outage 中断 影响网络某些区域的一种可用性故障。中断一般是通过多少用户受影响、受影响多长时间来描述的。

overlay 覆盖网 一种网络方案用来支持运行在它之上的另一种网络方案。例如，一个 IP 数据包可以用来承载另一个 IP 数据包，将其作为自己的数据。第二个 IP 互联网就是第一个互联网上的覆盖网。覆盖网类似于一种跨越架构，但跨越架构这个术语具有异构低层网络架构的含义，而覆盖网可以是同一架构的两个版本，一个运行在另一个之上。

packet 数据包 通过因特网（或任何分组交换网络）传送的数据单元。数据包的前面有一个包头，它控制着传送，例如目的地址；还有负载，它就是要传送的数据。

path vector 路径矢量 作为路由协议的一部

分而使用的一种报文，包含去往给定目的端路径上的一系列组件。

peering **对等** 因特网上两个自治系统间的一种互连方式，其中，每个自治系统都同意接收发给自己和自己的客户的业务，不接收去往因特网其他部分的业务。这与中转截然不同。

ping 一种能发送到因特网的网络管理报文。它发往特定的目的端并期望目的端会给出回应，从而证明它是可到达的和正常工作的。

port **端口** TCP包头里的一个字段，指明特定计算机上的哪个应用发送或接收数据包。例如，Web服务器通常位于端口（80）上，其他服务位于其他熟知的端口上。

principal **主体** 在计算机安全中，实际负责某些操作的角色。当计算机代表某个人发送报文时，人是主体，并不是计算机是主体。

protocol **协议** 用于描述因特网上的组件如何交互以实现某种服务规范的术语。规范通常包括组件之间交换报文的格式和含义、可接受的报文序列和其他信息。协议通常被声明为标准，这意味着设计者已经宣布，这个协议是实现特定服务的公认（也许是强制性的）方式。

quality of service（QoS） **服务质量** 概括地描述数据包传送服务的关键性能指标（例如，吞吐率、延时、抖动、丢包率等）的术语，或者更具体地说，一套机制和标准，旨在为某些特定的数据包流提供改进或增强的QoS。一种典型的增强或许是减少抖动的服务，这有利于实时电话会议和多人游戏。

resilience **弹性** 即使网络组件出现故障或已被攻击，仍然能继续提供服务。弹性的系统不应允许组件被成功渗透；即使部分被渗透了，弹性系统在一定程度上仍将保持运行。

router **路由器** 在因特网的某个点上接收并转发数据包的一台设备。它使用数据包头中的信息对数据包进行必要处理。在因特网的早期，路由器通常叫作网关。

sandbox **沙箱** 操作系统中程序的封闭执行环境，以防止程序的不当行为在封闭范围之外产生任何后果。

socket **套接字** 在操作系统中，传输协议（例如TCP）给应用提供的接口。

soft state **软状态** 关于特定类型的状态（例如，路由器中的每流或每包状态），其特征是，如果状态被丢弃，它可以作为正常系统操作的一部分被重新构建。如果一台设备在另一台设备中设置了状态，然后它崩溃了，则必须以某种方式清除该状态。相对于硬状态，软状态的优点是老状态更容易清除；如果状态看起来陈旧了，就可以删除。

software-defined networking（SDN） **软件定义网络** 管理因特网一个区域的一种现代方法，其中，路由器并不进行传统的分布式路由计算，而是从集中式控制器接收其用于转发数据包的信息。SDN要求定义新的协议，以描述转发组件（路由器或交换机）如何与控制器进行通信。

source route **源路由** 一种目的地址形式，是一个识别中间点的地址序列，通过这些中间点，数据包在通往目的端的路径上流动。

spanning architecture **跨越架构** 一种互联网架构，将不同类型的网络连接在一起，通过使用各自的本地服务端到端地承载高一级服务的组件。这与转换架构截然不同。

state **状态** 可以处于多种状态的一个组件，能够以不同的方式响应相同的输入。一台无状态的设备对于某个输入总会以相同的方式响应。可以处于多个状态的设备，用状态变量记录状态。状态变量的一个用途是记录最近的事件，因此无状态设备有时被称为无记忆的。不维持每流状态的路由器必须独立处理每个数据包——数据报设计。维护每流状态的路由器可以连续处理流中的数据包。

time to live（TTL） **生存时间** IP包头里的一个字段，表明数据报在被丢弃之前能通过多少个路由器。如果遇到路由矛盾问题，将数据包发送到环路中，TTL字段将防止数据包永远循环。

traceroute 发送到因特网的网络管理数据包序列，用于勘察源端和特定目的端之间的路由器。序列中的不同数据包被发送到相同的目的端，但TTL字段中带有不同的值，从而沿着路径在不同的点上丢弃数据包。理想情况下，丢弃数据包的路由器将向源端发送错误报文，从而透漏其地址。

traffic analysis **业务流分析** 一种监视形式，其目标不是看看正在发送什么数据，而是看看哪些当事方正在通信，以及通信模式是什么。业务流分析涉及查看流的元数据，而不是数据。

transaction cost **交易成本** 除了交易的实际成本外，还可能存在搜索最佳价格、对价格讨价还价和其他相关任务所产生的成本。这些统称为交易成本。

transit **中转** 因特网上两个自治系统间的连接方式，其中一个同意为另一个提供所有因特网的访问。这与对等截然不同。

transmission control protocol（TCP） **传输控制协议** 描述如何将应用级数据单元拆分为在因特网上传送的数据包的标准。它描述了数据包（或更准确地，数据包里的字节）是如何编号的，在传输过程中丢失的数据包是如何重传的，以及接收端如何利用这些数据包重新组装数据单元。

transport layer **传输层** 在因特网的分层模型中，这一层负责端到端的数据处理。它定义了应用可以使用的端到端的服务模型。因特网常见的传输层是传输控制协议。

tussle **争斗** 由于利益不一致的行为者试图改变系统（如因特网生态系统）以符合其利益，我和我的合著者引入这个术语，用来描述这些行为者之间的交互行为。

unbundle **解绑** 在电信规定中，如果系统的一个组件可单独提供给竞争对手，则这个组件就是解绑的。例如，电话公司可能需要将电线解绑到住宅，允许竞争对手使用它们来提供零售服务。

unicast **单播** 因特网基本的数据包传送服务，其中，数据包传送到单一的、指定的目的端。

virtual **虚拟的** 这个术语描述了物理组件（处理器、链路或类似的东西）被划分多份的一般情况，每份提供与物理组件相同的功能，但具有较低的性能，因为物理组件正被共享。它还可描述抽象的服务，这种服务不是通过划分物理组件来真正实现的，而是按照一种类似于物理组件产生服务的方式，组合各种组件来实现服务。

virtual circuit **虚电路** 虚电路可以是物理电路的一部分，也可以是行为上类似于电路的抽象服务（例如TCP提供的服务）。在电路情形中，期望的行为是从一端进入的数据从另一端按序出来。

virus（computer） **计算机病毒** 恶意软件的一种形式，通常是精心制作的，以便能通过某种方式从一台计算机传播到另一台计算机，从而实现感染一系列计算机。

Voice over IP（VoIP） **IP语音** 基于因特网协议的网络上的电话业务传送。

缩写词汇表

ACM	Association for Computing Machinery	美国计算机协会
ADU	application data unit	应用数据单元
ALF	application layer framing	应用层框架
ANTS	active node transfer system	主动节点传送系统
API	application programming interface	应用编程接口
ARPA	Advanced Research Projects Agency	高级研究计划局（现为 DARPA）
AS	autonomous system	自治系统
ATM	asynchronous transfer mode	异步传输模式
BGP	border gateway protocol	边界网关协议
CA	certificate authority	证书中心
CABO	Concurrent Architectures Are Better than One	并发架构优于单个架构
CDN	content delivery network	内容分发网络
CIA	confidentiality, integrity, and availability	保密性、完整性和可用性
CID	content identifier	内容标识符（XIA 方案中的一种标识符）
CIDR	classless interdomain routing	无类域间路由
CN	ChoiceNet	选择网
CSPP	Computer Systems Policy Project	计算机系统政策项目（现在被称为技术 CEO 委员会）
DARPA	Defense Advanced Research Projects Agency	国防高级研究计划局
DDoS	distributed denial of service	分布式拒绝服务
DHCP	dynamic host configuration protocol	动态主机配置协议
DHT	distributed hash table	分布式哈希表
DLCI	data link connection identifier	数据链路连接标识符
DNS	domain name system	域名系统
DOA	delegation-oriented architecture	面向委托的架构
DoC	denial of capability	拒绝能力
DOI	digital object identifier	数字对象标识符
DONA	data-oriented network architecture	面向数据的网络架构
DoS	denial of service	拒绝服务
DPI	deep packet inspection	深度数据包检查
DTN	delay/disruption tolerant network	延迟 / 中断容忍网
ECN	explicit congestion notification	明确的拥塞指示

EGP	exterior gateway protocol	外部网关协议
EID	end-point identity	端节点标识符
FARA	forwarding, association, and rendezvous architecture	转发、关联以及会合架构
FD	forwarding directive	转发指令
FIA	Future Internet Architecture（project）	未来因特网架构（项目）
FII	framework for internet innovation	互联网创新框架
FQDN	fully qualified domain name	完全合格的域名
GENI	Global Environment for Network Innovations	网络创新的全球环境
GNS	global name service	全球名字服务（MobilityFirst 中）
GUID	global unique identifier	全球唯一标识符（MobilityFirst 中）
HID	host identifier	主机标识符（XIA 方案中的一种标识符）
HTML	hypertext markup language	超文本标记语言
HTTP	hypertext transfer protocol	超文本传输协议
i3	Internet indirection infrastructure	因特网间接基础设施
ICANN	Internet Corporation for Assigned Names and Numbers	分配名字和号码的因特网公司
ICCB	Internet Configuration Control Board	因特网配置控制板
ICN	information-centric networking	以信息为中心的网络
IETF	Internet Engineering Task Force	因特网工程任务组
IMP	interface message processor	接口报文处理器
INID	in-network identifier	网内标识符
IoT	Internet of Things	物联网
IP	Internet protocol	因特网协议
IPFIX	Internet protocol flow information eXport	因特网协议流信息输出
IPX	Internet protocol eXchange	因特网协议交换
ISP	Internet service provider	因特网服务提供商
ITU	International Telecommunications Union	国际电信联盟
LAN	local area network	局域网
MF	MobilityFirst	
MIB	management information base	管理信息库
MPLS	multiprotocol label switching	多协议标记交换
NA	network address	网络地址（MobilityFirst 中）
NAT	network address translation	网络地址变换
NDN	named data networking	命名数据网络
Netinf	network of information	信息网络
NII	national information infrastructure	国家信息基础设施
NRS	name resolution server	名字解析服务器（Netinf 中）
NSF	National Science Foundation	国家科学基金会

OSI	open systems interconnection	开放系统互连
PHB	per-hop behavior	每跳行为
PoC	proof of consent	同意证明
PoP	proof of path or point of presence	路径证明（Nebula 里的一个概念）或存在点（指电话交换）
PSIRP	publish/subscribe Internet routing paradigm	发布 / 订阅因特网路由模式
QoE	quality of experience	体验质量
QoS	quality of service	服务质量
RED	random early detection or drop	随机早期检测或丢弃
RFC	"Request for Comment"	"请求评论"(因特网工程任务组的出版物)
RID	rendezvous identifier	会合标识符
RINA	recursive internetwork architecture	递归互联网架构
RNA	recursive network architecture	递归网络架构
RoI	return on investment	投资回报
RS	rendezvous system	会合系统（NewArch 的一部分）
RSH	role-specific header	特定角色头
SDN	software-defined networking	软件定义网络
SID	server identifier	服务标识符（XIA 方案中的一种标识符）
SIP	session initiation protocol	会话启动协议
SNMP	simple network management protocol	简单网络管理协议
SUM	shut up message	关闭报文
TCP	transmission control protocol	传输控制协议
TLS	transport layer security	传输层安全
TOR	The Onion Router	洋葱路由器
ToS	Type of Service	服务类型（IP 包头里的字段）
TTL	Time to Live	生存时间（IP 包头里的字段）
TWAMP	two way active measurement protocol	双向主动测量协议
UNE	unbundled network element	解绑的网络组件
URL	uniform resource locator	统一资源定位器
VINI	virtual network infrastructure	虚拟网络基础设施
VoIP	voice over Internet protocol	IP 语音
VPN	virtual private network	虚拟私有网
XCP	eXplicit Control Protocol	显式控制协议
XIA	expressive Internet architecture	有表达能力的因特网架构
XID	XIA identifier	XIA 标识符
XIWT	Cross-Industry Working Team	跨行业工作组

参考文献

Abbate, Janet. 2000. *Inventing the internet*. Cambridge, MA: MIT Press.

Adhatarao, S. S., J. Chen, M. Arumaithurai, X. Fu, and K. K. Ramakrishnan. 2016. Comparison of naming schema in ICN. In *2016 IEEE international symposium on local and metropolitan area networks (LANMAN)*, 1–6. doi:10.1109/LANMAN.2016.7548856.

Alexander, D. Scott, Marianne Shaw, Scott M. Nettles, and Jonathan M. Smith. 1997. Active bridging. In *Proceedings of the ACM SIGCOMM '97 conference on applications, technologies, architectures, and protocols for computer communication. SIGCOMM '97*, 101–111. New York: ACM. doi:10.1145/263105.263149.

Andersen, David, Hari Balakrishnan, Frans Kaashoek, and Robert Morris. 2001. Resilient overlay networks. In *Proceedings of the eighteenth ACM symposium on operating system principles: SOSP Sosp '01*, 131–145. New York: ACM. doi:10.1145/502034.502048. http://doi.acm.org.libproxy.mit.edu/10.1145/502034.502048.

Andersen, David G. 2003. Mayday: Distributed filtering for internet services. In *Proceedings of the 4th conference on USENIX symposium on internet technologies and systems USITS'03*, 3-3. Berkeley, CA: USENIX Association. http://dl.acm.org/citation.cfm?id=1251460.1251463.

Anderson, Ross, and Roger Needham. 2004. Programming satan's computer. In *Computer science today*, 426–440. New York: Springer.

Anderson, Thomas, Larry Peterson, Scott Shenker, and Jonathan Turner. 2005. Overcoming the internet impasse through virtualization. *Computer* 38 (4): 34–41. doi:10.1109/MC.2005.136. http://dx.doi.org/10.1109/MC.2005.136.

Anderson, Thomas, Timothy Roscoe, and David Wetherall. 2004. Preventing internet denial-of-service with capabilities. *SIGCOMM Computer Communication Review* 34 (1): 39–44. doi:10.1145/972374.972382. http://doi.acm.org/10.1145/972374.972382.

Annan, Kofi. 2013. Universal values—peace, freedom, social progress, equal rights, human dignity acutely needed, Secretary-General says at Tubingen University, Germany. http://www.un.org/press/en/2003/sgsm9076.doc.htm.

Argyraki, Katerina, and David R. Cheriton. 2004. Loose source routing as a mechanism for traffic policies. In *Proceedings of the ACM SIGCOMM workshop on future directions in network architecture: FDNA '04*, 57–64. New York: ACM. doi:10.1145/1016707.1016718. http://doi.acm.org/10.1145/1016707.1016718.

Balakrishnan, Hari, Karthik Lakshminarayanan, Sylvia Ratnasamy, Scott Shenker, Ion Stoica, and Michael Walfish. 2004. A layered naming architecture for the internet. *SIGCOMM Computer Communication Review* 34 (4): 343–352. doi:10.1145/1030194.1015505. http://doi.acm.org/10.1145/1030194.1015505.

Barlow, John Perry. 1996. A Declaration of the Independence of Cyberspace.

https://projects.eff.org/ barlow/Declaration-Final.html.

Bavier, Andy, Nick Feamster, Mark Huang, Larry Peterson, and Jennifer Rexford. 2006. In vini veritas: Realistic and controlled network experimentation. In *Proceedings of the 2006 conference on applications, technologies, architectures, and protocols for computer communications: SIGCOMM '06*, 3–14. New York: ACM. doi:10.1145/1159913.1159916. http://doi.acm.org.libproxy.mit.edu/10.1145/1159913.1159916.

Belady, Laszlo A., and Meir M. Lehman. 1976. A model of large program development. *IBM Systems Journal* 15 (3): 225–252.

Benkler, Yochai. 2012. Next Generation Connectivity: A review of broadband Internet transitions and policy from around the world. http://www.fcc.gov/stage/pdf/Berkman_Center_Broadband_Study_13Oct09.pdf.

Bogost, Ian. 2007. *Persuasive games: The expressive power of videogames*. Cambridge, MA: MIT Press.

Braden, Robert, Ted Faber, and Mark Handley. 2003. From protocol stack to protocol heap: Role-based architecture. *SIGCOMM Computer Communication Review* 33 (1): 17–22.

Briscoe, Bob, Arnaud Jacquet, Carla Di Cairano-Gilfedder, Alessandro Salvatori, Andrea Soppera, and Martin Koyabe. 2005. Policing congestion response in an internetwork using re-feedback. *Proceedings of ACM SIGCOMM'05, Computer Communication Review* 35 (4): 277–288. doi:http://doi.acm.org/10.1145/1080091.1080124. http://www.cs.ucl.ac.uk/staff/B.Briscoe/projects/2020comms/refb/refb_sigcomm05.pdf.

Brodkin, Jon. 2016. Verizon is actually expanding FIOS again, with new fiber in Boston. *Arstechnica*. https://arstechnica.com/information-technology/2016/04/verizon-is-actually-expanding-fios-again-with-new-fiber-in-boston/.

Brunner, John. 1975. *Shockwave rider*. New York: Harper & Row.

Caesar, Matthew, Tyson Condie, Jayanthkumar Kannan, Karthik Lakshminarayanan, and Ion Stoica. 2006. Rofl: Routing on flat labels. *SIGCOMM Computer Communication Review* 36 (4): 363–374.

Cerf, V., and R. Kahn. 1974. A protocol for packet network intercommunication. *IEEE Transactions on Communications* 22 (5): 637–648. doi:10.1109/TCOM.1974.1092259.

Chen, Shuo, Rui Wang, XiaoFeng Wang, and Kehuan Zhang. 2010. Side-channel leaks in web applications: A reality today, a challenge tomorrow. In *Proceedings of the 2010 IEEE symposium on security and privacy: SP '10*, 191–206. Washington, DC: IEEE Computer Society. doi:10.1109/SP.2010.20. http://dx.doi.org/10.1109/SP.2010.20.

Cheriton, David. 2000. Triad. *SIGOPS Operating Systems Review* 34 (2): 34. doi:10.1145/346152.346236. http://doi.acm.org/10.1145/346152.346236.

Cheriton, David R., and Stephen E. Deering. 1985. Host groups: A multicast extension for datagram internetworks. In *Proceedings of the ninth symposium on data communications: SIGCOMM '85*, 172–179. New York: ACM. doi:10.1145/319056.319039. http://doi.acm.org/10.1145/319056.319039.

Cheriton, D. R. 1989. Sirpent: A high-performance internetworking approach. *SIG-*

COMM Computer Communication Review 19 (4): 158–169. doi:10.1145/75247.75263. http://doi.acm.org/10.1145/75247.75263.

Chiang, M., S. H. Low, A. R. Calderbank, and J. C. Doyle. 2007. Layering as optimization decomposition: A mathematical theory of network architectures. *Proceedings of the IEEE* 95 (1): 255–312. doi:10.1109/JPROC.2006.887322.

Chirgwin, Richard. 2015. Spud? the IETF's anti-snooping protocol that will never be used. *The Register*. http://www.theregister.co.uk/2015/07/30/understanding_spud_the_ietfs_burnafterreading_protocol/.

Cidon, Israel, and Inder S. Gopal. 1988. Paris: An approach to integrated high-speed private networks. *International Journal of Digital & Analog Cabled Systems* 1 (2): 77–85. doi:10.1002/dac.4520010208. http://dx.doi.org/10.1002/dac.4520010208.

Cisco Systems, Inc. 2013. Cisco Visual Networking Index: Forecast and Methodology, 2012–2017. http://www.cisco.com/en/US/solutions/collateral/ns341/ns525/ns537/ns705/ns827/white_paper_c11-481360.pdf.

Claffy, KC., and David D. Clark. 2015. Adding Enhanced Services to the Internet: Lessons from History. Social Science Research Network Working Paper Series. http://ssrn.com/abstract=2587262.

Claffy, KC., and D. Clark. 2014. Platform models for sustainable internet regulation. *Journal of Information Policy* 4:463–488.

Clark, D., and KC. Claffy. 2015. An Inventory of Aspirations for the Internet's Future, Technical report, Center for Applied Internet Data Analysis (CAIDA), University of California, San Diego.

Clark, David, Robert Braden, Aaron Falk, and Venkata Pingali. 2003. FARA: Reorganizing the addressing architecture. *SIGCOMM Computer Communication Review* 33 (4): 313–321. doi:10.1145/972426.944770. http://doi.acm.org/10.1145/972426.944770.

Clark, David, Lyman Chapin, Vint Cerf, Robert Braden, and Russ Hobby. 1991. Towards the Future Internet Architecture: RFC 1287 Network Working Group. https://www.ietf.org/rfc/rfc1287.txt.

Clark, David, and KC. Claffy. 2014. Approaches to Transparency Aimed at Minimizing Harm and Maximizing Investment. http://www.caida.org/publications/papers/2014/approaches_to_transparency_aimed/.

Clark, David, and Danny Cohen. 1978. A Proposal for Addressing and Routing in the Internet, IEN 46. http://www.postel.org/ien/pdf/ien046.pdf.

Clark, David, and Susan Landau. 2011. Untangling attribution. *Harvard National Security Journal* 2. http://harvardnsj.org/wp-content/uploads/2011/03/Vol.-2_Clark-Landau_Final-Version.pdf.

Clark, David, Karen Sollins, John Wroclawski, Dina Katabi, Joanna Kulik, Xiaowei Yang, Robert Braden, Aaron Falk, Venkata Pingali, Mark Handley, and Noel Chiappa. 2004. New Arch: Future Generation Internet Architecture. http://www.isi.edu/newarch/iDOCS/final.finalreport.pdf.

Clark, David D. 1988. The design philosophy of the darpa internet protocols. In *Symposium proceedings on communications architectures and protocols: SIGCOMM '88*, 106–114. New York: ACM. doi:10.1145/52324.52336. http://doi.acm.org/10.1145/

52324.52336.

Clark, David D. 1997. Internet economics. In *Internet economics*, eds. Lee McKnight and Joseph Bailey, 215–252. Cambridge, MA: MIT Press.

Clark, David D., and Marjory S. Blumenthal. 2011. The end-to-end argument and application design: The role of trust. *Federal Communications Law Journal* 63 (2): 357–390.

Clark, David D., and David R. Wilson. 1987. A comparison of commercial and military computer security policies. In *Proceedings of the 1987 IEEE symposium on research in security and privacy (SP'87)*, 184–193. New York: IEEE Press.

Clark, David D., John Wroclawski, Karen R. Sollins, and Robert Braden. 2005. Tussle in cyberspace: Defining tomorrow's internet. *IEEE/ACM Transactions on Networking* 13 (3): 462–475. doi:10.1109/TNET.2005.850224. http://dx.doi.org/10.1109/TNET.2005.850224.

Clark, D. D., and D. L. Tennenhouse. 1990. Architectural considerations for a new generation of protocols. In *Proceedings of the ACM symposium on communications architectures and protocols: SIGCOMM '90*, 200–208. New York: ACM. doi:10.1145/99508.99553. http://doi.acm.org/10.1145/99508.99553.

Clinton, Hillary. 2011. Remarks: Internet Rights and Wrongs: Choices and Challenges in a Networked World. http://www.state.gov/secretary/rm/2011/02/156619.htm.

Coase, R. H. 1937. The nature of the firm. *Economica* 4 (16): 386–405. doi:10.1111/j.1468-0335.1937.tb00002.x. http://dx.doi.org/10.1111/j.1468-0335.1937.tb00002.x.

Computer Systems Policy Project. 1994. Perspectives on the National Information Infrastructure: Ensuring Interoperability.

Consultative Committee for International Telephony and Telegraphy (CCITT). 1992. *Management framework for open systems interconnection (OSI) for CCITT applications: X.700*. International Telecommunications Union. https://www.itu.int/rec/T-REC-X.700-199209-I/en.

Courcoubetis, Costas, Laszlo Gyarmati, Nikolaos Laoutaris, Pablo Rodriguez, and Kostas Sdrolias. 2016. Negotiating premium peering prices: A quantitative model with applications. *ACM Transactions on Internet Technology* 16 (2): 14–11422. doi:10.1145/2883610. http://doi.acm.org/10.1145/2883610.

Cross-Industry Working Team. 1994. An Architectural Framework for the National Information Infrastructure "Corporation for National Research Initiatives." http://www.xiwt.org/documents/ArchFrame.pdf.

Crowcroft, Jon, Steven Hand, Richard Mortier, Timothy Roscoe, and Andrew Warfield. 2003. Plutarch: An argument for network pluralism. *SIGCOMM Computer Communication Review* 33 (4): 258–266. doi:10.1145/972426.944763. http://doi.acm.org/10.1145/972426.944763.

Dannewitz, Christian, Dirk Kutscher, Börje Ohlman, Stephen Farrell, Bengt Ahlgren, and Holger Karl. 2013. Network of information (Netinf)—An information-centric networking architecture. *Computer Communication* 36 (7): 721–735. doi:10.1016/

j.comcom.2013.01.009. http://dx.doi.org/10.1016/j.comcom.2013.01.009.

Day, John. 2008. *Patterns in network architecture: A return to fundamentals*. Upper Saddle River, NJ: Prentice Hall.

Decasper, Dan, Zubin Dittia, Guru Parulkar, and Bernhard Plattner. 1998. Router plugins: A software architecture for next generation routers. In *Proceedings of the ACM SIGCOMM '98 conference on applications, technologies, architectures, and protocols for computer communication: SIGCOMM '98*, 229–240. New York: ACM. doi:10.1145/285237.285285. http://doi.acm.org/10.1145/285237.285285.

Deering, S. E. 1993. SIP: Simple internet protocol. *IEEE Network* 7 (3): 16–28. doi:10.1109/65.224022.

Deering, Stephen E., and David R. Cheriton. 1990. Multicast routing in datagram internetworks and extended LANs. *ACM Transactions on Computer Systems* 8 (2): 85–110. doi:10.1145/78952.78953. http://doi.acm.org/10.1145/78952.78953.

Deering, Stephen Edward. 1992. Multicast Routing in a Datagram Internetwork. PhD diss. Stanford University. UMI (GAX92-21608).

DeNardis, Laura. 2015. *The global war for internet governance*. New Haven, CT: Yale University Press.

Dukkipati, Nandita. 2008. Rate Control Protocol (RCP): Congestion Control to Make Flows Complete Quickly. PhD diss. Stanford University. http://yuba.stanford.edu/~nanditad/thesis-NanditaD.pdf.

Ehrenstein, Claudia. 2012. New Study in Germany Finds Fears of the Internet Are Much Higher Than Expected. *Die Welt*. http://www.worldcrunch.com/tech-science/new-study-in-germany-finds-fears-of-the-internet-are-much-higher-than-expected/c4s4780/.

Fall, Kevin. 2003. A delay-tolerant network architecture for challenged internets. In *Proceedings of the 2003 conference on applications, technologies, architectures, and protocols for computer communications: SIGCOMM '03*, 27–34. New York: ACM. doi:10.1145/863955.863960. http://doi.acm.org/10.1145/863955.863960.

Farber, D., and J. J. Vittal. 1973. Extendability considerations in the design of the distributed computer system (DCS). In *Proceedings of the national telecommunications conference*. Atlanta, Georgia.

Feamster, Nicholas Greer. 2006. Proactive Techniques for Correct and Predictable Internet Routing. PhD diss., MIT.

Feamster, Nick, Lixin Gao, and Jennifer Rexford. 2007. How to lease the internet in your spare time. *SIGCOMM Computer Communication Review* 37 (1): 61–64. doi:10.1145/1198255.1198265. http://doi.acm.org.libproxy.mit.edu/10.1145/1198255.1198265.

Federal Communications Commission. 2005. FCC 05-151, Policy Statement Regarding Broadband Access to the Internet. https://apps.fcc.gov/edocs_public/attachmatch/FCC-05-151A1.pdf.

Federal Communications Commission. 2010. The National Broadband Plan: Connecting America. http://download.broadband.gov/plan/national-broadband-plan.pdf.

Federal Communications Commission. 2015. Protecting and Promoting the Open Internet, GN Docket No.14-28. https://apps.fcc.gov/edocs_public/attachmatch/FCC-15-24A1.pdf.

Felton, Ed. 2004. Monoculture Debate: Geer vs. Charney. https://freedom-to-tinker.com/blog/felten/monoculture-debate-geer-vs-charney/.

Floyd, Sally, and Van Jacobson. 1993. Random early detection gateways for congestion avoidance. *IEEE/ACM Transactions on Networking* 1 (4): 397–413. doi:10.1109/90.251892. http://dx.doi.org/10.1109/90.251892.

Ford, Bryan. 2004. Unmanaged internet protocol: Taming the edge network management crisis. *SIGCOMM Computer Communication Review* 34 (1): 93–98. doi:10.1145/972374.972391. http://doi.acm.org/10.1145/972374.972391.

Forgie, James. 1979. ST—A Proposed Internet Stream Protocol: IEN 119. https://www.rfc-editor.org/ien/ien119.txt.

Fortz, B., and M. Thorup. 2000. Internet traffic engineering by optimizing ospf weights. In *Infocom 2000. nineteenth annual joint conference of the IEEE computer and communications societies*, Vol. 2, 519–5282. doi:10.1109/INFCOM.2000.832225.

Francis, Paul. 1994a. Addressing in Internet Protocols. PhD diss. University College London. http://www.cs.cornell.edu/people/francis/thesis.pdf.

Francis, Paul. 1994b. PIP Near-Term Architecture: RFC 1621 Network Working Group. https://tools.ietf.org/html/rfc1621.

Francis, Paul, and Ramakrishna Gummadi. 2001. IPNL: A Nat-extended internet architecture. *SIGCOMM Computer Communication Review* 31 (4): 69–80. doi:10.1145/964723.383065. http://doi.acm.org.libproxy.mit.edu/10.1145/964723.383065.

Fraser, Anthony G. 1980. Datakit—a modular network for synchronous and asynchronous traffic. In *Proceedings of the international conference on communications*, Boston, Massachusetts.

Frieden, Rob. 2011. Rationales For and Against FCC Involvement in Resolving Internet Service Provider Interconnection Disputes. Telecommunications Policy Research Conference. http://papers.ssrn.com/sol3/papers.cfm?abstract_id=1838655.

Gaynor, M., and S. Bradner. 2001. The real options approach to standardization. In *Proceedings of the 34th annual Hawaii international conference on system sciences*, 10. doi:10.1109/HICSS.2001.926526.

Geer, Daniel E. 2007. The evolution of security. *Queue* 5 (3): 30–35. doi:10.1145/1242489.1242500. http://doi.acm.org/10.1145/1242489.1242500.

Gibson, William. 1984. *Neuromancer*. New York: Ace.

Godfrey, P. Brighten, Igor Ganichev, Scott Shenker, and Ion Stoica. 2009. Pathlet routing. In *Proceedings of the ACM SIGCOMM 2009 conference on data communication: SIGCOMM '09*, 111–122. New York: ACM. doi:10.1145/1592568.1592583. http://doi.acm.org/10.1145/1592568.1592583.

Gold, Richard, Per Gunningberg, and Christian Tschudin. 2004. A virtualized link layer with support for indirection. In *Proceedings of the ACM SIGCOMM workshop on future directions in network architecture: FDNA '04*, 28–34. New York: ACM. doi:10.1145/1016707.1016713. http://doi.acm.org/10.1145/1016707.1016713.

Greenberg, Andy. 2015. Hackers remotely kill a jeep on the highway—With me in it. *Wired*. https://www.wired.com/2015/07/hackers-remotely-kill-jeep-highway/.

Guha, Saikat, Yutaka Takeda, and Paul Francis. 2004. NUTSS: A sip-based approach to UDP and TCP network connectivity. In *Proceedings of the ACM SIGCOMM workshop on future directions in network architecture: FDNA '04*, 43–48. New York: ACM. doi:10.1145/1016707.1016715. http://doi.acm.org/10.1145/1016707.1016715.

Hafner, Katie. 1998. *Where wizards stay up late: The origins of the internet*. New York: Simon & Schuster.

Hicks, M., J. T. Moore, D. S. Alexander, C. A. Gunter, and S. M. Nettles. 1999. Planet: An active internetwork. In *Infocom '99: eighteenth annual joint conference of the IEEE computer and communications societies*, Vol. 3, 1124–1133. doi:10.1109/INFCOM.1999.751668.

Hinden, Robert. 1994. RFC 1710: Simple Internet Protocol Plus White Paper. https://tools.ietf.org/html/rfc1710.

Horrigan, John B. 2000. New Internet Users. Pew Research Center. http://www.pewinternet.org/2000/09/25/new-internet-users/.

Huston, Geoff. 2012. It's Just Not Cricket: Number Misuse, WCIT and ITRs. http://www.circleid.com/posts/number_misuse_telecommunications_regulations_and_wcit/.

International Telecommunications Union. 2016. Key ICT Indicators for Developed and Developing Countries and the World (Totals and Penetration Rates). Data provided by ITU, extracted from their ITU World Telecommunication/ICT Indicators database. http://www.itu.int/en/ITU-D/Statistics/Documents/statistics/2016/ITU_Key_2005-2016_ICT_data.xls.

Jacobson, V. 1988. Congestion avoidance and control. In *Symposium proceedings on communications architectures and protocols: SIGCOMM '88*, 314–329. New York: ACM. doi:10.1145/52324.52356. http://doi.acm.org/10.1145/52324.52356.

Jonsson, Andreas, Mats Folke, and Bengt Ahlgren. 2003. The split naming/forwarding network architecture. In *First Swedish national computer networking workshop (SNCNW 2003)*. Arlandastad, Sweden.

Katabi, Dina, Mark Handley, and Charlie Rohrs. 2002. Congestion control for high bandwidth-delay product networks. In *Proceedings of the 2002 conference on applications, technologies, architectures, and protocols for computer communications: SIGCOMM '02*, 89–102. New York: ACM. doi:10.1145/633025.633035. http://doi.acm.org/10.1145/633025.633035.

Kaur, H. Tahilramani, S. Kalyanaraman, A. Weiss, S. Kanwar, and A. Gandhi. 2003. Bananas: An evolutionary framework for explicit and multipath routing in the internet. In *Proceedings of the ACM SIGCOMM workshop on future directions in network architecture: FDNA '03*, 277–288. New York: ACM. doi:10.1145/944759.944766. http://doi.acm.org/10.1145/944759.944766.

Keromytis, Angelos D., Vishal Misra, and Dan Rubenstein. 2002. SOS: Secure overlay services. In *Proceedings of the 2002 conference on applications, technologies, architectures, and protocols for computer communications: SIGCOMM '02*, 61–72. New York: ACM. doi:10.1145/633025.633032. http://doi.acm.org/10.1145/633025.633032.

Kirschner, Marc, and John Gerhart. 1998. Evolvability. *Proceedings of the National Academy of Sciences* 95:8420–8427.

Koponen, Teemu, Mohit Chawla, Byung-Gon Chun, Andrey Ermolinskiy, Kye Hyun Kim, Scott Shenker, and Ion Stoica. 2007. A data-oriented (and beyond) network architecture. In *Proceedings of the 2007 conference on applications, technologies, architectures, and protocols for computer communications: SIGCOMM '07*, 181–192. New York: ACM. doi:10.1145/1282380.1282402. http://doi.acm.org/10.1145/1282380.1282402.

Koponen, Teemu, Scott Shenker, Hari Balakrishnan, Nick Feamster, Igor Ganichev, Ali Ghodsi, P. Brighten Godfrey, Nick McKeown, Guru Parulkar, Barath Raghavan, Jennifer Rexford, Somaya Arianfar, and Dmitriy Kuptsov. 2011. Architecting for innovation. *SIGCOMM Computer Communication Review* 41 (3): 24–36. doi:10.1145/2002250.2002256. http://doi.acm.org/10.1145/2002250.2002256.

Kuhn, Thomas S. 1962. *The structure of scientific revolutions*. Chicago: University of Chicago Press.

Kushman, Nate, Srikanth Kandula, and Dina Katabi. 2007. Can you hear me now?!: It must be BGP. *SIGCOMM Computer Communication Review* 37 (2): 75–84. doi:10.1145/1232919.1232927. http://doi.acm.org/10.1145/1232919.1232927.

Lamport, Leslie, Robert Shostak, and Marshall Pease. 1982. The Byzantine generals problem. *ACM Transactions on Programming Languages and Systems* 4 (3): 382–401. doi:10.1145/357172.357176. http://doi.acm.org.libproxy.mit.edu/10.1145/357172.357176.

Lampson, Butler W. 1973. A note on the confinement problem. *Communications of the ACM* 16 (10): 613–615. doi:10.1145/362375.362389. http://doi.acm.org/10.1145/362375.362389.

Landwehr, Carl E. 2009. A national goal for cyberspace: Create an open, accountable internet. *IEEE Security and Privacy* 7 (3): 3–4. doi:10.1109/MSP.2009.58. http://owens.mit.edu:8888/sfx_local?__char_set=utf8&id=doi:10.1109/MSP.2009.58%7D,&sid=libx%3Amit&genre=article.

Lewis, James. 2014. Significant Cyber Events. Center for Strategic and International Studies. http://csis.org/program/significant-cyber-events.

Licklider, J. C. R., and Robert W. Taylor. 1968. The computer as a communication device. *Science and Technology*. April. Reprinted at http://memex.org/licklider.pdf.

Luderer, G. W. R., H. Che, and W. T. Marshall. 1981. A virtual circuit switch as the basis for distributed systems. In *Proceedings of the seventh symposium on data communications: SIGCOMM '81*, 164–179. New York: ACM. doi:10.1145/800081.802670. http://doi.acm.org/10.1145/800081.802670.

MacKie-Mason, Jeffrey K., and Hal R. Varian. 1996. Some economics of the internet. *In Networks, Infrastructure and the New Task for Regulation*, eds. Werner Sichel and Donald L. Alexander, 107–136. Ann Arbor: University of Michigan Press. http://deepblue.lib.umich.edu/handle/2027.42/50461.

Madden, Mary, Sandra Cortesi, Urs Gasser, Amanda Lenhart, and Maeve Duggan. 2012. Parents, Teens and Online Privacy. Pew Internet and American Life Project. http://www.pewinternet.org/Reports/2012/Teens-and-Privacy.aspx.

Masinter, Larry, and Karen Sollins. 1994. Functional Requirements for Uniform Resource Names. http://www.ietf.org/rfc/rfc1737.txt.

Matni, Nikolai, Ao Tang, and John C. Doyle. 2015. A case study in network architecture tradeoffs. In *Proceedings of the 1st ACM SIGCOMM symposium on software defined networking research: SOSR'15*, 181–187. New York: ACM. doi:10.1145/2774993.2775011. http://doi.acm.org.libproxy.mit.edu/10.1145/2774993.2775011.

McConnell, Mike. 2010. Mike McConnell on how to win the cyber-war we're losing. *Washington Post*, February 28.

McKnight, Lee, and Joseph Bailey, eds. 1997. *Internet economics*. Cambridge, MA: MIT Press.

Mills, C., D. Hirsh, and G. Ruth. 1991. Internet Accounting: Background. https://tools.ietf.org/html/rfc1272.

Monge, Peter R., and Noshir S. Contractor. 2003. *Theories of communication networks*. Oxford: Oxford University Press.

Moore, Gordon E. 1965. Cramming more components onto integrated circuits. *Electronics* 38(8): 114 ff.

Mysore, Jayanth, and Vaduvur Bharghavan. 1997. A new multicasting-based architecture for internet host mobility. In *Proceedings of the 3rd annual ACM/IEEE international conference on mobile computing and networking. Mobicom '97*, 161–172. New York: ACM. doi:10.1145/262116.262144. http://doi.acm.org.libproxy.mit.edu/10.1145/262116.262144.

Naous, Jad, Michael Walfish, Antonio Nicolosi, David Mazières, Michael Miller, and Arun Seehra. 2011. Verifying and enforcing network paths with ICING. In *Proceedings of the seventh conference on emerging networking experiments and technologies: CONEXT '11*, 30–13012. New York: ACM. doi:10.1145/2079296.2079326. http://doi.acm.org/10.1145/2079296.2079326.

National Research Council. 1994. *Realizing the information future: The internet and beyond*. Washington, DC: National Academies Press. doi:10.17226/4755. https://www.nap.edu/catalog/4755/realizing-the-information-future-the-internet-and-beyond.

National Research Council. 1996. *The unpredictable certainty: Information infrastructure through 2000*. Washington, DC: National Academies Press. doi:10.17226/5130. https://www.nap.edu/catalog/5130/the-unpredictable-certainty-information-infrastructure-through-2000.

Needham, R. M. 1979. Systems aspects of the Cambridge ring. In *Proceedings of the seventh ACM symposium on operating systems principles: SOSP '79*, 82–85. New York: ACM. doi:10.1145/800215.806573. http://doi.acm.org/10.1145/800215.806573.

Neumann, Peter G. 1990. Cause of AT&T network failure. *RISKS-FORUM Digest* 9 (62).

https://catless.ncl.ac.uk/Risks/.

Nguyen, Giang T. K., Rachit Agarwal, Junda Liu, Matthew Caesar, P. Brighten Godfrey, and Scott Shenker. 2011. Slick packets. In *Proceedings of the ACM sigmetrics joint international conference on measurement and modeling of computer systems: Sigmetrics '11*, 245–256. New York: ACM. doi:10.1145/1993744.1993769. http://doi.acm.org/10.1145/1993744.1993769.

Nichols, K., and B. Carpenter. 1998. Definition of Differentiated Services per Domain Behaviors and Rules for Their Specification. http://www.ietf.org/rfc/rfc3086.txt.

Nichols, Kathleen, and Van Jacobson. 2012. Controlling queue delay. *ACM Queue* 10 (5). http://queue.acm.org/detail.cfm?id=2209336.

Nixon, Ron. 2013. Postal service confirms photographing all U.S. mail. *New York Times*, August 3. http://www.nytimes.com/2013/08/03/us/postal-service-confirms-photographing-all-us-mail.html.

Nygren, E. L., S. J. Garland, and M. F. Kaashoek. 1999: PAN A high-performance active network node supporting multiple mobile code systems. In *Proceedings of the IEEE second conference on Open architectures and network programming proceedings: Openarch '99*, 78–89. New York: IEEE. doi:10.1109/OPNARC.1999.758497.

Open Interconnect Consortium. 2010. Internet Gateway Device (IGD) V 2.0. http://upnp.org/specs/gw/igd2/.

Parno, Bryan, Dan Wendlandt, Elaine Shi, Adrian Perrig, Bruce Maggs, and Yih-Chun Hu. 2007. Portcullis: Protecting connection setup from denial-of-capability attacks. *SIGCOMM Computer Communication Review* 37 (4): 289–300. doi:10.1145/1282427.1282413. http://doi.acm.org/10.1145/1282427.1282413.

Perlman, Radia. 1988. Network Layer Protocols with Byzantine Robustness. PhD diss. MIT. http://publications.csail.mit.edu/lcs/pubs/pdf/MIT-LCS-TR-429.pdf.

Postel, Jon. 1981a. Internet Protocol: Request for Comments 791. http://www.ietf.org/rfc/rfc791.txt.

Postel, Jon. 1981b. Service Mappings. http://www.ietf.org/rfc/rfc795.txt.

Pujol, Jordi, Stefan Schmid, Lars Eggert, Marcus Brunner, and Jürgen Quittek. 2005. Scalability analysis of the turfnet naming and routing architecture. In *Proceedings of the 1st ACM workshop on dynamic interconnection of networks: DIN '05*, 28–32. New York: ACM. doi:10.1145/1080776.1080787. http://doi.acm.org/10.1145 1080776.1080787.

Raghavan, B., P. Verkaik, and A. C. Snoeren. 2009. Secure and policy-compliant source routing. *IEEE/ACM Transactions on Networking* 17 (3): 764–777. doi:10.1109/TNET.2008.2007949.

Rosen, Eric. 1982. Exterior Gateway Protocol (EGP). https://tools.ietf.org/html/rfc827.

Saltzer, Jerome. 1982. On the naming and binding of network destinations. In *Local computer networks*, ed. Piercarlo Ravasio, Greg Hopkins, and Najah Naffah, 311–317. North-Holland. Reprinted as RFC 1498.

Saltzer, Jerome H., David P. Reed, and David D. Clark. 1980. Source routing for campus-wide internet transport. In *Local networks for computer communications*, eds. Anthony West and Phillippe Janson. http://groups.csail.mit.edu/ana/Publications/PubPDFs/SourceRouting.html.

Saltzer, J. H., D. P. Reed, and D. D. Clark. 1984. End-to-end arguments in system design. *ACM Transactions on Computer Systems* 2 (4): 277–288.

Sandvine. 2016. Global Internet Phenomena Report. https://www.sandvine.com/hubfs/downloads/archive/2016-global-internet-phenomena-report-latin-america-and-north-america.pdf.

Savage, Stefan, David Wetherall, Anna Karlin, and Tom Anderson. 2000. Practical network support for IP traceback. In *Proceedings of the conference on applications, technologies, architectures, and protocols for computer communication: SIGCOMM '00*, 295–306. New York: ACM. doi:10.1145/347059.347560. http://doi.acm.org/10.1145/347059.347560.

Schauer, Frederick. 1991. *Playing by the rules: A philosophical examination of rule-based decision-making*. Oxford: Oxford University Press.

Schneier, Bruce. 2010. The Dangers of a Software Monoculture. https://www.schneier.com/essays/archives/2010/11/the_dangers_of_a_sof.html.

Schwartz, B., A. W. Jackson, W. T. Strayer, Wenyi Zhou, R. D. Rockwell, and C. Partridge. 1999. Smart packets for active networks. In *Proceedings of the IEEE second conference on open architectures and network programming: Openarch '99*. 90–97. New York: IEEE. doi:10.1109/OPNARC.1999.758557.

Shoch, John F. 1978. Inter-network naming, addressing, and routing. In *Proceedings of IEEE COMPCON, fall 1978*. https://www.rfc-editor.org/ien/ien19.txt. Reprinted in *Tutorial: Distributed processor communication architecture*, ed. K. Thurber, IEEE Publ. EHO 152-9, 1979, 280–287. New York: IEEE.

Smith, Aaron. 2010. Home Broadband 2010. http://www.pewinternet.org/files/old-media/Files/Reports/2010/Home%20broadband%202010.pdf.

Snoeren, A. C., C. Partridge, L. A. Sanchez, C. E. Jones, F. Tchakountio, B. Schwartz, S. T. Kent, and W. T. Strayer. 2002. Single-packet IP traceback. *IEEE/ACM Transactions on Networking* 10 (6): 721–734. doi:10.1109/TNET.2002.804827.

Sollins, Karen R. 2002. Recursively Invoking Linnaeus:A Taxonomy for Naming Systems. Technical Report MIT-CSAIL-TR-2008-064, Massachusetts Institute of Technology, Computer Science and Artificial Intelligence Lab. http://hdl.handle.net/1721.1/42898.

Song, Dawn Xiaodong, and A. Perrig. 2001. Advanced and authenticated marking schemes for ip traceback. In *Infocom 2001 twentieth annual joint conference of the IEEE computer and communications societies*. Vol. 2, 878–886. doi:10.1109/INFCOM.2001.916279.

Star, S. Leigh. 1998. The structure of ill-structured solutions: Boundary objects and heterogeneous distributed problem solving. In *Distributed artificial intelligence*, Vol. 2, eds. Les Gasser and Michael N. Huhns, 37–54. Amsterdam: Morgan Kaufmann/Elsevier.

Star, S. Leigh, and Karen Ruhleder. 1996. Steps toward an ecology of infrastructure:

Design and access for large information spaces. *Information Systems Research* 7 (1): 111–134.

Stoica, Ion, Daniel Adkins, Shelley Zhuang, Scott Shenker, and Sonesh Surana. 2004. Internet indirection infrastructure. *IEEE/ACM Transactions on Networking* 12 (2): 205–218. doi:10.1109/TNET.2004.826279. http://dx.doi.org/10.1109/TNET.2004.826279.

Strauss, Neil. 1994. Rolling stones live on internet: Both a big deal and a little deal. *The New York Times*, November 22. http://www.nytimes.com/1994/11/22/arts/rolling-stones-live-on-internet-both-a-big-deal-and-a-little-deal.html.

Sullivan, Bob. 2013. Online Privacy Fears Are Real. NBCNews. http://www.nbcnews.com/id/3078835/t/online-privacy-fears-are-real.

Sunshine, Carl A. 1977. Source routing in computer networks. *SIGCOMM Computer Communication Review* 7 (1): 29–33. doi:10.1145/1024853.1024855. http://doi.acm.org/10.1145/1024853.1024855.

Tennenhouse, David L., and David J. Wetherall. 1996. Towards an active network architecture. *SIGCOMM Computer Communication Review* 26 (2): 5–17. doi:10.1145/231699.231701. http://doi.acm.org/10.1145/231699.231701.

Touch, Joe, Ilia Baldine, Rudra Dutta, Gregory G. Finn, Bryan Ford, Scott Jordan, Dan Massey, Abraham Matta, Christos Papadopoulos, Peter Reiher, and George Rouskas. 2011. A dynamic recursive unified internet design (DRUID). *Computer Networks* 55 (4): 919–935. doi:http://dx.doi.org/10.1016/j.comnet.2010.12.016. Special Issue on Architectures and Protocols for the Future Internet. http://www.sciencedirect.com/science/article/pii/S138912861000383X.

Touch, Joe, Yu-Shun Wang, and Venkata Pingali. 2006. A Recursive Network Architecture. ISI Technical Report No. ISI-TR-2006-626. Information Sciences Institute. https://www.isi.edu/touch/pubs/isi-tr-2006-626/.

Toure, Hamadoun I. 2012. Remarks to ITU Staff on World Conference on International Telecommunications (WCIT-12). http://www.itu.int/en/osg/speeches/Pages/2012-06-06-2.aspx.

Trossen, D., and G. Parisis. 2012. Designing and realizing an information-centric internet. *IEEE Communications Magazine* 50 (7): 60–67. doi:10.1109/MCOM.2012.6231280.

Trossen, Dirk, Janne Tuononen, George Xylomenos, Mikko Sarela, Andras Zahemszky, Pekka Nikander, and Teemu Rinta-aho. 2008. From Design for Tussle to Tussle Networking: PSIRP Vision and Use Cases. http://www.psirp.org/files/Deliverables/PSIRP-TR08-0001_Vision.pdf.

Tsuchiya, Paul F., and Tony Eng. 1993. Extending the IP internet through address reuse. *SIGCOMM Computer Communication Review* 23 (1): 16–33. doi:10.1145/173942.173944. http://doi.acm.org.libproxy.mit.edu/10.1145/173942.173944.

Turányi, Zoltán, András Valkó, and Andrew T. Campbell. 2003. 4 + 4: An architecture for evolving the internet address space back toward transparency. *SIGCOMM Computer Communication Review* 33 (5): 43–54. doi:10.1145/963985.963990. http://doi.acm.org/10.1145/963985.963990.

United Nations. 1948. The Universal Declaration of Human Rights. http://www.un.org/en/documents/udhr/index.shtml.

Untz, Vincent, Martin Heusse, Franck Rousseau, and Andrzej Duda. 2004. On demand label switching for spontaneous edge networks. In *Proceedings of the ACM SIGCOMM workshop on future directions in network architecture. FDNA '04*, 35–42. New York: ACM. doi:10.1145/1016707.1016714. http://doi.acm.org.libproxy.mit.edu 10.1145/1016707.1016714.

U. S. Energy Information Administration. 2013. Annual Energy Outlook 2013. http://www.eia.gov/forecasts/aeo/MT_electric.cfm.

van der Merwe, J. E., S. Rooney, L. Leslie, and S. Crosby. 1998. The tempest—A practical framework for network programmability. *IEEE Network* 12 (3): 20–28. doi:10.1109/65.690958.

van Schewick, Barbara. 2012. *Internet architecture and innovation*. Cambridge,MA: MIT Press.

Walfish, Michael, Jeremy Stribling, Maxwell Krohn, Hari Balakrishnan, Robert Morris, and Scott Shenker. 2004. Middleboxes no longer considered harmful. In *Proceedings of the 6th conference on symposium on operating systems design & implementation: OSDI'04*, Vol. 6, 15-15. Berkeley, CA: USENIX Association. http://dl.acm.org/citation.cfm?id=1251254.1251269.

Wang, X., and Y. Xiao. 2009. IP traceback based on deterministic packet marking and logging. In *Scalable Computing and Communications: Eighth International Conference on Embedded Computing: bedded computing: Scalcom embeddedcom'09*, 178–182. doi:10.1109/EmbeddedCom-ScalCom.2009.40.

Wetherall, David. 1999. Active network vision and reality: Lessons from a capsule-based system. In *Proceedings of the seventeenth ACM symposium on operating systems principles: SOSP '99*, 64–79. New York: ACM. doi:10.1145/319151.319156. http://doi.acm.org/10.1145/319151.319156.

Wilkes, M. V., and D. J. Wheeler. 1979. The Cambridge digital communication ring. In *Local Area Communication Networks Symposium*. Boston: Mitre Corporation and the National Bureau of Standards.

Wing, D., S. Cheshire, M. Boucadair, R. Penno, and P. Selkirk. 2013. Port Control Protocol (PCP), RFC 6887. http://www.ietf.org/rfc/rfc6887.txt.

Wolf, Tilman, James Griffioen, Kenneth L. Calvert, Rudra Dutta, George N. Rouskas, Ilya Baldin, and Anna Nagurney. 2014. Choicenet: Toward an economy plane for the internet. *SIGCOMM Computer Communication Review* 44 (3): 58–65. doi:10.1145/2656877.2656886. http://doi.acm.org.libproxy.mit.edu/10.1145/2656877.2656886.

Wright, Charles V., Lucas Ballard, Scott E. Coull, Fabian Monrose, and Gerald M. Masson. 2008. Spot me if you can: Uncovering spoken phrases in encrypted VoIP conversations. In *Proceedings of the 2008 IEEE symposium on security and privacy: SP '08*, 35–49. Washington, DC: IEEE Computer Society. doi:10.1109/SP.2008.21. http://dx.doi.org/10.1109/SP.2008.21.

Wroclawski, John. 1997. The Metanet. In *Workshop on research directions for the next generation internet.* Vienna, VA: Computing Research Association. http://archive.cra.org/Policy/NGI/papers/wroklawWP.

Yaar, A., A. Perrig, and D. Song. 2003. PI: A path identification mechanism to defend against DDoS attacks. In *Proceedings of the 2003 IEEE symposium on Security and privacy*, 93–107. doi:10.1109/SECPRI.2003.1199330.

Yaar, A., A. Perrig, and D. Song. 2004. SIFF: A stateless internet flow filter to mitigate DDOS flooding attacks. In *Proceedings of the 2004 IEEE symposium on Security and privacy*, 130–143. doi:10.1109/SECPRI.2004.1301320.

Yang, Xiaowei. 2003. NIRA A new internet routing architecture. In *Proceedings of the ACM SIGCOMM workshop on future directions in network architecture: FDNA '03*, 301–312. New York: ACM. doi:10.1145/944759.944768. http://doi.acm.org/10.1145/944759.944768.

Yang, Xiaowei, David Wetherall, and Thomas Anderson. 2005. A DOS-limiting network architecture. In *Proceedings of the 2005 conference on applications, technologies, architectures, and protocols for computer communications: SIGCOMM '05*, 241–252. New York: ACM. doi:10.1145/1080091.1080120. http://doi.acm.org/10.1145/1080091.1080120.

Yemeni, Y., and S. da Silva. 1996. Towards Programmable Networks. FIP/IEEE International Workshop on Distributed Systems, October.

Zhang, Lixia, Alexander Afanasyev, Jeffrey Burke, Van Jacobson, KC. Claffy, Patrick Crowley, Christos Papadopoulos, Lan Wang, and Beichuan Zhang. 2014. Named data networking. *SIGCOMM Computer Communication Review* 44 (3): 66–73. doi:10.1145/2656877.2656887. http://doi.acm.org/10.1145/2656877.2656887.